Diätetische Küche

für

Klinik, Sanatorium und Haus

zusammengestellt mit besonderer Berücksichtigung
der Magen-, Darm- und Stoffwechselkranken

von

Dr. A. und Dr. H. Fischer

Sanatorium „Untere Waid" bei St. Gallen i. d. Schweiz

Berlin
Verlag von Julius Springer
1913

Alle Rechte, insbesondere das
der Übersetzung in fremde Sprachen, vorbehalten.

ISBN-13: 978-3-642-89304-9 e-ISBN-13: 978-3-642-91160-6
DOI: 10.1007/978-3-642-91160-6
Softcover reprint of the hardcover 1st edition 1913

Vorwort.

Das vorliegende Büchlein verfolgt den Zweck, dem Patienten eine größere Sammlung langjährig erprobter diätetischer Kochrezepte an die Hand zu geben und gemäß den ärztlichen Verordnungen die Aufstellung abwechslungsreicher diätetischer Menüs zu erleichtern.

Es hat uns dabei der Gesichtspunkt geleitet, den Kranken und auch den Gesunden ein Kochbuch zur Verfügung zu stellen, welches ganz besonders das Ziel verfolgt, eine große Schmackhaftigkeit der Speisen mit möglichst hoher Leichtverdaulichkeit derselben zu kombinieren, und welches imstande ist, auch den verwöhnten Gaumen zu befriedigen.

Diese Sammlung ist gewissermaßen auch als Ergänzung gedacht zu den Lehrbüchern der Diätetik, welche für den Gebrauch der Ärzte und Studierenden der Medizin bestimmt sind, wie beispielsweise dasjenige von Professor Brugsch*) und ähnliche.

Wir betonen das Moment der Schmackhaftigkeit und der durch die große Zahl der Rezepte ermöglichten Abwechslung deshalb, weil die moderne Verdauungsphysiologie in Übereinstimmung mit den Beobachtungen am Krankenbett die enorme Bedeutung der appetitanregenden Wirkung der Nahrung auf die Arbeit der Muskulatur und der Drüsen des Magen-Darmkanals zur Evidenz gezeigt hat.

Infolge der zahlreichen Wünsche unserer Patienten und auch von seiten unserer verehrten Herren Kollegen haben wir uns entschlossen, vorliegende, in unserem Sanatorium langjährig erprobte Rezeptsammlung für Verdauungs- und Stoffwechselkranke, im weitesten Sinne des Wortes, durch Veröffentlichung für weitere Kreise zugänglich zu machen.

Die Maße und Gewichte für die jeweiligen Rezepte sind mit Rücksicht auf den Gebrauch einzelner als auch für Sanatorien und Kliniken auf 1—2 und 8—10 Personen berechnet und am Kopfe jedes Rezeptes übersichtlich zusammengestellt.

Außerdem hielten wir es für richtig, am Beginn der einzelnen Kapitel, wo es zweckmäßig erschien, die in Betracht

---

*) Verlag von Julius Springer, Berlin 1911. M. 4,80, geb. M. 5,60.

kommenden Kochregeln und Zubereitungsweisen der Speisen zu besprechen.

Wir haben uns bemüht, eine übersichtliche und prägnante Darstellung des Stoffes zu geben und langatmige Ausführungen zu vermeiden.

An der Spitze des Büchleins fügten wir einen kurzen Abschnitt ein über die (physikalischen und chemischen) Veränderungen der Nahrung bei der Zubereitung derselben, da es hier von Wichtigkeit ist, einigermaßen über das Wesen der beim Kochen, Braten usw. stattfindenden Vorgänge orientiert zu sein.

Möge das Büchlein nun viele Freunde finden und den Patienten den Dienst erweisen, welcher uns bei der Abfassung wegleitend vorschwebte, nämlich, eine zuverlässige Hilfe bei der Durchführung diätetischer Kuren, auch im Hause des Patienten, und überhaupt bei der Beobachtung einer hygienischen Lebensweise auch bei Gesunden zu bieten.

Sanatorium „Untere Waid", Mai 1913.
bei St. Gallen, Schweiz.

Dr. med. Aug. Fischer.   **Dr. med. Heinrich Fischer.**

Inhaltsverzeichnis.

Seite

Einleitung 1
Veränderungen der Nahrungsmittel bei der Zubereitung der Speisen 1
Spezielle Fachausdrücke 10
Maß- und Gewichts-Tabelle 12

			Seite
1.	Abteilung:	Suppen	13
2.	,,	Fleischspeisen	52
3.	,,	Geflügel	90
4.	,,	Wild	96
5.	,,	Fische	99
6.	,,	Fleischgallerte und kalte Fleischgerichte	108
7.	,,	Majonnaisen	113
8.	,,	Pikantes	116
9.	,,	Garnituren	121
10.	,,	Warme Pasteten	123
11.	,,	Saucen	125
12.	,,	Gemüse	133
13.	,,	Salate	147
14.	,,	Kartoffelspeisen	148
15.	,,	Eierspeisen	153
16.	,,	Mehlspeisen	161
17.	,,	Teige	179
18.	,,	Breie	184
19.	,,	Sauermilch, Buttermilch, Kefir und Quark-Speisen	187
20.	,,	Süßspeisen	191
21.	,,	Gelees	192
22.	,,	Sulzen	197
23.	,,	Cremes	200
24.	,,	Eiersüßspeisen und Diverses	208
25.	,,	Flammeri	213
26.	,,	Soufflés und Aufläufe	218
27.	,,	Puddings	223
28.	,,	Gefrorenes	226
29.	,,	Gebäck, Kuchen usw.	232
30.	,,	Getränke	242
31.	,,	Kompotte	246
Register			249

Über die Veränderungen der Nahrungsmittel bei der Zubereitung der Speisen.

I. Das Fleisch.

Das Fleisch im engeren Sinne, d. h. das Muskelfleisch, besteht in der Hauptsache aus Muskelfasern und Bindegewebe. Im letzteren findet sich, je nach der Art der Tiere, deren Alter, Ernährung usw. mehr oder weniger Fett eingelagert. Ältere Tiere besitzen ein saftärmeres Fleisch und ein derberes Bindegewebe, während junge Tiere größeren Saftreichtum und eine zartere Beschaffenheit des letztern aufweisen. Die Quellbarkeit, diese für die Verdaulichkeit äußerst wichtige Eigenschaft des Fleisches, welche seine gute und schnelle Ausnutzung im Darmkanal ermöglicht, nimmt also im zunehmenden Alter der Tiere ab, sowie auch die Elastizität der tierischen Häute (Membranen).

Bezüglich des Gehaltes von 100 g frischen Fleisches der verschiedensten für die Ernährung in Betracht kommenden Tierarten an Eiweiß, Fett und Wasser, ist kurz folgendes zu bemerken:

100 g frisches Fleisch enthalten:
  38,0 bis 78,8 g Wasser,
  14,5 bis 25,3 g Eiweiß,
  0,3 bis 9,8 g Fett,

wobei ergänzend zu bemerken ist, daß der Fettgehalt betragen kann, in:

100 g sehr fettem frischen Hammelfleisch bis zu 36,4 g
100 g   ,,   ,,   ,,   Schweinefleisch ,, ,, 37,3 g
100 g   ,, Gänsefleisch ,, ,, 45,6 g.

Den geringsten Fettgehalt besitzen: Schellfisch, Hecht, mageres Kalbfleisch, Taube, Hase, Karpfen, mageres Huhn, Feldhuhn, Krammetsvögel, mageres Kuhfleisch und Reh. Beispielsweise enthalten 100 g mageres Ochsenfleisch nach Bischhoff und Voit:

Eiweiß . . . . 18,36 g
leimgebendes Gewebe . . . 1,64 g
Fett . . . . 0,9 g
Extraktivstoffe . . . . . . 1,9 g
Asche . . . . 1,3 g
total . . . . 24,10 g Trockensubstanz
und . . . . . 75,90 g Wasser.

Die besten Fleischstücke sind im allgemeinen: das Filet, die Zunge, das Hinterschenkelstück und das Rückenstück. Der Wohlgeschmack des Fleisches beruht auf seinem Gehalt an organischen Extraktivstoffen.

Bei der Zubereitung von Fleischspeisen wird das Fleisch oft geschlagen und geklopft, Prozeduren, welche die sogenannte Starre des Fleisches und damit die Leichtverdaulicheit befördern.

Die Güte des Fleisches einer bestimmten Tierart hängt in hervorragendem Maße von dem Futter ab, welches das Tier bekommt; so ist z. B. das Fleisch von Rindern, welche Gelegenheit haben, auf der Alp süßes Heu zu genießen, wesentlich schmackhafter als das anders genährter Rinder.

Bei jungen Tieren ist der Gehalt an Extraktivstoffen geringer, und das Bindegewebe wird beim Erhitzen leichter in Leim umgewandelt als bei alten.

Infolge des geringeren Gehaltes an Extraktivstoffen beim Fleisch jungendlicher Tiere besitzt die daraus gewonnene Bouillon eine geringere Schmackhaftigkeit als beim Fleisch älterer Tiere. Weibliche Exemplare haben meist ein zarteres, schmackhafteres Fleisch als männliche.

Das Fischfleisch ist arm an Blut und an schmackhaften Substanzen im Vergleich zu demjenigen der Säugetiere und Vögel.

Einfluß der Erhitzung auf das Fleisch.

Von der Temperatur von 70 Grad an, erleiden bestimmte Extraktivstoffe des Fleisches eine Zersetzung, wodurch Geruchsveränderungen des Fleisches entstehen.

Bei 100 Grad bis zu 118 Grad C. werden am meisten und zugleich am besten riechende Substanzen durch chemische Zersetzung gewisser Extraktivstoffe des Fleisches gebildet. Fleisch, Milch und Eier geben beim Erhitzen Kohlensäure ab, und das Fleisch der Fische (Kaltblüter) liefert Schwefelwasserstoff, desgleichen auch das Hühnerei, während das Fleisch des Schellfisches und Dorsches Merkaptan, das heißt eine dem Schwefelwasserstoff verwandte Substanz abspaltet. Diese beiden letztgenannten Stoffe besitzen einen üblen Geruch.

Je stärker das Fleisch erhitzt wird, umsomehr schrumpft es und umso zäher wird es, infolge Ausscheidung von Wasser, Extraktivstoffen, gewissen Salzen und Eiweiß. Beim Erwärmen des Fleisches gerinnt dasselbe, und bei 80 Grad C. sind fast sämtliche Eiweißkörper des Fleisches in den geronnenen Zustand übergegangen. (Sogenannte Hitzegerinnung.)

Braten des Fleisches.

Darunter versteht man ein Erhitzen desselben in trockener Hitze. Dabei gibt das Fleisch Wasser, Extraktivstoffe; Salze und Eiweiß ab, d. h. es schrumpft. Diese eben erwähnten, aus dem Fleisch austretenden Substanzen trocknen, infolge des geringen Feuchtigkeitsgehaltes der Luft im Bratofen, an der Oberfläche des Bratens an und verleihen der sogenannten Rinde desselben einen ausgezeichneten Wohlgeschmack.

100 g frisches Fleisch geben durch Wasserverlust:
- 85 g leicht gebratenes Rindfleisch.
- 70 g stark ,,   ,,
- 65 g gebratenes Kalbfleisch.
- 68 g Rehbraten.
- 68 g Hasenbraten,
- 65 g gebratenes Fischfleisch.
- 95 g gebratenen Speck.

Kochen des Fleisches.

Dabei findet ebenfalls eine Hitzegerinnung der im Fleisch enthaltenen Eiweißkörper statt, wobei von 100 g dem Kochprozeß unterworfenem frischen Fleische 3—5 g der festen Substanz durch den Gerinnungsvorgang in der Muskelsubstanz ausgepreßt werden und in die umgebende Flüssigkeit übergehen.

In der dabei entstehenden Fleischbrühe (Bouillon) sind enthalten:

1. Salze (4/5 sämtlicher Fleischsalze);
2. Fleischextraktivstoffe (bis zu 50 % der im frischen Fleisch enthaltenen Extraktivsubstanzen);
3. Leim (aus dem Bindegewebe hervorgegangen, infolge der Erhitzung);
4. geringe Mengen geronnenen Eiweißes;
5. Fett.

100 g frisches Fleisch geben beim Kochen (bei 100 Grad C)
57 g gekochtes Rindfleisch,
72 g ,, Kalbfleisch,
70 g ,, Schweinefleisch,
62 g ,, Hammelfleisch,
63 g ,, Hühnerfleisch,
90—95 g gekochtes Fischfleisch.

Dämpfen des Fleisches.

Die physikalischen und chemischen Veränderungen sind hier fast die gleichen wie beim Kochen, nur ist die erhaltene Bouillon, infolge der fehlenden Wasserzugabe, viel konzentrierter.

Beizen des Fleisches.

Durch gewisse organische Säuren, wie solche im Essig, Weiß- und Rotwein, ferner in Kefir, saurer Milch und Buttermilch in Form von Essigsäure, Weinsäure, Milchsäure usw. enthalten sind, wird das Bindegewebe, welches sich zwischen den Muskelfasern befindet, sowie die Muskelfasern selbst, erweicht. Dadurch nimmt die Verdaulichkeit des Fleisches zu, und das letztere bekommt einen angenehmen leicht säuerlichen Geschmack.

Auf Grund ausgedehnter Erfahrungen können wir besonders das Beizen mit saurer Milch oder Kefir oder Buttermilch, sowie auch mit gewöhnlicher roher Kuhmilch, welch durch Milchzuckergärung rasch sauer wird, sehr empfehlen.

Das Pökeln des Fleisches.

Das Pökeln dient zur Konservierung des Fleisches und besteht darin, daß Kochsalz oder Kochsalz und Salpeter, entweder trocken oder in Form von verschieden starken Lösungen, zwischen Fleischlagen appliziert werden.

Die Folge davon ist, daß Wasser und Extraktivstoffe aus dem Fleisch austreten und dafür Kochsalz und Salpeter in dasselbe eindringen, welche das Muskeleiweiß hinsichtlich seiner Hitzegerinnbarkeit und Quellbarkeit verändern. Mit zunehmendem Alter wird Pökelfleisch schwerer verdaulich und büßt 30 % seines Nährwertes ein.

Das im Fleisch enthaltene Fett nimmt nur wenig Kochsalz und Salpeter auf, weil es nur wenig Wasser für den beim Pökeln stattfindenden Stoffaustausch zur Verfügung hat.

Beim Erwärmen (Kochen, Dämpfen) gibt das Pökelfleisch unter Gewichtsabnahme Wasser, und einen Teil seines Kochsalzgehaltes ab, sowie auch andere Salze, Extraktivstoffe und Eiweis.

Räuchern des Fleisches.

Dem Räuchern geht zumeist eine kurze Pökelung voraus. Außerdem wird die Wasserentziehung hier durch einen starken Luftstrom erreicht. Die durch das Räuchern eintretende Veränderung des Geschmackes des betreffenden Fleisches ist zum Teil durch bestimmte antiseptisch wirkende Rauchbestandteile (Kreosot usw.) bedingt. Durch den Prozeß des Räucherns finden keine Verluste an Nahrungsbestandteilen statt, sondern nur eine Entziehung von Wasser. Unter sogenannter Schnellräucherung wird das Bestreichen des Fleisches mit Essig verstanden.

Konservierung von Fleischspeisen.

Zu diesem Zweck wird das Fleisch bzw. gewisse Fleischspeisen, wie z. B. Braten, in Büchsen längere Zeit erhitzt, und die Büchsen während des Erhitzens geschlossen, oder die Büchsen werden vorher schon zugelötet und unter hohem Druck in einem Dampftopf sterilisiert, das heißt, bakterienfrei gemacht. Durch diese technischen Eingriffe wird das Bindegewebe des Fleisches beinahe aufgelöst, die Fleischfasern werden hart, und beim Kauen zerfällt das Fleisch in Fasern, welche sich leicht in den Zwischenräumen der Zähne festlegen.

II. Vegetabilische Nahrungsmittel.

Bei denselben wird durch Erhitzen das Stärkemehl in sogenannten Kleister übergeführt und kann infolgedessen von der Darmschleimhaut leichter aufgesaugt werden. Ferner bilden sich durch das Kochen z. B. verschiedener Gemüse, wie Kohl, rote Rüben, Spargeln und Teltower Rübchen, bestimmte Substanzen, wie Kohlensäure und Schwefelwasserstoff. Aus Kohlrabi, Weißkohl, Rotkohl, Blumenkohl, Wirsing und Teltower Rübchen wird beim Kochen eine dem Schwefelwasserstoff nahe verwandte Substanz, das sogenannte Methylmerkaptan, abgespalten.

Diese beiden übelriechenden Substanzen entstehen beim Kochprozeß aus vegetabilischen Eiweiß-Stoffen. Der Kochprozeß bewirkt außerdem eine Lockerung der pflanzlichen Zellkomplexe, indem die sogenannte Mittellamelle, das heißt eine (pektinhaltige) Zwischensubstanz, zwischen den einzelnen

Pflanzenzellen in den gequollenen Zustand übergeht und sich klumpig zusammenballt. Ferner führt der Kochprozeß infolge Quellung der Stärkekörner zu einer häufig allerdings nur unvollkommenen Sprengung der Zellhüllen, wodurch die in den Pflanzenzellen liegenden Stärkekörner durch die Hitze verkleistert werden können.

Beim Kochen der Gemüse gerinnen überdies die in denselben enthaltenen Eiweißstoffe. Ein nicht unwichtiger Punkt beim Kochen der Gemüse ist das Austreten von Pflanzensalzen in das Kochwasser. Dieselben sind an dem feinen Geschmack der Gemüse beteiligt und sollen, sofern nicht bestimmte ärztliche Verordnungen vorliegen, nicht entfernt werden. Diese pflanzlichen Extraktivstoffe wirken anregend auf die Magensaftabsonderung, sowie auch die pflanzlichen Röstprodukte, welche sich z. B. beim Braten der Kartoffeln bilden. Wie das Fleisch, so geben auch die Kartoffeln beim Braten Wasser ab.

Die in den Gemüsen enthaltene Zellulose d. h. Holzfaser und ähnliche Stoffe sind je nach Art und Alter der Gemüse verschieden leicht verdaulich. So wird z. B. die Kartoffelzellulose von darmgesunden Menschen zu einem großen Teil verdaut.

Das Obst enthält außer Zellulose einen reichlichen Salzgehalt, freie Pflanzensäuren, Zucker und aromatisch-ätherische Öle, welch letztere vorwiegend den Wohlgeruch und Wohlgeschmack bedingen. Die mit dem Kochen des Obstes verbundenen Veränderungen verhalten sich ähnlich denjenigen der Gemüse.

Mehl-, Teig- und Backwaren.

Bezüglich der Mehl-, Teig- und Backwaren ist zu bemerken, daß die Backfähigkeit mit der Quellbarkeit des Klebers, das heißt der Eiweißsubstanz der Zerealien (Roggen, Weizen, Hafer, Gerste usw.) zusammenhängt. Je kleberreicher ein Mehl ist, um so mehr Wasser bindet es (38—60 %) und umso größer ist seine Triebfähigkeit. Mehle, deren Backfähigkeit, z. B. durch zu starkes Erhitzen des Klebers beim Mahlen, schon gelitten hat, können durch Zusatz von Kochsalz und anderen Substanzen wieder auf gebessert werden.

Beim Backprozeß z. B. des Brotes gehen folgende Vorgänge vor sich:

Durch Hefe oder Sauerteig wird der Teig, das heißt also das mit Wasser angerührte Mehl, in Gärung versetzt; dabei quellen die Stärkekörner, platzen und nehmen Wasser auf, ein Teil der Stärke geht in Dextrin, das heißt in ein Verdauungsprodukt derselben über und vom Dextrin wird ein Teil in Zucker verwandelt, welcher zu Kohlensäure und Alkohol vergoren wird. Die entstandene Kohlensäure erzeugt nun eine riesige Vergrößerung der Oberfläche des Teiges, infolge Auftreibung und Blähungen des letzteren.

Durch gewisse nebenhergehende (fermentative) Prozesse wird der Kleber nun quellungsfähig, das heißt, er erhält die Fähigkeit, Wasser aufzunehmen und seine Oberfläche zu vergrößern. Dieser Zustand wird durch das Backen vervollständigt, indem die Überführung der Stärke in Dextrin und die Vermehrung der Oberfläche durch Verdampfung des Wassers und Ausdehnung der Kohlensäure gesteigert wird. Weitere Veränderungen werden durch Abtötung der Gärungserreger infolge der hohen Temperatur verhindert.

Die wenig quellungsfähige Brotrinde macht die Wasseraufnahme und Wasserabgabe aus dem Innern des Brotes mehr oder weniger unmöglich, und ein gut gebackenes Brot enthält noch ungefähr 35—45 % Wasser. Bei der Aufbewahrung nimmt der Wassergehalt des Brotes täglich ungefähr 1 % ab, bis er auf ungefähr 15 % gefallen ist. Von da ab richtet sich der Wassergehalt des Brotes nach dem Feuchtigkeitsgehalt der Luft. Ungesalzenes Brot wird leichter trocken als gesalzenes, da das Salz das Bestreben hat, einen Teil des Wassers im Brot zurückzuhalten.

Auch beim Brot und anderen Backwaren ist die Verdaulichkeit wesentlich von der Quellbarkeit des Gebäckes abhängig; das letztere muß sich im richtigen Zustande der Quellung befinden. Frisches, das heißt also zu nasses Brot klumpt bei der Vermischung mit dem Mundspeichel und den anderen Verdauungssäften zusammen und ist infolgedessen schwer verdaulich. Die Eiweißstoffe des Brotes gerinnen infolge der starken Erhitzung bei geringem Wassergehalt, welche Temperatursteigerung im Innern des Brotes bis zu einer Höhe von 110^0 C führt, und wodurch die Quellungsfähigkeit und damit auch die Verdaulichkeit der Eiweißsubstanzen des Brotes bedeutend abnimmt.

Um das Brot nicht zu rasch trocken werden zu lassen, bewahrt man dasselbe zweckmäßigerweise an einem kühlen Ort auf.

III. Milch und Milchprodukte.

Die Milch ist bekanntlich eine wässerige Lösung von gewissen Salzen (phosphorsaurer Kalk usw.) und Milchzucker, in welcher Eiweißstoffe (Kaseïn und Albumin) und Fett enthalten sind. Das Milchfett ist in Form kleiner Kügelchen, sogenannter

Milchkügelchen, vorhanden, von welchen jedes einzelne mit einer aus Eiweißstoffen bestehenden Hülle umgeben ist. Die am Morgen gemolkene Milch enthält bedeutend weniger Fett als die Abendmilch. Bei der großen Bedeutung, welche die Milch in der Ernährung kranker und gesunder Menschen besitzt, ist es zweckmäßig, über das physikalische und chemische Verhalten derselben einiges anzuführen. Schon lange wogt der Streit, ob rohe oder gekochte Milch leichter verdaulich sei, und erst in jüngster Zeit haben exakte Untersuchungen eine Deutung der häufig konstatierten Erfahrungstatsache der leichteren Verdaulichkeit der rohen Milch im Magen ermöglicht.

Bekanntlich enthält die Kuhmilch Kalksalze, welche zu einem erheblichen Teil chemisch an einen der beiden Eiweißstoffe der Milch, das sogenannte Kaseïn, in Form des Kaseïnkalkes gebunden sind. Es hat sich nun gezeigt, daß durch das Kochen der Milch der darin vorhandene Kalk fester an die Eiweißsubstanzen derselben gebunden wird und daß durch diese und vielleicht auch noch andere Zustandsänderungen beim Kochen die Verdaulichkeit der Milch herabgesetzt wird.

Außerdem werden durch den Kochprozeß die in der Milch enthaltenen kleinsten, mikroskopisch nicht mehr sichtbaren Teilchen (sogenannte Submikronen) größer und verschwinden langsamer bei der Vermischung mit Magensaft als bei ungekochter Milch und auch der feine Verteilungszustand des Milchfettes wird durch längeres und öfteres Kochen nicht grade günstig beeinflußt. Ferner wird durch sehr starke Erhitzung der Milch ein Teil des Milchfettes und Milchzuckers gespalten. Beim Kochen der Milch entsteht, wie allgemein bekannt ist, eine sogenannte ,,Haut", welche aus geronnenem Kaseïn und Albumin und Kalksalzen besteht, und die sich nach deren Entfernung wieder von neuem bildet. Durch Zusatz einer gewissen Substanz, welche aus dem Kälbermagen gewonnen wird, und welche man als Labferment bezeichnet, geht das Kaseïn der Milch in den geronnenen Zustand über, und die dabei sich abscheidende Flüssigkeit nennt man süße Molke. Gekochte Milch gerinnt durch Zusatz von Labferment, z. B. in Form von Labessenz, erst dann, wenn etwas Säure, wie z. B. Milchsäure, zugesetzt wird. Den gleichen Vorgang der Gerinnung des Kaseïns erzielt man durch Sauerwerdenlassen der Milch infolge Vergärung des in derselben vorhandenen Milchzuckers. Dieser Prozeß verläuft umso schneller, je höher die Temperatur ist, deshalb stellt man zur Erzeugung sogenannter saurer oder dicker Milch dieselbe zweckmäßigerweise in rohem Zustande in einem warmen Raume auf. Die sich dabei abscheidende Flüssigkeit nennt man saure Molke, infolge ihres Gehaltes an Milchsäure. In der Molke befinden sich gewisse Stoffe, welche die Absonderung von Magensaft anregen, sowie auch Substanzen, welche die Vergärung des Milchzuckers befördern.

Zur Haltbarmachung der Milch für längere Zeit erhitzt man dieselbe während längerer Dauer und sorgt dann dafür, daß keine Infektion der Milch mit Bakterien stattfindet.

Es sind zu obigem Zweck der Haltbarmachung folgende Methoden gebräuchlich:

1. das Sterilisieren, wobei die Milch entweder in Zinnbüchsen eingeschlossen mehrmals hintereinander auf 70—100° C erhitzt wird (ein Vorgehen, daß sich als zweckmäßig erwiesen hat) oder durch kurzes Erhitzen auf 102—115°, von lebenden Bakterien befreit wird. Für gewöhnlich genügen aber auch einfachere Methoden, um die Milch bakterienfrei zu machen, sofern letzteres in speziellen Fällen überhaupt erwünscht ist und Vorteil bietet.

2. Ein weiteres Verfahren des Sterilisierens der Milch, das heißt der Abtötung von Bakterien, ist das sogenannte Pasteurisieren. Man erhitzt dabei die Milch in passenden Apparaten während 20 Minuten auf 68—69° C, danach wird dieselbe rasch abgekühlt. Bei dieser Methode wird die Milch nicht ganz bakterienfrei, aber ihre Haltbarkeit beträgt bei einer Lufttemperatur von 14—18° C 60—70 Stunden, und bei einer Temperatur von 25° C zirka 10 Stunden.

Eine lange Zeit haltbare Milchkonserve ist die kondensierte Milch, welche unter Zusatz von Rohzucker durch Eindämpfen im luftverdünnten Raum hergestellt wird.

Infolge des verhältnismäßig hohen Rohzucker- und Milchzuckergehaltes und der dadurch bedingten gesteigerten Gärungsfähigkeit im Magen-Darmkanal ist dieses Präparat bei bestimmten Magen- und Darmkrankheiten zu vermeiden, wie überhaupt auch bei der gewöhnlichen Kuhmilch bei gewissen Magen- und Darmerkrankungen große Vorsicht bzw. Enthaltung am Platze ist.

IV. Kefir und Kumys und Joghurt.

Durch bestimmte Bakterien bzw. Mikroben wird der in der Milch vorhandene Milchzucker der Milchsäuregärung und Alkoholgärung unterworfen, und wir erhalten auf diese Weise den Kefir und den sogenannten Kumys, zu welch letzterem meist Stutenmilch verwendet wird. In ähnlicher Weise entsteht auch der bekannte Joghurt. Der kapitale Unterschied zwischen der Kuhmilch einerseits und der Stutenmilch andererseits besteht darin, daß der eine Eiweißstoff der Stutenmilch, das sogenannte Kaseïn, durch die entstehenden Gärungssäuren im Gegensatz zur Kuhmilch nicht in den geronnenen Zustand übergeführt wird; infolge dieses Gelöstbleibens des Kaseïns ist dieser Eiweißstoff beim Kumys für den Magensaft bedeutend leichter verdaulich als bei der Kuhmilch bzw. beim Kefir.

V. Vegetabile Milch. (Mandelmilch und Paranußmilch.)

Die genannten Pflanzenmilchsorten sind Flüssigkeiten vom Aussehen der Kuhmilch und von sehr angenehmem, delikatem Geschmack und größter Bekömmlichkeit. Sie lassen sich auf einfache Weise, aus den süßen Mandeln und Paranüssen herstellen, und besitzen einen relativ hohen Nährwert, je nach der Menge des verwandten Materials. Nach der im Rezeptteil angegebenen Herstellungsweise schwankt der Gehalt an Nährstoffen zwischen demjenigen der Kuhmilch und des süßen Rahmes. Es handelt sich demnach um recht nahrhafte Getränke von ungefähr demselben Eiweiß- aber höherem Fettgehalt als wie bei Kuhmilch und von geringerem Gehalt an Kohlehydraten und Salzen. Der fundamentale Unterschied zwischen Mandel- und Paranußmilch einerseits, und Kuhmilch anderseits liegt aber in der bedeutend feineren Ausflockung des vegetabilischen Eiweiß dieser beiden Milchsorten im Magen, so daß mit Rücksicht auf diese Tatsache, sowie in Anbetracht des hohen Nährwertes und der Armut an Salzen, speziell an Kochsalz, die Pflanzenmilch zweckmäßigerweise nicht nur für die Ernährung des Gesunden, sondern ganz besonders für die diätetische Behandlung vieler Magen-, Darm- und Stoffwechselkranker, Mastkuren usw. in Betracht kommt. Die Pflanzenmilch muß, wegen der leichten Vergärbarkeit der in ihr enthaltenen Kohlehydrate, nach der Bereitung kalt gestellt werden (am besten auf Eis) und verträgt je nach der Temperatur des Kühlraumes keine lange Aufbewahrungsdauer. Kochen der Pflanzenmilch ist unzulässig, hingegen darf sie wohl leicht erwärmt werden.

Einige spezielle Fachausdrücke.

Abfetten — Entfetten — Degraissieren: Das Fett von einer Sauce oder Suppe behutsam mit einem Löffel abnehmen oder mit einem Löschblatt behutsam abtupfen.

Abbrennen: Einen Teig in einer kupferverzinnten Kasserolle oder in einem gußeisernen emaillierten Tiegel auf dem Feuer aufquellen und dickkochen lassen, bis der Teig sich vom Geschirr loslöst.

Abhängen: Das frischgeschlachtete Fleisch läßt man, damit es mürbe wird, längere Zeit vor dem Gebrauch in kühler Luft hängen oder liegen.

Abschmecken: Eine fertige Speise noch einmal schmecken und ihr durch den Zusatz noch fehlender Gewürze oder Säure den richtigen Geschmack verleihen.

Abschrecken: Siedende Flüssigkeiten durch Zugießen eines Schusses kalten Wassers klären. Gebräuchlich ist dieser Ausdruck bei Fischen, wenn man denselben durch Zugießen von Essig eine blaue Farbe gibt.

Abziehen: Eine Sauce oder Suppe mit Mehl oder Ei sämig oder bündig machen.

Abwellen — Blanchieren: Man läßt Fleisch, Gemüse oder Reis langsam einmal aufkochen, gießt es sodann ab und setzt es mit Brühe oder neuem Wasser wieder an.

Durchschlagen — Durchstreichen — Durchpassieren: Saucen, Suppen oder Püree durch ein leinenes Tuch, ein Haarsieb oder einen Durchschlag gießen oder streichen, um sie zu klären.

Einbrenne: In Butter gelb oder braun geröstetes Mehl, zum Verdicken von Saucen, Gemüsen und Suppen.

Einkochen: Dünnflüssige Speisen, Saucen oder Säfte unausgesetzt kochen lassen bis zum Verdicken.

Farce, Fülle, Füllsel oder Fasch: Eine Füllung für Geflügel, Kalbsbrust, verschiedene Gemüse, z. B. Kohl, Kohlrabi, Gurke, Sellerie, Tomaten. Man stellt sie aus gehacktem Fleisch, Fisch, Leber, Sardellen, Kräutern, Pilzen, Zwiebel, Käse, Eiern usw. her, oder einfach aus Weißbrot, Eiern und Butter.

Flambieren — Flammieren — Sengen: Geflügel nach dem Rupfen über eine offene Flamme schwenken, um die kleinen Flaumfedern abzusengen.

Frappieren: Champagner in Eis kühlen.

Gratinieren: Gare Speisen, die man auf der Oberseite paniert hat, in dem Geschirr, in dem sie angerichtet sind, oben braun werden lassen.

Grillieren: Am Rost braten.
Hachieren: Fein wiegen oder hacken.
Jus: Die erkaltete braune Bratenbrühe, Fleischessenz.
Kalbsmilch — Kalbsmilcher — Bries — Bröschen
— Kalbsmilken: Die Thymusdrüse des Kalbes.
Kalbshesse: Endmuskel der Keule am Zusammentritt der Sehnen. Bei der Bereitung von gallertartigen Suppen und Saucen gut zu gebrauchen.
Klarrühren: Man verrühre Mehl und Wasser so lange, bis eine gleichmäßige Flüssigkeit entsteht.
Klarkochen: Eine Flüssigkeit langsam kochen lassen, dieselbe dabei abschäumen oder entfetten bis zum Klarwerden.
Legieren — Verbinden siehe Abziehen.
Mehleinbrenne — Mehlschwitze siehe Einbrenne.
Panade: Eingeweichte Semmel oder Mehl, in Butter abgebacken und mit Eiern verrührt, zur Bereitung verschiedener Farcen.
Panieren: Eine Speise mit Mehl oder Semmel bestreuen, sodann in klargerührte Eier oder geschmolzene Butter tauchen und braten, rösten oder backen.
Pochieren: Stocken und Steifen von Eiern.
Tranchieren: Das Zerlegen des Fleisches und Geflügels.
Ziehenlassen: Fleisch, Fisch oder Gemüse einmal mit Wasser hoch kochen lassen, sodann mit dem kochenden Wasser heiß stellen.
Suppengemüse — Suppengrün: Wurzelwerk, Sellerie, Mohrrübe, Petersilie.

Maß- und Gewichtstabelle.

Eine Messerspitze Kochsalz	2 g
Eine Prise Kochsalz	0,5 ,,
Ein Stück Würfelzucker	5 ,,
Ein Eßlöffel	15 ccm
Ein Teelöffel	5 ,,
Ein Kinderlöffel	10 ,,
Ein Likörglas	20 ,,
Eine Mokkatasse	50 ,,
Ein Portweinglas	60 ,,
Ein Weinglas	125 ,,
Eine gewöhnliche Tasse	200 ,,
Ein Wasserglas	250 ,,
Ein Suppenteller	ungefähr ¼ Liter.

1 kg = 1000 g = 2 Pfund,   ¼ kg = 250 g = ½ Pfund,
½ kg = 500 g = 1   ,,   ⅛ kg = 125 g = ¼   ,,

Vorbemerkung.

Die nachstehenden Rezepte sind für 1 Person und für 8 bis 10 Personen berechnet. Die Zeitdauer der Bereitung ist angegeben. Grudeherd, Tipp-topp-Kochtopf und Kochkiste, sog. Selbstkocher, sind für alle Krankenspeisen, die langsamer, andauernder Hitze bedürfen, sehr zu empfehlen. Man läßt bei der Kochkiste und dem Grudeherd die Speisen um die Hälfte der angegebenen Zeit länger darin.

Erste Abteilung.
Suppen.

Allgemeines. Geschmack und Liebhaberei sind bei den Menschen so verschieden, daß sich z. B. für Suppen kein festes Maß für die Konsistenz angeben läßt; es muß in den meisten Fällen auf die Wünsche der Patienten, je nach Appetitrichtung und auch nach der Zusammenstellung des Menüs, Rücksicht genommen werden, soweit dies möglich und mit den ärztlichen Vorschriften vereinbar ist.

a) Gebundene oder legierte Suppen, zu denen auch die Wassersuppen gerechnet werden, sind meist sog. weiße oder braune Suppen aus verschiedenen Mehlen, mit Wasser und auch Fleischbrühe oder Gemüsebrühe hergestellt, oder aus weichgekochten durchgestrichenen Hülsenfrüchten oder aus Gries, Flocken, Mais, Gerste, Sago, Tapioka und Zwieback mit Wasser gekocht und mit Ei gebunden.

b) Klare Suppen: Bei denselben ist die Grundlage eine klare, kräftige Bouillon oder Consommée: von Fleisch, Fisch, Gemüse, Kräutern oder Fleischextrakt zubereitet, in welcher irgendeine Einlage gegeben oder extra dazu serviert wird. Dieselben sollen schön klar und kräftig sein. Man koche nie darin die zu verwendende Suppeneinlage, wie Fideli, Reis, Klöße usw. ab, weil die Bouillon an Geschmack und Klarheit verliert.

Die Suppenklöße usw. kann man in Salzwasser oder trüber Bouillon kochen, welche man noch zu gebundenen Suppen verwenden kann.

c) **Weinsuppen** mit Wein (einfaches Tropon, Malztropon oder Eisentropon, Lecithin usw. kann man hier auch zufügen).

d) **Fruchtsuppen**, mit Saft oder Püree von Obst hergestellt.

e) **Milchsuppen** von süßer, saurer oder Magermilch.

(In alle Wein-, Obst- und Milchsuppen kann auch Sanatogen Nutrose usw. eingeführt werden.)

Die Wassersuppen, gebundene braune und weiße Suppen.

Regeln.

1. Diese Suppen koche man in stark verzinntem oder gut emailliertem oder irdenem Topf.

2. Langsames Schwitzen oder Rösten der Butter mit dem Mehl.

3. Langsames Zugießen der Flüssigkeit (Wasser, Gemüse- oder Fleischbrühe), damit keine Knollen entstehen, d. h. die Stärke gleichmäßig aufquillt.

4. Zu Schleimsuppen aus präparierten und Stärkemehlen sollen die Mehle stets **kalt und glatt** angerührt und dann erst in die kochende Flüssigkeit gegossen und unter öfterem Rühren gekocht werden.

5. Langsames offenes Verkochen der Suppen unter öfterem Rühren und event. Abschäumen. Um offen kochen zu können, nimmt man von Anfang an etwas **mehr Flüssigkeit**. Zugedeckt überkochen Suppen gern und werden auch nicht so schleimig.

6. Fertige Suppen werden stets vor dem Anrichten gesiebt, heiß gerührt und angerichtet.

7. Man kann beim Anrichten zu 1 Portion Suppe ½—1 Teelöffel Butter schlagen, was dieselbe fetter, glänzender und wohlschmeckender macht.

8. Alle zu Suppen verwendenden **Hülsenfrüchte** und **Zerealien** werden auf folgende Art vorbereitet: Die Hülsenfrüchte werden verlesen, rasch auf dem Sieb gewaschen und in kaltem Wasser 4—8 Stunden **eingeweicht**. Dieses Einweichwasser wird nachher zur Suppe verwendet.

Die Wassersuppen, gebundene braune und weiße Suppen.

9. **Sämtliche Suppen** sind entsprechend dicker gekocht als Breie zu geben.

10. **Zu dünn gekochte Suppen** kann man mit Eigelb und Rahm oder Milch binden, d. h. legieren oder dicklich machen.

11. **Das Binden** geschieht kurz vor dem Anrichten, indem man Eigelb mit Milch oder Rahm verquirlt und die Suppe unter Schlagen mit dem Schneebesen dazu gibt und auf dem Wasserbad heiß stellt, nicht mehr kochen läßt, da das Ei gerinnen und die Suppe dadurch unansehnlich würde.

12. **Zu braunen Grundsuppen** sind die gleichen Regeln zu beachten, nur daß man etwas mehr Mehl wie Butter nimmt und das Mehl in der Butter braun röstet.

Suppenrezepte.

1. **Buchweizengrützsuppe.**

Grütze	240 g	30 g
Wasser	4000 g	500 g
Salz.		

   Buchweizen nach dem Vorbereiten, d. h. Erlesen und Waschen und 2 stündigem Einweichen mit dem Wasser kalt aufsetzen, weich kochen (2—3 Std.) und mit Salz abschmecken. Zeitdauer 2½ Stunden ohne Einweichen.

2. **Buchweizengrützschleim**, 2—3 Stunden weichkochen, dann sieben, erhitzen event. binden.

3. **Hafergrützsuppe.**

Grütze, amerikanische	240 g	30 g
Grütze, gewöhnliche	360 g	45 g
Wasser	4000 g	500 g
Salz.		

   Grütze nicht erweichen, mit kaltem Wasser aufsetzen, ungefähr 1—1½ Stunden kochen und mit Salz abschmecken.

4. **Hafergrützschleimsuppe.** Die Hafergrütze wird mit kaltem Wasser angesetzt; nach dem Weichkochen sieben, erhitzen und event. binden. Zeitdauer 2 Stunden ohne Einweichen.

5. **Gersten- oder Graupensuppe.**

Perlgerste, mittlere	200 g	25 g oder
Perlgerste, mittlere	280 g	35 g, dann kein Mehl
Weizenmehl	40 g	5 g
Wasser	4000 g	500 g

Gerste nach dem Waschen 1—2 Std. einweichen, mit dem mit kaltem Wasser aufgelösten Mehl mischen und dann 3—4 Std. weich kochen. $\frac{1}{4}$ des Wassers kann man durch Milch ersetzen, dadurch wird die Suppe schön weiß und nahrhafter. Ein Kalbsfuß mitgekocht macht die Suppe sehr nahrhaft. Gerstensuppe soll nicht in schlecht emaillierten oder Eisenpfannen gekocht werden, da sie schwarz wird. Zeitdauer $4\frac{1}{2}$ Std.

6. **Gerstenschleimsuppe**, wie voriges Rezept, Nr. 5, nach dem Weichkochen sieben, erhitzen und evtl. binden. Zeitdauer $4\frac{3}{4}$ Stunden ohne Einweichen.

7. **Gerstengrützsuppe.** Diese Suppe wird wie Hafergrützsuppe gekocht, siehe Nr. 3. Zeitdauer $1\frac{3}{4}$ Std.

8. **Reissuppe.**

Reis	240 g	30 g
Wasser	4000 g	500 g

1 p. Salz.

Reis blanchieren, mit kaltem Wasser aufsetzen und 2—3 Std. weichkochen, mit Salz abschmecken, evtl. mit Eigelb binden und mit Butter verfeinern.

9. **Reisschleimsuppe.** Wie voriges Rezept, doch kann man den Reis dazu einweichen; nach dem Weichkochen durch das Sieb streichen, erhitzen und evtl. mit Eigelb und Butter verfeinern.

10. **Reis blanchieren.** Der Reis wird auf dem Sieb gewaschen, mit soviel kaltem Wasser aufgesetzt, daß dasselbe über dem Reis steht, und zum Kochen gebracht; das Wasser abgegossen, mit kaltem Wasser nachgespült und zu den Speisen verwendet.

Man blanchiert den Reis aus Reinlichkeit und bei Milchreis deshalb, weil er die Säure verlieren muß, da die Milch leicht gerinnen würde. Zeit 10 Min.

11. **Grünkernsuppe.**

Grünkerne	240 g	30 g
Wasser	4000 g	500 g

Salz.

Grünkern wird gewaschen, 8—10 Std. eingeweicht, dann mit dem Einweichwasser 3—4 Std. gekocht. Zeitdauer $4\frac{1}{2}$ Std., ohne Einweichen.

12. **Grünkernschleimsuppe.**
Wird wie voriges Rezept Nr. 11 gemacht, gesiebt, erhitzt und evtl. mit Butter und Eigelb verfeinert und gebunden.

Die Wassersuppen, gebundene braune und weiße Suppen. 17

13. **Porridge.**
Haferflocken od. Quaker
Oats, beste engl. oder
amerikanische Marke   300 g   35 g
Wasser . . . . . .   4000 g   500 g
Salz.

Haferflocken mit kaltem Wasser aufsetzen, 5 Min. kochen, dann an der Herdseite 1 Std. langsam kochen lassen oder im Grudeherd oder in der Kochkiste 2 Std. Zeitdauer 2 Std.

14. **Haferflockenschleimsuppe**, wie voriges Rezept, nach dem Weichkochen sieben und erhitzen, Zeitdauer $2\frac{1}{4}$ Std.

15. **Porridge als Brei**, etwas dicker gekocht mit Zusatz von frischer Butter = Frühstücksspeise. Mit Milch gekocht, nahrhafter.

16. **Haferflocken, Gerstenflocken, Reisflocken** usw. auf andere Art.
Flocken . . . . . .   200 g   20 g
Wasser . . . . . .   4000 g   500 g
Butter . . . . . .   80 g   8 g

Die Flocken mit kaltem Salzwasser ansetzen, $\frac{3}{4}$—1 Std. kochen lassen, evtl. passieren und mit Butter abschmecken. Zeitdauer $1\frac{1}{4}$ Std.

17. **Als Schleim und Frühstücksspeise v. Hafergerste und Reisflocken** wie Nr. 14 und 15. Zeitdauer $1\frac{1}{2}$ Std.

18. **Schleimsuppen von fertigen Mehlen.**
Bohnen, Erbsen, Grünkern, Gersten, Hafer, Linsen, Reismehl usw.
Mehl . . . .   200 g   25 g
Wasser. . . . .   4000 g   500 g

Zu Erbsen, Linsen, Bohnen, keine Eier.

Das Mehl wird mit einem Teil des Wassers kalt und glatt angerührt, dies unter Umrühren in das übrige kochende Salzwasser getan und $\frac{3}{4}$—1 Std. gekocht und evtl. gebunden. Zeitdauer 1 Std.

Darf Butter verwendet werden, so schwitzt man das Mehl im irdenen Topf in zerl. Butter durch, füllt langsam kalte Flüssigkeit zu, kocht die Suppe langsam $\frac{1}{2}$ Std. Man kann evtl. mit Eigelb binden und mit Fleisch-Extrakt kräftiger machen.

19. **Grahammehlsuppe.**
Schrotmehl . . . . .   200 g   25 g
Wasser . . . .   3000 g   400 g
1 p. Salz.

Schrotmehl in kochendes Wasser einrühren, $^3/_4$—1 Std. kochen lassen, evtl. mit etwas Butter verfeinern und mit Eigelb legieren.

20. In alle bis jetzt beschriebenen Suppen kann man auch vor dem Anrichten 1—8 Eßlöffeln Rotwein oder Arrak oder Kognak oder auch auf 2 Personen 2 Blatt aufgelöste Gelatine geben. In alle Schleimsuppen kann man auch Bouillon statt Wasser nehmen.

21. Gelatine vorbereiten und auflösen.
Die Gelatine wird mit der Schere in ein Sieb klein geschnitten, mit kaltem Wasser gewaschen (mit 1 Eßl. k. Wasser auf 1 Blatt), ganz aufgelöst und durch ein Sieb zu den Speisen gegeben. Zeitdauer 10 Min.

22. Wassersuppe mit Arrovroot, Maizena oder Mondamin.

Mehl	75 g	10 g	knapp
Wasser	3000 g	250 g	
1 p. Salz.			

Mehl mit einem Teil des kalten Wassers glatt auflösen, unter Umrühren in das übrige kochende Wasser gießen, ca. 10—15 Min. kochen lassen, evtl. mit etwas Wein oder Zitronensaft und Zucker abschmecken. Zeitdauer ½ Std.

23. Weiße Grundsuppe, gebundene Suppe, für 8 Personen.

Butter	50 g	6 g
Mehl	60 g	8 g
Bouillon, Wasser, Gemüsebrühe usw.	3000 g	360 g
Salz, evtl. Eigelb zum Binden.		

Butter schmelzen, das Mehl zugeben, rühren und, wenn Blasen sich zeigen, mit der kalten Flüssigkeit langsam ablöschen und mit warmer nachfüllen, unter öfterem Rühren einkochen lassen und durchgesiebt mit Salz abschmecken, evtl. mit Eigelb binden oder mit Bouillon etwas verdünnen.

NB. Zu gebundenen Suppen schmecken geröstete Brotwürfelchen sehr gut.

24. Braune Grundsuppe für 8 Personen.

Mehl	80 g	8 g
Butter	50 g	6 g
Bouillon oder Wasser	3000 g	360 g
Salz.		
Brotwürfel.		

Die Wassersuppen, gebundene braune und weiße Suppen.

Die Butter wird gebräunt, das Mehl darin braun geröstet, erst mit kalter Flüssigkeit langsam abgelöscht, warme Flüssigkeit nachgefüllt, 1 Std. gekocht, abgeschäumt, gesiebt und mit ger. Brotwürfelchen angerichtet. Zeitdauer 1¼ Std.

Mit Fleischextrakt kann die Suppe pikanter gemacht werden; durch Mitkochen von 4 Eßlöffeln Tomatenpüree oder 4 frischen Tomaten erhält man eine schmackhafte einfache Tomatensuppe.

25. **Einfache Tomatensuppe.**

26. **braune Ochsenschwanzsuppe.**

Ochsenschwanz . . .	1500 g	200 g
Wasser	3000 g	360 g
Butter	40 g	5 g
Mehl	80 g	10 g
Rotwein oder Madeira	8 Eßl.	1 Eßl.
Suppengrün	50 g	5 g

Der Ochsenschwanz wird gewaschen, zerkleinert in 2 bis 4 Stücke, mit Suppengrün und Butter in einer Pfanne angebraten und 3—4 Stunden weich gedämpft. In den Fond wird das Mehl angeröstet, mit Fleischbrühe oder Wasser aufgefüllt und gut gekocht, das Fleisch wird von den Knochen gelöst, in kleine Würfel geschnitten, die Knochen in der Brühe noch kochen gelassen, dann durchgesiebt, mit Madeira abgeschmeckt über Fleisch und Eierstich angerichtet. —

27. **Klare Ochsenschwanzsuppe.**

Zutaten wie voriges Rezept, nur statt Mehl 40 g Kartoffelmehl und keine Butter. Der Ochsenschwanz wird mit Suppengrün und Wasser weich gekocht, abgesiebt, mit Kartoffelmehl gebunden und über Fleisch und Brotwürfel angerichtet.

28. **Makkaronisuppe.**

Makkaroni	80 g	10 g
Butter	80 g	10 g
Mehl	80 g	10 g
Wasser od. Fleischbrüh.	4000 g	500 g
Eigelb	2	½

Es wird eine weiße Grundsauce gekocht, d. h. Mehl in Butter durchgeschwitzt, mit Flüssigkeit abgelöscht und ½ Std. gekocht. Die Makkaroni 1 cm kurz geschnitten, zur Suppe gegeben und weich gekocht, indem man oft umrührt, da die Makkaroni am Boden sonst leicht ansitzen. Das Eigelb wird in der Suppenschüssel mit Milch verquirlt und die kochende Suppe langsam dazu gegeben und abgeschmeckt. Zeitdauer 1 Std.

Suppen.

29. Tomatensuppe, feine.

Butter	40 g	5 g
Petersilie	15 g	2 g
Roher Schinken	50 g	10 g
Tomatenpüree od. Tomaten	500 g	60 g
Fleischbrühe od. Wasser	2500 g	200 g
Butter	70 g	10 g
Mehl	40 g	5 g
Rahm	200 g	25 g
Eigelb	4	½
Milch	8 Eßl.	1 Eßl.

In Butter wird Petersilie und der in Würfel geschnittene Schinken angebraten, die zerschnittenen Tomaten darin weich gekocht, mit Fleischsuppe oder Wasser 1 Std. durchgekocht und passiert. Mit dieser Tomatenbrühe löscht man das in Butter gelb geschwitzte Mehl ab, läßt ½ Std. kochen, legiert mit dem mit Milch verquirlten Eigelb und Rahm und richtet über dem in Wasser oder Bouillon weich gekochten Reis an. Zeitdauer 2 Std.

NB. Statt Reis kann man auch Tapioka, den man mit kaltem Wasser erst auflöst und in der fertigen Suppe 10 Min. kocht, oder geröstete Brotwürfel oder Eierstichwürfelchen verwenden.

30. Kartoffelsuppe.

Kartoffeln	1500 g	190 g
Wasser	3000 g	360 g
Suppengrün	250 g	30 g
Butter	80 g	10 g
Mehl	40 g	5 g
Petersilie	20 g	3 g
Fleischextrakt	15 g	2 g
Salz.		

Kartoffeln waschen, schälen, mit kaltem Wasser aufsetzen, mit kleingeschnittenem Suppengrün weichkochen und durch das Sieb streichen, 35 g Butter mit dem Mehl garschwitzen (bis es schäumt), die durchgestrichene Masse dazugeben und etwa 20 bis 25 Minuten kochen lassen, anrichten und die in 5 g Butter geschwitzte und gehackte Petersilie dazu geben. Falls die Suppe stehen muß, heißes Wasser und etwas Salz und frische Butter zufügen. Zeitdauer 1¾ Std.

31. Falsche Eiergerstensuppe.

Butter	80 g	8 g
Mehl	60 g	6 g

Die Wassersuppen, gebundene braune und weiße Suppen. 21

Eier	3 Stck.	½ Ei
Wasser od. Fleischbrühe	2000 g	¼ L. 250 g
Salz.		

Man röstet das Mehl hellbraun, löscht ab mit den in kochendem Wasser verrührten Eiern und läßt das Ganze noch ¼ Std. kochen, schmeckt ab und serviert sie mit Brotwürfel evtl. mit Grünem. Zeitdauer ½ Std.

32. Hühnerfleischpüreesuppe.

Geschältes ger. Brot	200 g	20 g
Bouillon	3000 g	370 g
Hühnerfleisch, gekochtes	250 g	25 g
Fleischextrakt	15 g	2 g
Rahm	100 g	10 g

Das Brot kocht man ¼ Std. mit der Bouillon, das Hühnerfleisch wird fein gewiegt und gestoßen und durch das Sieb gerieben. 10 g davon werden mit Rahm oder Fleischextrakt gequirlt, mit etwas Suppe gemischt zur ganzen Masse gequirlt und ohne zu kochen angerichtet.

NB. Man kann statt Extrakt auch Eigelb verwenden Zeitdauer ¾ Std.

33. Brotsuppe mit Fleischbrühe.

Brot geschält und ger.	300 g	30 g
Butter	100 g	10 g
Wasser, Bouillon	3000 g	360 g

Das Brot wird mit Butter etwas geschwitzt, Bouillon oder Wasser aufgefüllt und ½ Std. langsam gekocht. Man kann mit einem Eigelb, das man mit einem Eßlöffel Rahm verschlagen, binden. Die Suppe kann auch gesiebt werden. Zeitdauer ¾ Std.

34. Einlaufsuppen.

Mehl	80 g	10 g
Eier	8 Stck.	1 Stck.
Flüssigkeit, Wasser, Milch oder Fleischbrühe	3000 g	350 g
Salz.		

Mehl wird mit Ei, Milch oder Salz glatt angerührt, durch den groben Schaumlöffel oder Durchschlag in die kochende Flüssigkeit gegeben und kurz aufgekocht. Oder den Teig in der Suppenschüssel anrühren, kochende Flüssigkeit daran gießen, indem man mit dem Schneebesen schlägt, so daß die Suppe gleichmäßig glatt wird. Zeitdauer 20 Min.

22   Suppen.

35. Weiße Fischsuppe.

Fischbrühe	3000 g	360 g
Mehl	100 g	10 g
Butter	100 g	10 g
Milch	250 g	25 g
Petersilie	40 g	4 g
Gekochte Fischstücke oder Brotwürfel	300 g	20—30 g

Das Mehl wird in Butter durchgeschwitzt, mit der Fischbrühe oder dem Fischsudwasser abgelöscht und 1 Std. gekocht, mit Milch abgeschmeckt und die gehackte Petersilie zugefügt. Die geputzten Fischstücke gibt man zuletzt dazu. Zeitdauer 1½ Std.

NB. Man kann die Suppe verfeinern, indem man sie mit in Milch verquirltem Eigelb legiert.

Dieselbe Suppe kann man auch braun herstellen, indem man das Mehl braun röstet und ablöscht; sonst wie voriges Rezept.

36. Braune Fischsuppe.

37. Französische Reissuppe.

Butter	160 g	20 g
Mehl	80 g	8 g
Bouillon oder Wasser	3000 g	360 g
Champignons	20 Stck.	2 Stck.
Reis	200 g	20 g
Eigelb	4	½ Eigelb
Milch	8 Eßl.	
Salz.		

In der zerlassenen Butter das Mehl durchschwitzen und mit der Bouillon ablöschen und ½ Std. kochen lassen. Den blanchierten Reis und Salz zufügen und weich kochen. Die geschnittenen Champignons in die fertig gekochte Suppe geben, die man beim Anrichten mit milchverquirltem Eigelb bindet. Zeitdauer 1¼ Std.

38. Linsen-, Bohnen-, Erbsensuppen.

Bohnen, Linsen od. Erbsen	400 g	40 g
Bouillon oder Wasser	3000 g	360 g
Butter	40 g	4 g
Mehl	20 g	2 g
Salz.		

Linsen, Bohnen oder Erbsen werden eingeweicht, in der Bouillon und dem Einweichwasser weich gekocht und durch das

Die Wassersuppen, gebundene braune und weiße Suppen. 23

Sieb gedrückt. Das Mehl in Butter gargeschwitzt, mit dem Durchpassierten abgelöscht, aufgekocht, wenn nötig verdünnt und mit Salz abgeschmeckt. Kann auch gebunden werden. Zeitdauer 3 Stunden ohne Einweichen.

39. Mockturtlesuppe (Falsche Schildkrötensuppe).

Kalbskopf, ohne Zunge und Gehirn, ½ ungefähr	1500 g	180 g
Schinken	60 g	6 g
Knochen	500 g	60 g
Suppengrün	100 g	10 g
Rotwein	100 g	10 g
Butter	140 g	20 g
Mehl	120 g	15 g
Madeira	100 g	10 g
Eierstich	4 Eier	½ Ei
Wasser	3000 g	360 g
Salz	40 g	4 g

Schinkenstückchen, Knochen, Salz, Suppengrün und der gebrühte Kalbskopf werden zusammen mit warmem Wasser aufgesetzt und weichgekocht und durchpassiert. Mehl wird in Butter braun geröstet, mit der Kalbsbrühe abgelöscht und 1 Std. unter Abschäumen gekocht. Den Kalbskopf legt man nach dem Weichkochen in kaltes Wasser zum Weiß- und Steifmachen, preßt ihn zwischen 2 Emailbrettern oder flachen Tellern und schneidet von der Haut feine Streifchen, die man in den Madeira legt und etwas salzt und nachher zu der angerichteten Suppe gibt. Die hartgekochten Eier legt man auch dazu, oder den in Würfel geschnittenen Eierstich.

NB. Statt Kalbskopf kann man auch Kalbsfüße verwenden. Zeitdauer 3—4 Std.

40. Schildkrötensuppe, echte.

Landschildkröten, größere	3 Stck.	½ Stck.
Salzwasser	3000 g	360 g
Butter	125 g	20 g
Möhren	250 g	25 g
Sellerieknollen	100 g	10 g
Fleischbrühe	3500 g	550 g

Man tötet die Tiere und legt sie 2 Std. in lauwarmes Wasser. Dann säubert man die Schilde gehörig und kocht sie ¼ Stunde in kochendem Salzwasser. Die grüne Haut zwischen den Schilden wird losgemacht. Die Butter läßt man zergehen, gibt die in

Scheiben geschnittenen Möhren und Sellerie dazu, schwitzt durch und legt die Schildkröten darauf, gießt die Fleischbrühe darüber und dünstet langsam, bis sich am Boden eine brauner Fond ansetzt, gibt die übrige Fleischbrühe dazu und läßt so lange langsam alles kochen, bis sich die Schilde der Kröte leicht ablösen lassen, was man mehrmals versuchen muß. Man beseitigt nun die Eingeweide, schneidet das Fleisch in zierliche Stücke, legt dieselben in eine Pfanne, seiht die Brühe darüber, würzt mit Salz und fügt etwas kräftige Sauce und Madeira zu, dünstet das Fleisch darin weich und legt zuletzt Eier, Fisch oder Fleischklöße dazu. Zeitdauer 5—6 Stunden.

41. Cremesuppe.

Butter	50 g	6 g
Mehl	100 g	15 g
Bouillon	2000 g	240 g
Milch	1000 g	120 g
Wasser	500 g	80 g
Brotwürfel	50 g	10 g
Eigelb	4	½

Es wird eine weiße Grundsauce gemacht, indem man Mehl in Butter durchschwitzt und mit Milch, Fleischbrühe und Wasser ablöscht, 1 Std. kocht, über Eigelb und gehacktem Grün anrichtet und Brotwürfel dazu serviert. Zeitdauer 1½ Std.

42. Vegetarier-Suppe.

Karotten	1000 g	120 g
Lauchstengel	100 g	10 g
Reis	160 g	20 g
Gerste	80 g	10 g
Butter	80 g	10 g
Wasser	3000 g	10 g
Eigelb	3 Stck.	½ Stck.
Petersilie	30 g	5 g

Die Gemüse werden klein geschnitten, mit der Butter durchgeschwitzt und, mit der Flüssigkeit weich gekocht, durch das Sieb gedrückt. Reis und Gerste blanchiert man und kocht jedes für sich weich, gibt es in die aufgekochte Suppe, die man mit Eigelb bindet und mit gehackter Petersilie serviert.

NB. Statt Butter kann man auch Olivenöl verwenden.

Die Wassersuppen, gebundene braune und weiße Suppen.

43. Falsche Krebssuppe.

Gemüse, wie Karotten, Erbsen, Sellerie, Lauch, Tomaten, Bohnen	1500 g	150 g
Butter	100 g	15 g
Mehl	80 g	10 g
Wasser oder Bouillon	3000 g	360 g
Käse	80 g	10 g
Blumenkohl-Kopf	1 mittl.	20 g

Die Gemüse mit Ausnahme des Blumenkohls werden geputzt, klein geschnitten und in Butter mit Tomaten durchgeschwitzt, das Mehl darauf gestreut, Bouillon oder Wasser aufgefüllt und das Gemüse weich gekocht durchs Sieb gedrückt, aufgekocht und wenn nötig noch verdünnt und abgeschmeckt, indem man den geriebenen Käse dazu gibt. In die Suppenschüssel gibt man die weichgekochten Blumenkohlröschen und gießt die Suppe darüber. Zeitdauer 2 Std.

44. Käsecremesuppe.

Milch	3000 g	360 g
Karotte	100 g	10 g
Käse	120 g	12 g
Eigelb	60 g	6 g
Salz	3 g	½ g

Man läßt Karotten in Milch einige Zeit an der Herdseite kochen, siebt die Milch und setzt sie wieder aufs Feuer, gibt das mit zerlassener Butter glatt angerührte Mehl hinein, indem man die Masse mit dem Schneebesen schlägt bis sie dicklich wird, fügt den ger. Käse zu, bindet mit milchverquirltem Eigelb und serviert sofort.

Statt Mehl kann man auch Kartoffelmehl verwenden. Zeitdauer 1 Std.

45. Prinzeßsuppe.

Hafermehl	150 g	15 g
Butter	90 g	10 g
Wasser oder Bouillon	3000 g	360 g
Brot	60 g	10 g
Milch	300 g	50 g
Eigelb	3 Stck.	½ Stck.
Salz		

Das Hafermehl wird mit Butter leicht geröstet, mit der Flüssigkeit abgelöscht und die Suppe auf schwachem Feuer etwa eine Stunde gekocht. Inzwischen bereitet man die Klößchen: Das Brot wird abgerieben (Rinde), in kleine Würfel geschnitten, in Milch, die mit dem gut verklopften Ei vermischt ist, eingeweicht, ausgedrückt und zu kleinen gleichmäßigen Klößchen geformt. Die Klößchenmasse muß aber vorher gut abgeschmeckt sein. Dann wendet man sie in dem abgeriebenen Brot und bäckt sie in rauchheißem Fett oder in Butter auf der Pfanne, läßt sie abtropfen, gibt sie in die Suppenschüssel und gießt die fertig gekochte Suppe darüber. Zeitdauer 1½ Std.

46. Spinatsuppe mit Eierstich.

Spinat	600 g	60 g
Brot	130 g	20 g
Mehl	30 g	5 g
Fleischbrühe	3000 g	360 g
Butter	60 g	6 g
Salz.		

In der Butter wird Brot und Mehl leicht geröstet, dann fügt man den gewaschenen Spinat bei und löscht das Ganze mit der Flüssigkeit ab. Sobald der Spinat weich ist, wird die Suppe durchpassiert, mit etwas süßem Rahm oder einem Stückchen Butter abgerührt, abgeschmeckt und angerichtet. Der in Würfel geschnittene Eierstich wird in die Suppenschüssel gegeben. Zeitdauer 2½ Std.

47. Karottensuppe.

Karotten	1500 g	190 g
Butter	100 g	15 g
Mehl	80 g	10 g
Fleischbrühe oder Wasser	3000 g	360 g
Salz.		

Karotten vorbereiten, in Scheiben schneiden und in Salzwasser weichkochen, dann durch das Sieb streichen, eine weiße Grundsuppe kochen und mit dem Karottenwasser ablöschen, Fleischbrühe zufüllen und eine halbe Stunde kochen lassen. Salzen und mit gerösteten Brotwürfeln servieren. Zeitdauer 2 Std.

48. Blumenkohlsuppe.

Blumenkohlwasser	3000 g	360 g
Butter	100 g	15 g
Mehl	100 g	15 g

Die Wassersuppen, gebundene braune und weiße Suppen.

Eigelb	4 Stck.	½ Stck.
Milch	10 Eßl.	½ Eßl.
Blumenkohl	1 kl. Kopf und einige Blumenkohlrosen	
Salz		

Der Blumenkohl, den man vorbereitet und gewässert hat (kaltes Wasser und handvoll Salz), wird in kochendem Salzwasser weichgekocht. Aus Butter, Mehl und Blumenkohlwasser wird eine Grundsuppe hergestellt, die man $1/2$ Std. kochen läßt, Eigelb und Milch verquirlt und zur Suppe geschlagen, mit Salz abgeschmeckt, die Blumenkohlröschen in die Suppenschüssel getan und die Suppe darüber angerichtet. Zeitdauer 1 Stunde.

49. Salat- und Sauerampfer-Suppe.

Salatblätter	375 g	40 g
Sauerampfer	120 g	15 g
Butter	150 g	20 g
Mehl	60 g	10 g
Bouillon oder Wasser	3000 g	360 g
Eigelb	3 Stck.	½ Stck.
Rahm	3 Eßl.	1 Eßl.
Salz.		

Sauerampfer und Salatblätter werden einen Augenblick in kochendes Wasser gegeben, kalt abgespült, abgeklopft und in der Hälfte der Butter durchgeschwitzt, durchs Sieb gestrichen. Die übrige Butter kocht man mit Mehl und Bouillon oder Wasser zu einer Grundsuppe, die durchgestrichene Masse gibt man dazu und bindet die Suppe mit Eigelb und Rahm. Man gibt gebratene Brot- oder Eierstichwürfel dazu. Zeitdauer 1 Std.

50. Pilzsuppe.

Champignons	250 g	25 g
Steinpilze	250 g	25 g
Pfifferlinge	250 g	25 g
Butter	100 g	10 g
Mehl	50 g	5 g
Eigelb	2—3 Stck.	½ Stck.
Petersilie	2 Eßl.	1 Teel.
Wasser	3000 g	360 g
Salz.		

Man putzt die Pilze, wäscht sie gründlich aber rasch und hackt sie grob. Dann dünstet man die feingehackte Petersilie und die Pilze in der Butter weich, stäubt das Mehl daran, läßt es 5—10 Minuten rösten und gießt nach und nach das Wasser zu und läßt die Suppe langsam 30 Min. kochen. Mit milchverrührtem Eigelb binde man und gibt noch Brotwürfel dazu.

Klare Suppen.

Unter Fleischbrühe versteht man das Kochwasser des Fleisches oder der Knochen mit den darin gelösten Bestandteilen. Von den festen Bestandteilen des Fleisches gehen nur etwa 4—6 % in das Wasser über. Wenn das Fleisch und die Knochen stark zerkleinert, oder wenn sie im Dampfkochtopfe gekocht werden, wird die Fleischbrühe noch schmackhafter. Der Nährwert der Fleischbrühe ist sehr gering, sie enthält etwas Leim, Eiweiß ganz wenig Fett, Extraktivstoffe und Salze des Fleisches. Der Wert der Fleischbrühe beruht nicht auf dem Nährstoffgehalt, sondern in den anregenden Wirkungen auf die Magensaftabsonderung und auf den Appetit. Die Fleischbrühe ist also eher ein **Genußmittel** und zwar eines der besten.

Durch Zugabe von **Einlagen** in die Fleischbrühe kann man aber den Nährwert derselben erhöhen.

Besonders schmackhafte Fleischbrühe erhält man von gemischtem Fleisch: von Rind, Kalb, Geflügel und Wild, und zwar Fleisch vom Hals, Keule, Schwanz und Schenkel.

Knochen und Fleisch geben auch kräftige Suppen.

Knochen allein ausgekocht sind für gebundene Suppen. zu verwenden.

Um schmackhafte Bouillon zu erhalten, sind folgende Regeln zu beobachten:

1. Man gibt zum Kochen von Fleischbrühe stets Kräuter zu = Suppengrün: Sellerie, Lauch, Mohrrübe, Petersilienwurzel, evtl. getrocknete Spargel oder Schotenschalen und getrocknete Pilze.

2. Man darf nie Wasser während des Kochens nachgießen.

3. Um klare Bouillon zu erhalten, verwende man vor allem sauberes Kochgeschirr und saubere Zutaten. Ist sie aber dennoch nicht klar, so kann man dieselbe mit Hilfe von Eiweiß und Zitronensaft klären (siehe das Klären von trüben Suppen S. 29, Nr. 11).

4. Die Bouillon soll man nach dem Kochen stets entfetten.

5. Bouillon, die man aufbewahren will, soll nicht entfettet werden, weil die feste Fettschicht einen luftdichten Verschluß bildet.

Klare Suppen.

6. Bouillon soll nur noch erhitzt werden, wenn man sie aufwärmt; nicht kochen, da sie an Aroma verliert.

7. Will man Bouillon und Suppenfleisch auf den Tisch geben, so setzt man dasselbe in kochendem Wasser an und läßt es dann an der Herdseite oder im Grudeherd je nach Gewicht 2—4 Std. kochen.

8. Suppengrün und eventuell Gewürze erst nach dem Aufkochen dazugeben.

9. Alle Fleischsuppen lassen sich **weiß** oder **braun** herstellen. **Weiß**, indem man einfach die Zutaten mit Wasser aufsetzt. **Braun**, indem man alle Zutaten mit wenig Fett braun anbratet und dann das Wasser zugibt.

10. Kochdauer nach Art des Fleisches und Gebrauchszwecken 2—6 Stunden.

11. **Das Klären der trüben Suppen mit Eiweiß.**
Zu einem Liter Bouillon = 1000 g nimmt man 2 Eiweiß, 2—3 Eierschalen, Saft einer halben Zitrone. Nachdem die erkaltete und sehr gut entfettete Bouillon mit Extrakt abgeschmeckt wurde, wird sie geklärt. Man setzt die Flüssigkeit auf und läßt sie vor das Kochen kommen. Verquirlt Eiweiß, Zitronensaft und Eierschale (die man klein gedrückt hat) und gibt die Masse unter Schlagen zu der Flüssigkeit; man schlage mit dem Schneebesen so lange, bis die Masse zum Kochen kommt, ziehe sie vom Feuer zurück und lasse noch 20 Minuten zugedeckt an der Herdseite ziehen, bis unter der dicken grauen Eiweißschicht eine ganz klare Flüssigkeit erscheint. Ein Tuch wird auf ein feines Sieb gelegt, die Flüssigkeit sorgfältig hineingegossen, **ohne zu rühren und zu drücken.** (Die Eierschalen müssen von außen gewaschen werden bevor man sie kleindrückt.)

12. **Klären mit Eiweiß und Fleisch.**
Auf 1000 g Bouillon ein Eiweiß, eine Eierschale und 65 g gehacktes Rindfleisch. Zubereitung wie Nr. 11.

13. **Klären nur mit Fleisch.**
Auf 1000 g Fleischbrühe 100—150 g fein gewiegtes Fleisch, Zubereitung sonst wie Nr. 11. Ein viel einfacheres Verfahren ist Klären mit steriler Watte.

14. Fleischsuppen, welche von viel magerem Rindfleisch oder von Geflügel gekocht sind, werden gewöhnlich von selbst klar. Kalbfleisch und besonders Kalbsknochen machen die Suppe leicht trübe. Sollte nach der Klärung kein Erfolg eintreten, so versuche man es noch einmal, am besten jedoch, wenn man die Suppe noch völlig erkalten lassen kann und erst dann wieder klärt.
Fleischgallerte klärt man auf dieselbe Weise.

Wassertabelle zur Bouillonbereitung (nach Heyl):

	Wasser	Kochzeit
Schnelle Bouillon: 1 Pfd. mageres Rindfleisch gewiegt	½ Liter	1 Std.
Braune Jus: 1 Pfd. Bratenknochen u. magere Schinkenabfälle angebraten	¾ ,,	1 ,,
Bouillon zu gebundenen Suppen: 1 Pfd. kleingeschlagene Knochen und Abfälle	1 ,,	1 ,,
Kranken-Kraftbouillon: 1 kg Geflügel und Rindfleisch oder Kalbfleisch, gemischtes kleingeschnittenes Fleisch ohne Fett	1 ,,	1 ,,
Fleischextrakt-Bouillon: 1 Eßl. Suppengrün in ½ Liter Wasser gekocht, ein gestrichener Teel. Fleischextrakt: Liebig, Monopol oder 2 Maggiwürfel	½ ,,	1 ,,
Bouillon von Tauben: 2 Tauben und 1 Pfd. Rinderknochen	1 ,,	1 ,,
Bouillon von Kalbfleisch: 1 Pfd. Kalbfleisch	¾ ,,	1 ,,
Bouillon von magerem Rindfleisch: 1 Pfd. Rindfleisch und Knochen gemischt, ½ Teelöffel Fleischextrakt	1¼ ,,	1 ,,
Bouillon zum Gemüsekochen: 1 Pfd. Abfälle von Fleisch, Knochen, Schwarten kleingeschnitten	1½ ,,	1 ,,
Hühner-Bouillon: 1 altes Huhn und 1 Pfd. Knochen	3 ,,	3—4 ,,
Ganz kräftige Bouillon: 1 Pfd. Rindfleisch, 1 Pfd. Kalbfleisch, 1 altes Rebhuhn oder eine Taube	2 ,,	3 ,,

Rezepte.

1. Rindfleischbouillon.

Rindfleisch und Knochen	1500 g	200 g
Wasser	3000 g	360 g
Suppengrün	250 g	30 g
Salz.		

Klare Suppen. 31

Die Knochen werden gewaschen mit kaltem Wasser aufgesetzt und zum Kochen gebracht. Füge dann das leicht geklopfte, gewaschene, eventuell zugebundene Fleischstück, Salz und Suppengrün zu und koche langsam auf gleichmäßigem Feuer 2—2½ Stunden (bei schnellem Kochen bleibt das Fleisch nicht saftig und die Brühe wird trübe). Zeitdauer 3½ Stunden.

2. **Kraftsuppe. Bouillon double.**

Die fertige nach oben (Nr. 1) zubereitete Bouillon wird kalt in den Dampfkochtopf gegeben und 750 g mageres Rindfleisch, in Würfel geschnitten, dazu getan und langsam zum Kochen gebracht und an der Herdseite gleichmäßig 3 Stunden gekocht und gesiebt.

3. **Kraftleimsuppe.**

Zu der vorigen Kraftsuppe gibt man, um den Leimgehalt derselben zu steigern, noch einen gebrühten Kalbsfuß, welchen man schon beim ersten Kochen (Nr. 1) hinzufügte.

4. **Flaschenbouillon nach Uffelmann.**

300 g frisches, fettloses Fleisch wird in kleine Würfel geschnitten, ohne jeglichen Zusatz in eine mit weiter Öffnung versehene Flasche gebracht, welche man verschließt (in Ermangelung eines passenden Korkes mit einem Wattepfropfen von reiner ungeleimter Watte), in ein Gefäß mit warmem Wasser stellt, langsam erhitzt und eine halbe Stunde im Wasserbade sieden läßt. Die Flasche enthält eine bräunliche, etwas trübe Brühe, die man ohne durchzusieben abgießt.

5. **Flaschenbouillon auch als Gelee zu reichen.**

Rindfleisch	3000 g	360 g
Knochen	1500 g	150 g
Schinken, roher	650 g	65 g
Karotte	10 St.	1 St.
Wasser	1500 g	125 g

Das leicht abgewaschene Fleisch und der Schinken werden gewiegt und sofort in ein Einmachglas mit ungefähr 5 cm weitem Hals gefüllt; die geschabte abgespülte Karotte wird dazu gelegt, Wasser darauf gefüllt und das Glas mit festgedrückter ungeleimter Watte verschlossen. Man setzt das Glas in einen so hoch mit kaltem Wasser gefüllten Topf, daß das Glas bis zum Halsanfang im Wasser steht, setzt den zugedeckten Topf auf und läßt den Inhalt 5 Stunden langsam kochen. Dann seiht man die Bouillon durch ein ausgebrühtes Tuch und entfernt sorgfältig mit einem Löschpapier jedes Fettauge. Erkaltet ist dann die Bouillon geleeartig. Zeitdauer 6 Stunden.

Statt des Kalbfleisches oder Knochen kann man auch ebensoviel Geflügelfleisch verwenden.

Ankochen für den Selbstkocher und Grudeherd 20 Minuten.

6. Beeftea.

Der Flaschenbouillon Nr. 4 ähnlich. Man hackt ¾ bis 1 Pfd. mageres frisches Ochsenfleisch fein, rührt es mit ½—¾ Liter kaltem Wasser an, läßt es eine Stunde stehen und gibt es dann so lange auf das Feuer, bis es 2—4 Minuten gekocht hat. Durchseihen und die Brühe nach dem Abheben des Fettes (event. nach Zusatz von Salz) verabreichen; die Brühe ist auf Eis aufzubewahren.

7. Fleischsaft.

Rindfleisch . . . . 125 g
Wasser . . . . 30 g
Salz.

Das ganz magere Fleisch (es soll sehr frisch sein) wird fein gehackt oder durch die Fleischhackmaschine getrieben, in der Porzellanschale mit Salz und Wasser vermischt und ¼ Stunde kaltgestellt. Es darf immer nur diese kleine Portion hergestellt und dieselbe muß sofort kaltgestellt werden.

8. Fleischsaft nach Wiel.

Fettfreies Fleisch wird fein gewiegt und in mehreren Lagen, welche durch grobe Filtrierleinwand getrennt sind, dem Druck der Preßmaschine ausgesetzt (Kleinsche Fleischsaftpresse). Der gewonnene Fleischsaft wird teelöffelweise oder mit Bouillon verdünnt gereicht, darf aber, damit die in ihr enthaltenen Eiweißkörper nicht gerinnen, keiner höheren Temperatur als 50^0 R ausgesetzt werden.

9. Fleischsaft-Gefrorenes.

1 kg frisch geschlachtetes Ochsenfleisch wird in handgroße Stücke geschnitten und in grobe Leinwand eingeschlagen, unter eine Fleischpresse gebracht und langsam ausgepreßt. Der ausfließende Saft wird in einer Porzellanschüssel aufgefangen. Man erhält auf diese Weise ca. 500 g. Derselbe wird mit 250 g Zucker, 20 g frisch ausgepreßtem Zitronensaft, 20 g Kognak, etwas Vanille und 3 Eigelb gerührt und das Ganze in die Gefriermaschine gebracht.

10. Pavy-Beeftea.

Rindfleisch . . . . 200 g
Wasser . . . . 250 g

Klare Suppen.

Das Fleisch wird vom Fett befreit und sehr klein gehackt und in einem halben Liter Wasser an einem kühlen Ort eine halbe Stunde stehen gelassen. Gebe es dann in eine Flasche, verkorke sie gut und verfahre wie bei Flaschenbouillon Nr. 4, S. 31. Die Flüssigkeit wird durchgeseiht, gesalzen und samt dem grauen Bodensatz zu trinken gegeben. Man kann die Masse auch mit einem rohen Eigelb verquirlen, um den Nährwert zu erhöhen.

11. Konzentrierter Beeftea.

Rindfleisch . . . . 300 g
Knochen . . . . 250 g
Wasser . . . . 750 g
Suppengrün . . . . 50 g

Fleisch vom Fett befreit, klein gehackt, lasse man in einem irdenen Topf mit Suppengrün und etwas Gewürze mit einem Glas voll weichen kalten Wassers eine Viertelstunde kochen, dann füge man einige zerhackte Rindfleischknochen hinzu, gieße ¾ Liter weiches destilliertes Wasser darüber und lasse es weitere 1½ Stunden bis auf 2 Gläser Flüssigkeit einkochen. Bevor angerichtet wird, entferne man von der Oberfläche das Fett, siebe es durch ein Haarsieb oder Filtriertuch und gebe es zum Trinken. Kann vor dem Servieren mit Eigelb verquirlt werden.

12. Kalbfleischbouillon.
Wie Rindfleischbouillon Nr. 1, S. 30.

13. Geflügelbouillon.
Wie Rindfleischbouillon Nr. 1, S. 30. Kochdauer 2 bis 3 Stunden.

14. Suppe aus Fleisch und Knochen.

Fleisch . . . . 750 g   100 g
Knochen . . . . 750 g .   100 g
Wasser . . . . 3000 g   360 g
Gemüse . . . . 250 g   30 g
Salz.

Kochdauer 3 Stunden. Zubereitung wie Rindfleischbouillon Nr. 1, S. 30.

15. Suppe aus Knochen.

Knochen . . . . 1500 g   200 g
Wasser . . . . 3000 g   360 g
Suppengrün und Gemüse . 250 g   30 g
Fleischextrakt oder Würze 15 g   2 g

Kochdauer 3—4 Stunden. Zubereitung wie Rindfleischbouillon Nr. 1, S. 30. Extrakt erst in der Suppe auflösen, wenn die Suppe fertig gekocht ist.

16. Fleischsuppe mit Eigelb.

Kräftige Bouillon	250 g
Eigelb	1 St.

Die fertig gekochte Bouillon wird an das mit einem Eßlöffel voll kalter Milch verquirlte Eigelb geschlagen, mit Salz leicht abgeschmeckt und serviert. Eignet sich auch als Trinkbouillon.

17. Wildbouillon.

Wildfleisch frischer Beschaffenheit	3000 g	360 g
Butter	240 g	30 g
Wildknochen	1500 g	125 g
Karotten und Sellerie oder eine frische Tomate	150 g	15 g
Wasser	4500 g	500 g
Salz.		

Wildfleisch klein schneiden und mit Butter anbraten. Mit dem Schaumlöffel nimmt man das Fleisch aus der Butter, legt es in (möglichst irdenen) Topf und gibt die sehr klein geschlagenen gleichfalls angebratenen Wildknochen, Suppengemüse, Salz und Wasser dazu, deckt den Topf zu und läßt alles im Bratofen oder Selbstkocher oder Grudeherd 3 Stunden sehr langsam kochen. Die Bouillon wird durchgesiebt, etwas stehen gelassen und nochmals durchgesiebt. Zeitdauer 3½ Stunden.

18. Fischbouillon, weiße.

Fischbrühe	3000 g	360 g
Schellfisch, Gräten und Köpfe derselben oder andere Fische	3000 g	360 g
Suppengrün und Salz	125 g	10 g
Petersilienwurzel und Petersilie	100 g	10 g

Der Fisch wird vorbereitet (d. h. geschuppt und ausgenommen), zerkleinert, ebenfalls Häute, Flossen und Gräten mit kaltem Wasser und Suppengrün aufgesetzt und langsam 2 bis 3 Stunden gekocht. Dann wird die Bouillon, wenn nötig, geklärt und zu verschiedenen Fischsuppen verwendet.

19. Maizena-Bouillon.

Fleischsuppe	3000 g	300 g
Maizena, Mondamin oder Arowroot	75 g	8 g

Mehl kalt auflösen, unter Rühren in die kochende Fleischsuppe geben, 15 Minuten kochen lassen.

20. **Fleischsuppen mit Gemüseeinlagen.**

Fleischbrühe	3000 g	360 g
Gemüse	360 g	30 g

Die in Salzwasser oder Bouillon weichgekochten Gemüse werden in Scheiben, Würfel, Kugeln oder Röschen geschnitten und dressiert und in die fertiggekochte kräftige Bouillon gelegt.

Suppen-Einlagen.

Teigwaren.

21. Fideli (Fadennudeln), Sternli, Eierkerne und Eiergräupchen, Buchstaben usw. 150 g   15 g
Fleischbrühe . . . . . 3000 g   360 g

Die Teigwaren werden vor Gebrauch gewaschen, indem man sie auf ein Sieb legt und mit kaltem Wasser tüchtig spült. In der nötigen Bouillon oder Salzwasser weichkochen und mit dem Schaumlöffel in die Suppenschüssel legen und die klare heiße Bouillon darüber gießen.

22. **Suppe mit Zerealien.**

Kindergrieß, sehr fein, Mehle: Arowroot, Mondamin,
Weizengrieß fein, Maizena, Weizenpuder,
Tapioka oder Sago, Reismehl, Hafermehl,
Reisgrieß, Gerstenmehl, Hafermehl,
Grünkerngries. Leguminosenmehl.

Zerealien	150 g	15 g
Fleischbrühe	3000 g	360 g

Der Grieß wird in die kochende Bouillon gerührt und 10 bis 15 Minuten gekocht und abgeschmeckt.

Die Mehle werden kalt angerührt und in die kochende Fleischbrühe gegossen und unter Rühren 10—15 Minuten gekocht.

23. **Bouillon mit Eierstich.**

Eier	5 St.	½ St.
Milch oder Bouillon	10 Eßl.	1 Eßl.
Salz.		
Butter	10 g	1 g

Eier, Milch oder Bouillon und Salz werden zusammengeschlagen und durch ein Sieb in ein bebuttertes Töpfchen gegossen und eine halbe Stunde zugedeckt im Wasserbad ziehen

gelassen (darf ja nicht kochen, weil der Eierstich sonst Löcher bekommt). Dann wird die Eierstichmasse mit dem Messer von der Form gelöst, in beliebige Formen mit dem Buntmesser geschnitten, in die Suppenschüssel gelegt und mit der heißen **Fleischbrühe** überfüllt.
Man kann Eierstich einige Stunden vor Gebrauch fertigstellen. Zeitdauer der Bereitung ¾ Stunden.

24. Hühnereierstich.

Zubereitung wie voriges Rezept Nr. 23 und 2 Eßlöffel feines durch ein Sieb gestrichenes Hühnerfleisch.

25. Kräutereierstich.

Zutaten wie Nr. 23 und 1 Eßlöffel gewiegte Kräuter oder blanchierten durchgestrichenen Sauerampfer.

26. Eierstich von Karotten.

Garotten	150 g	15 g
Butter	60 g	6 g
Rahm	6 Eßl.	½ Eßl.
Grundsauce, kalte weiße	2 Eßl.	1 Teel.
Eigelb	4 St.	1 St.
Eier	2	—

Die Karotten werden geschabt, gewaschen, in Blättchen geschnitten oder auf dem Reibeisen gerieben. In der Butter weichgedämpft, indem man ganz wenig Bouillon oder Wasser zugießt, und durch ein feines Sieb gestrichen. Dann rührt man den Rahm, die Sauce, Eigelb, Ei und Gewürze hinzu. Diese Masse wird in bebutterte Form gefüllt und zugedeckt im Wasserbad ziehen gelassen. Zeitdauer 1¾ Stunde.

27. Eierstich von Fisch.

(Einlage zu klarer Fischbouillon.)

Fischfleisch, gekochtes, von den Gräten befreites	150 g	15 g
Sauce, dicke weiße	2—3 Eßl.	½ Eßl.
Rahm	3 Eßl.	½ Eßl.
Eigelb	5—6 St.	
Salz.		

Das Fischfleisch wird fein gehackt, mit der Sauce vermischt und durch ein Sieb gestrichen, Rahm, Salz und Eigelb dazu gerührt, nochmals durchs Sieb gestrichen und in die bebutterte Form (am besten irdenes Töpfchen) gefüllt und im Wasserbad ziehen gelassen.

Eierstich wird als Beigabe zu Suppe oder als Füllung zu feinem Ragout verwendet.

Klare Suppen. — Suppen-Einlagen. 37

28. Eierflädchen.

Mehl	100 g	20 g
Eier	5 St.	1 St.
Flüssigkeit: halb Milch, halb Wasser; oder Milch und süßer Rahm; oder nur Wasser	250 g	50 g
Salz.		

Das Mehl wird ins Teiggeschirr gesiebt, mit der Flüssigkeit und den Eiern glatt verrührt und Salz dazu gegeben. Dann werden dünne Fladen (sog. gewöhnliche Omeletten) in ausgekochter Butter auf der Pfanne gebacken, gerollt, fein geschnitten, in die Suppenschüssel gegeben und die Bouillon darüber gefüllt.

29. Schneeklöße.

Eiweiß	5 St.	1 St.
Zucker oder wenig Salz	30 g	3 g

Eiweiß zu sehr steifem Schnee schlagen, mit dem Zucker bzw. Salz rasch vermischen, auf kochender Suppe oder auf kochendem Wasser zugedeckt brühen, zur Suppe servieren oder mit Löffeln Klöße abstechen und auf die Suppe legen.

30. Kaiser-Consommé.

Butter	140 g	15 g
Brötchen eingeweicht	200 g	25 g
Eigelb	5—6	1
Eierschnee	5—6	1
Salz.		

Butter schaumig rühren, die ausgedrückten feingewiegten Brötchen dazugeben, ebenso Salz und Eigelb, den Eierschnee darunterziehen, in bebutterte Puddingform füllen und ¾ Stunden im Wasserbade langsam kochen lassen. Gestürzt und ganz oder in Würfel geschnitten zu klarer Suppe servieren. Zeitdauer 1½ Stunde.

31. Kartoffel-Consommé.

Butter	120 g	15 g
Eigelb	4—5 St.	1 St.
Kartoffeln, gekochte, passierte	6 Eßl.	1½ Eßl.
Käse	3 Eßl.	½ Eßl.
Eierschnee	4—5	1
Salz.		

Butter schaumig rühren, Kartoffeln, Eigelb, Käse, Salz dazugeben und Eierschnee darunterziehen. In bebutterte Form füllen und im Wasserbad ¾ Stunden kochen lassen, gestürzt und ganz oder in Würfel geschnitten zu klarer Suppe servieren. Zeitdauer 1½ Stunden.

32. Leber-Consommé.

Rind-, Kalb- oder Geflügelleber	375 g	40 g
Bouillon	1050 g	150 g
Eier	6	1
Mehl	80 g	10 g
Salz.		

Die Leber wird feingehackt und durch ein Sieb getrieben mit dem Mehl, Salz, Eier und Bouillon gemischt und in der bebutterten Puddingform ¾—1 Stunde im Wasserbade gekocht. Zeitdauer 1¾ Stunde.

33. Consommé aux fines herbes.

Kalbfleisch	500 g	20 g
Kräuter	100 g	10 g
Butter	100 g	10 g
Eier	5—6 St.	1 St.
Salz.		

Das enthäutete Kalbfleisch wird fein geschnitten, mit den feinen Kräutern (Champignons, Petersilie) in Butter geschwitzt. Man gießt hie und da 1—2 Löffel Fleischbrühe dazu. Wenn das Fleisch weich ist, gibt man es in die Fleischhackmaschine und treibt es 1—2 mal durch, vermengt es mit Butter, Eiern und Salz, füllt die Masse in eine bebutterte Puddingform und kocht sie ¾—1 Stunde im Wasserbad. Gestürzt und ganz oder in Würfel geschnitten zu klarer Suppe servieren. Zeitdauer 1¾ Stunde.

Klöße.

Regeln zum Klößchenkochen. Bei der Bereitung der Klöße ist als Hauptsache zu beachten, daß die Masse fein und zart bearbeitet sei. Bei Fleischklößchen z. B. muß die Fleischmasse ganz breiartig gehackt und 2—3 mal durch die Fleischhackmaschine gelassen und durch ein Sieb gestrichen werden. Der fertige Teig soll dann mindestens eine Viertelstunde ruhen. Grieß und Schwemmklößchen sollen 2—3 Stunden vor Gebrauch gemacht werden. Bevor man alle Klöße einlegt, macht man eine Probe, ob der Teig gehörig beschaffen sei. Legt man ein Klößchen

Klare Suppen. — Suppen-Einlagen.

in die kochende Flüssigkeit, und fährt dasselbe nach und nach auseinander, oder ist es überhaupt zu weich, so muß noch etwas Mehl oder feingeriebenes Brot oder Eigelb nachgegeben werden, bevor man alle Klöße einlegt. Wenn sie aber zu fest sind, kann mit wenig Rahm oder Butter nachgeholfen werden. Das Klößchenkochen geschieht auf Mittelfeuer. Das zum Klößekochen genügend vorhandene nicht zu stark gesalzene Wasser oder die Fleischbrühe muß sieden, wenn man einzulegen beginnt. Das Einlegen muß rasch nacheinander geschehen. Ungeübteren ist zu empfehlen, vorerst die Klöße abzustechen und zwischen zwei mehligen Holzlöffeln mittels Drehung zu formen und auf einen flachen mit Fett bepinselten Teller zu legen. Zum Einlegen ins Kochwasser spüle man sie mit einem Schöpflöffel voll von solchem hinein. Ist man mit dem Einlegen, fertig und ist inzwischen der Kochgrad nicht wieder erreicht, so deckt man das Gefäß zu, damit die Flüssigkeit sofort wieder kocht, sonst werden die Klöße speckig, d. h. sie gehen nicht auf. Man läßt langsam je nach der Größe 5—7 Minuten kochen und stellt sie dann gedeckt 5—10 Minuten zum nachziehen. Gewöhnlich sind die Klöße gar, wenn sie oben aufschwimmen. Man kann auch zur Probe einen verschneiden, und wenn nichts mehr am Messer klebt, so sind sie gar. Statt die Klöße mit dem Löffel abzustechen, kann man die Klößchenmasse durch den Spritzsack in das kochende Wasser oder in die heiße Butter geben.

34. Schinkenklöße.

Butter	100 g	10 g
Eier	4—5 St.	1 St.
Schinken	150 g	15 g
Brot, weißes geriebenes	200 g	20 g
Salz.		

Butter und Eier werden schaumig gerührt, der sehr feingewiegte Schinken, Salz und Brot dazugegeben. Sobald alles gut durcheinander zu einer streichbaren, nicht bröckelnden Masse verbunden ist und 1—2 Stunden geruht hat, macht man die Klöße fertig.

35. Grießklößchen.

Milch	500 g	50 g
Butter	40 g	5 g
Grieß	125 g	25 g
Eier	2 St.	¾ Ei
Salz.		

Milch, Butter und Salz werden aufgekocht und der Grieß unter stetem Rühren hineingegeben und bis zum Kloß abgebacken (d. h. bis sich die Masse von der Pfanne löst). Nachdem er abgekühlt ist, fügt man langsam die Eier zu und schmeckt ab. Steche nußgroße Klöße ab und koche sie nach Vorschrift.

36. Schaumklöße.

Eigelb	4 St.
Eiweiß	3 St.
Mehl	30 g
Salz.	

Eigelb und Salz mit Mehl glattrühren. Eiweiß zu steifem Schnee schlagen und darunter ziehen. Von der Masse kleine Klößchen in die kochende Suppe geben und 2 Minuten zugedeckt ziehen lassen und sofort servieren.

37. Schwemmklöße 1.

Mehl	100 g	10 g
Milch	300 g	30 g
Butter	25 g	5 g
Eier	4—5 St.	1 kl. Ei
Salz.		

Mehl, Milch und Butter zu einem Kloß abbacken (siehe Brandteig), auskühlen lassen und die Eier sehr langsam dazugeben. In Salzwasser oder Bouillon kleine Klöße davon kochen.

38. Schwemmklöße 2.

Mehl	125 g	15 g
Butter	125 g	15 g
Wasser oder Milch	250 g	25 g
Eier	4—5 St.	1 kl. Ei
Salz.		

Mehl, Milch und die Hälfte der Butter zum Kloß abbacken, die übrige Butter und Eigelb schaumigrühren, den Teig, Salz und Eierschnee darunter, Klößchen abstechen und ungefähr 8 Minuten kochen.

39. Gebackene Schwemmklößchen.

Teig wie Nr. 37. Doch statt zu kochen in ausgekochter Butter schwimmend backen (doch sollen die Klöße kleiner geformt werden).

Klare Suppen. — Suppen-Einlagen.

40. Butterklöße.

Weißbrot (getrocknet und gerieben)	100 g	10 g
Milch	500 g	50 g
Butter	40 g	5 g
Eier	2 St.	½ Ei
Salz.		

Butter, Milch, Brot und Salz zum Kloßabbacken und, wenn halb verkühlt, die Eier dazurühren, ruhen lassen und Klöße kochen.

41. Butterklößchen 2.

Butter	100 g	10 g
Brot, geriebenes	100 g	10 g
Eier	6 St.	1 St.
Salz.		

Butter schaumigrühren, Salz und Eier mitrühren, ebenso das geriebene Brot, kleine runde oder längliche Klößchen davon formen und kochen.

42. Hirnklößchen.

Kalbs- oder Rindshirn	1 St.
Petersilie	5 g
Eier	2 St.
Brot	100 g
Salz.	

Das gutgewässerte Hirn wird gehäutet, abgetropft und mit Brot und Grünem feingehackt. Man mischt Eier und Salz dazu und läßt den Teig 1—2 Stunden ruhen, formt Klößchen und kocht sie 8—10 Minuten.

43. Fleischklößchen.

Kalbfleisch, rohes	150 g	15 g
Butter	60 g	6
Brot, geweichtes, in Milch oder Wasser	100 g	10 g
Eigelb	3 St.	½ St.
Rahm	2 Eßl.	1 Teel.
Salz.		

Das Fleisch wird feingehackt und durch das Sieb gestrichen, die Butter schaumiggerührt, alle Zutaten damit vermischt, durch ein Sieb gestrichen und kleine längliche Klößchen geformt, welche in Salzwasser garziehen müssen.

44. Hühnerfleischklößchen.

Zutaten wie oben, statt Kalbfleisch rohes Hühnerfleisch. Zubereitung gleich.

44a. Knochenmarkklößchen.

Rindermark	100 g	20 g
Brotkrume	120 g	20 g
Eier	5 St.	1 kl. Ei
Salz.		

Das gewässerte Mark durch ein Sieb treiben, mit den andern Zutaten verrühren, kleine Klößchen formen und 6—8 Minuten kochen.

45. Gebackene Kartoffelklöschen.

Kartoffeln, gekochte, fein geriebene	5 St.	1 kl. Kart.
Grieß	50 g	5 g
Butter	75 g	10 g
Eier	5 St.	1 kl. Ei
Salz.		

Die Butter wird schaumiggerührt, füge die andern Zutaten nach und nach dazu, rühre den Teig recht glatt und dick und gebe wenn nötig Grieß dazu. Dann steche man kleine Klöße ab, backe sie langsam, in heißer Butter schwimmend, hellbraun, tropfe sie ab, lege sie in die Suppenschüssel und gieße die kochende Fleischbrühe dazu und serviere sie sofort, damit sie nicht weich werden. Nach Belieben kann man etwas geriebenen Käse unter die Masse mischen.

46. Verlorene Eier mit klarer Fleischbrühe (auch Fallei oder pochiertes Ei genannt).

Eier	10 St.	1 St.
Wasser	2000 g	200 g
Salz	20 g	2 g
Zitronensaft	2 Teel.	1 Tropfen

Das Wasser muß sieden und wird mit Salz und Zitronensaft gemischt. Ein Topf mit kaltem Wasser steht bereit. Ein Glas oder Tassenkopf nimmt das sorgfältig geöffnete frische Ei auf, welches man schnell aus der Tasse in das heiße Wasser gleiten läßt. Mit dem Schaumlöffel verhindert man, daß das Ei im Kochwasser zu schnell verläuft. Hat sich eine genügend starre geronnene Eiweißschicht um das Gelbe gebildet, so nimmt man die Eier mit dem Schaumlöffel heraus und legt sie in das kalte Wasser, beputzt sie, daß sie sauber und gleichmäßig aussehen, und legt sie in die Suppenschüssel oder erwärmt sie einen Augenblick im Kochwasser. Mehr als 5 Eier sind nicht zugleich in das Kochwasser zu legen, damit dasselbe sich nicht zu sehr abkühlt. Man verhüte starkes Aufwallen des Wassers beim Kochen der Eier. Zu dieser Speise können nur ganz frische Eier verwendet werden; sobald sie mehr als einige Tage alt sind, löst sich während des Kochens das Eiweiß von dem Gelben ab und zerfließt in Fetzen. Zeitdauer 10 Minuten.

47. Gebackenes Fallei mit klarer Bouillon.

Eier	10 St.	1 St.
Öl oder zerlassene Butter.	6 Eßl.	1 Teel.
Bouillon.		
Salz.		

Das Öl oder die Butter wird in einem Topf erhitzt. Zu diesem Zweck stellt man den Topf so schräg, daß das Öl sich an einer Seite sammelt. Ein Ei wird in einen Tassenkopf geschlagen, etwas Salz darüber gestreut und das Ei schnell in das kochende Öl oder Butter gegossen. Man hält mit dem Löffel das Ei so fest, daß sich die weiße Haut um das Eigelb legt. Nachdem dieses festgeworden ist, läßt man es abtropfen, bestreut es mit Salz und vollendet alle Eier nacheinander. Zeitdauer der Bereitung 20 Minuten.

Milchsuppen.

Man hat sich im allgemeinen bei diesen Suppen nach den Vorschriften für Wassersuppen zu richten. Die Zerealien, wie die Grützen, Gerste oder Reis, sind im Wasser dickzukochen, dann mit Milch oder etwas Rahm zu vervollständigen. Die Milchsuppen mit Grieß und Mehl, auch die aus den verschiedenen Flocken kann man auch allein mit Milch bereiten und hat sich bei der Zusammenstellung auch nach den Wassersuppenvorschriften zu richten. Kochdauer 1—3 Stunden. Milchsuppen brennen leicht an, weshalb man sie gern in irdenen Pfannen kocht oder im Selbstkoch- oder Grudeherd gar werden läßt.

Alle Milchsuppen können ebenfalls mit Butter (jedoch etwas weniger als bei Wassersuppen), Eigelb und Rahmzusatz vervollständigt werden.

1. Hafergrützsuppe mit Milch.

Hafergrütze	240 g	30 g
Wasser	1000 g	125 g
Milch	3000 g	360 g

Wie Nr. 1, S. 15.

2. Tapioka-Suppe.

Tapioka	160 g	15 g
Milch	3000 g	400 g
Salz.		

Tapioka wird kalt abgespült, in die heiße Milch eingerührt und etwa 30 Minuten gekocht.

3. Maizena-Milchsuppe.

Milch	2800 g	330 g
Maizena	75 g	10 g
Butter	50 g	10 g
Eigelb	5 St.	1 St.
Rahm	200 g	25 g
Salz.		

Das Maizena mit einem Teil der kalten Milch kalt und glatt anrühren, dies unter Umrühren in die übrige kochende Milch gießen, Salz zufügen und $1/4$—$1/2$ Stunde langsam kochen, an die mit Rahm verquirlten Eigelb schlagen, abschmecken und anrichten.

Milchsuppen, süße.

4. Milchmandelsuppe, Milchvanillesuppe, Milchzitronensuppe, Milchzimtsuppe usw.

Milch	3000 g	360 g
Mehl	75 g	10 g
Zucker	35 g	5 g
Gewürz (Zitrone, Zimt, Mandeln, Vanille usw.)	300 g	
Salz.		

Mandeln werden fein gerieben, in der Milch gekocht und passiert. Das mit kalter Milch aufgelöste Mehl an die passierte Mandelmilch rühren, Salz und Zucker zufügen und einige Zeit kochen lassen. Eventuell mit Eigelb binden.

5. Kakaosuppe.

Milch	3000 g	360 g
Kakao	150 g	20 g
Zucker	150 g	20 g
Mondamin	50 g	8 g
Salz.		

Kakao mit etwas kalter Milch auflösen, in die übrige kochende Milch geben, das Mondamin auch kalt auflösen, zur Masse geben, indem man tüchtig schlägt, noch 3 Minuten kochen, abschmecken und servieren.

Milchsuppen.

6. Schokoladensuppe.
   Milch . . . . 3000 g   360 g
   Schokolade . . . . . . 300 g   30 g
   Mondamin . . . . . . 50 g   10 g
   Salz.

Die Schokolade wird gerieben und auf dem Feuer mit der Milch glatt aufgelöst; das aufgelöste Mondamin dazurühren und unter Rühren 5 Minuten kochen.

7. Buttermilchsuppe mit Weizen oder Schrotmehl.
   Buttermilch . . . . 2000 g   250 g
   Süße Milch . . . . 1000 g   125 g
   Weizenmehl . . . . 200 g   25 g
   oder Schrotmehl . . . . . 240 g   40 g
   Eigelb . . . . 6 St.   1 St.
   Rahm, süßer . . . . . . 200 g   25 g
   Butter . . . . 50 g   10 g
   Salz.

Das Mehl wird mit etwas süßer Milch angerührt, dann mit der Buttermilch unter beständigem Rühren aufgekocht, noch 5 Minuten langsam gekocht (Schrotmehl etwas länger), die mit Rahm verquirlten Eigelb dazu geschlagen, nochmals aufs Feuer gebracht und unter Schlagen heißgemacht; darf nicht mehr kochen.

8. Süße Suppen als Eierschaumgetränk.
   Milch . . . . 3000 g   250 g
   Mehl . . . . 30 g   5 g
   Zucker . . . . 35 g   5 g
   Eigelb . . . . 12—14 St.   2 St.
   Salz.

Gewürze: Mandeln oder Vanille, Zitrone, Zimmt, Schokolade oder Tee.

Zubereitung wie süße Milchsuppen Nr. 4. Die Eigelb mit 300 g Wasser schaumend schlagen, mit der fertigen Suppe vermischen und nochmals an den Siedepunkt bringen, (man kann die Suppe auch ganz ohne Mehl bereiten; die Menge der Gewürze richtet sich nach Geschmack).

9. Einlaufsuppe mit Milch.
   Milch . . . . 250 g   30 g
   Mehl . . . . 100 g   10 g
   Eier . . . . 6 St.   1 St.
   Fleischbrühe . . . . . . 3000 g   250 g
   Salz.

Man verrühre in einem Töpfchen Mehl, Ei und Salz, rühre nach und nach die Milch dazu und gieße diese Masse langsam in die kochende Fleischbrühe, lasse einige Male aufkochen und richte an (statt Fleischbrühe kann auch Milch verwendet werden). Zum Anrühren des Teiges kann man auch kalte Fleischbrühe verwenden.

10. Karamelsuppe.

Zucker	200 g	30 g
Milch	3000 g	360 g
Eigelb	8 St.	1 St.

Zwieback, Vanille.

Den Zucker läßt man in der Messingpfanne unter Rühren zu Karamel werden, lösche mit etwas Wasser, gieße dann langsam die erwärmte Milch dazu, indem man rührt, und lasse aufkochen. Die Eigelb verquirlt man mit etwas kalter Milch, gießt die Karamelsuppe langsam unter Schlagen dazu, gebe sie aufs Feuer zurück und schlage noch 5 Minuten, ohne zu kochen. Man gibt geröstete Brotwürfel oder zerbröckelten Zwieback dazu. Die Suppe kann man vor dem Fertigschlagen mit Vanille verbessern.

Weinsuppen.

11. Klare Weinsuppe.

Weißwein	1000 g	100 g
Wasser	1000 g	100 g
Zucker	150 g	15 g
Mondamin	40 g	5 g

Zitronenschale.

Wasser und Zitronenschale werden ausgekocht und mit dem kalt angerührten Mondamin verkocht.

12. Weinsuppe mit Ei.

Weißwein	1000 g	100 g
Wasser	1000 g	100 g
Zucker	200 g	20 g
Zitronensaft	10 g	1 g
Eigelb	4 St.	1 St.

Zucker, Wasser und Wein werden vermischt aufgekocht, mit Zitronensaft abgeschmeckt und dazu die mit Wein verquirlten Eigelb geschlagen, angerichtet und mit gerösteten Brotwürfeln oder glazierten Brotcroutons serviert.

13. Weinsuppe mit Mehl.

Zutaten wie voriges Rezept Nr. 12 und 40 g Arrowroot oder anderes Stärkemehl. Nachdem die Suppe aufgekocht, gibt man das kalt angerührte Stärkemehl dazu und läßt unter Schlagen 5 Minuten kochen. Dazu werden die mit Wein verquirlten Eigelb geschlagen und angerichtet.

Fruchtsuppen.

Regeln. Zu Obstsuppen eignen sich folgende Früchte gut: Äpfel, Orangen, Erdbeeren, Johannisbeeren, Himbeeren, Heidelbeeren, Stachelbeeren, Brombeeren, Rhabarber, Hagenbutten, Aprikosen, Kirschen, Birnen. Als Einlagen zu den Fruchtsuppen eignen sich Biskuit, feiner Zwieback und Grießklößchen,

14. Wasser-Obstsuppen.
(Wasser-Obstsuppen warm oder kalt zu reichen.)

Fruchtsaft oder Fruchtpüree nach Bedarf mit Wasser verdünnen, z. B.

Fruchtsaft oder Püree, verdünnt	3000 g	375 g
Arrowroot, Mondamin, Maizena Kartoffelmehl	75 g	10 g
oder Weizenmehl Gries	200 g	25 g
oder Tapioka	160 g	20 g
Zucker nach Geschmack.		

Fruchtmasse oder Saft wird kochendgemacht. Das mit etwas kalter übriggelassener Fruchtmasse gut verrührte Mehl dazugeben und 20—30 Minuten kochen lassen.

15. Holundersuppe.

Holunderbeeren	2000 g	200 g
Wasser	3000 g	300 g
Rotwein	240 g	25 g
Zitronensaft	3—4 Eßl.	1 Teel.
Zucker	100 g	10 g
Kartoffelmehl	60 g	5 g

Man koche die abgepflückten Beeren eine halbe Stunde in Wasser, gieße die Brühe ab und setze sie wieder aufs Feuer. Dann gibt man Zitronensaft, Zucker und das mit Wein oder Wasser angerührte Kartoffelmehl dazu. Man reicht geröstete Zwiebackwürfel dazu. Zeitdauer 2 Stunden.

16. Äpfelsuppe.

Äpfel	1500 g	160 g
Wasser	3000 g	360 g
Zucker	200 g	25 g
Zimt	1 Stückchen	
Kartoffelmehl	30 g	3 g
Korinthen	60 g	6 g
Zitronensaft	2 Eßl.	1 Teel.
Zitronenzucker	2 Eßl.	1 Teel.

Die Äpfel werden gewaschen, geputzt und ausgestochen und die Äpfel samt der Schale in Sechzehntel geschnitten und in kochendes Wasser getan. Die Äpfel werden durch ein Sieb gestrichen, man gibt das nötige Wasser zu und bringt die Masse mit Zucker und Zimt zum Kochen und rührt das mit kaltem Wasser angerührte Kartoffelmehl, Korinthen, Zitronensaft und Zitronenzucker dazu. Wenn die Äpfel nicht kräftig sind, hilft man mit etwas Zitronensaft nach. Zeitdauer 1 Stunde.

17. Obstsuppen von getrockneten Früchten.

Zutaten und Zubereitung wie Nr. 16, S. 48 Die getrockneten Früchte müssen tüchtig gewaschen werden und eine Nacht in kaltem Wasser aufquellen. Das Einweichwasser wird dann zur Suppe verwendet.

18. Kürbissuppe.

Kürbisstücke	1500 g	180 g
Wasser	3000 g	360 g
Zitronenschale	von ein. Zitr.	$^1/_8$ Zitr.
Mehl	50 g	5 g
Butter	50 g	5 g
Zucker	150—200 g	15—20 g
Salz		

Der Kürbis wird mit Wasser und mit Zitronenschale weich gekocht und durch ein Sieb gestrichen. Mehl und Butter werden durchgeschwitzt, mit der durchgestrichenen Kürbismasse abgelöscht, die Suppe durchgekocht, mit Salz und Zucker abgeschmeckt. Zeitdauer 1¼ Stunde. Man kann die Suppe mit etwas Rum verfeinern. (120 und 15 g.)

19. Bananenpüreesuppe.

Milch	1500 g	180 g
Wasser	1500 g	180 g
Zucker	120 g	15 g
Salz		
Bananenpüree	500 g	75 g

Milch, Wasser, Zucker und Salz läßt man aufkochen, gießt dann das mit kalter Milch verdünnte Bananenpüree unter Schlagen dazu und läßt 15—20 Minuten kochen. Zeitdauer ½ Stunde. Diese Suppe kann man verändern, indem man etwas gehobelte Äpfel, Korinthen, Pflaumen oder Bananenscheibchen dazugibt.

Kaltschalen.

20. Apfelkaltschale.

Äpfel	750 g	75 g
Blutorangen	6 St.	1 St.
Zucker	250 g	25 g
Wasser	2000 g	250 g
Wein	500 g	50 g
Zitronensaft von	2 Zitr.	1 Theel.

Die Äpfel werden geschält, gewaschen, in feine Scheiben geschnitten und rasch in das Wasser gegeben, das man mit etwas Zitronensaft vermischt hat (damit die Äpfel schön weiß bleiben). Dann setzt man sie mit dem Wasser aufs Feuer, gibt den Zucker dazu und kocht sie weich. Doch dürfen die Scheiben nicht zerkochen. Inzwischen schält man die Orangen (es darf nichts mehr von der weißen Haut daran sein), schneidet sie in dünne Scheiben, wobei man die Kerne vorher wegnimmt, da die Scheiben sonst bitter schmecken. Nun legt man diese in eine Schüssel, gießt die Äpfel darüber und läßt die Speise erkalten. Vor dem Anrichten gießt man den Wein und Zitronensaft nach Geschmack dazu und kann noch in Würfel geschnittenen Zwieback daruntermischen.

21. Erdbeerkaltschale.

Erdbeeren	1500 g	200 g
Wasser	1500 g	150 g
Wein	1500 g	150 g
Saft von	3 Zitr.	1 Theel.
Zucker	450 g	50 g

Die Erdbeeren werden gewaschen, die Hälfte davon in eine Glasschale gelegt und mit dem Zucker bestreut. Die andere Hälfte der Beeren streicht man durch ein Sieb, rührt Wasser, Wein und Zitronensaft unter das Durchgestrichene und stellt es eine Stunde lang kalt. Dann gibt man die eingezuckerten Erdbeeren hinein und serviert die Kaltschale mit Kleinbackwerk.

22. Johannisbeerkaltschale.

Johannisbeeren	1500 g	150 g
Wasser	1500 g	150 g
Zucker	900 g	100 g

Man preßt die abgezupften Johannisbeeren aus, verrührt die zurückgebliebenen Häute mit der Hälfte des Wassers und gießt sie durch ein feines Sieb zu dem ausgepreßten Saft. In der anderen Hälfte des Wassers löst man den Zucker heiß auf und gießt diese ebenfalls zum Fruchtsaft. Man richtet diese Kaltschale über Zwiebackstückchen an.

23. Brotkaltschale.

Wasser	3000 g	360 g
Schrotbrot, altes	1000 g	100 g
Zucker	100 g	10 g
Zitronensaft	5 Eßl.	1 Theel.
Rosinen	150 g	15 g
Geriebenes Brot	300 g	30 g

Man legt das in Scheiben geschnittene Brot 2 Stunden in das Wasser, gießt das Wasser ab und drückt das Brot aus. Man gibt die gewaschenen, in wenig Wasser aufgequollenen Rosinen, Zucker, Zitronensaft und geriebenes Brot in eine Schüssel, gießt das Brotwasser darüber und läßt alles zusammen eine Stunde stehen, wobei man öfters umrührt.

24. Heidelbeerkaltschale.

Heidelbeeren	3000 g	360 g
Rotwein	750 g	75 g
Wasser	3000 g	360 g
Zucker	240 g	25 g

Man kocht die Heidelbeeren mit dem Wasser $\frac{1}{2}$ Stunde, dann läßt man den Saft durch ein ganz feines Haarsieb in die Schüssel tropfen, worin der Zucker liegt. Man rührt den Saft um, läßt ihn erkalten und gibt beim Anrichten in Würfel geschnittenen Zwieback zu.

25. Milchkaltschale.

Milch	3000 g	360 g
Eigelb	6 Stck.	1 Stck. kl.
Mandeln, geschälte	120 g	15 g
Zucker	100 g	10 g

Man kocht Milch und Zucker auf, schlägt sie zu den Eigelb und gießt die Masse durch ein Sieb auf die geschälten, feingewiegten

Kaltschalen. 51

Mandeln; unter öfterem Rühren läßt man die Masse erkalten. Man serviert kleine Biskuits dazu. Die Masse kann auch vor dem Anrichten gesiebt werden.

26. Quarkkaltschale.

Quark	750 g	80 g
Milch	3000 g	360 g
Zucker	240 g	25 g

Man schlägt den Quark durch ein feines Sieb, gibt den Zucker dazu und schlägt recht schaumig, dann gießt man langsam die Milch daran. Man gibt geriebenes Brot dazu.

27. Reiskaltschale.

Milch	3000 g	360 g
Reis	180 g	20 g
Zucker	180 g	20 g
Mandeln, geschält	120 g	15 g
Eigelb	6 Stck.	1 kl.
Rosenwasser	6 Eßl.	1 Teel.

Man kocht den Reis in Wasser halbweich, gießt die Milch hinzu, läßt vollständig weich werden, zieht mit Zucker und Eigelb ab, giebt Mandeln und Rosenwasser dazu und stellt die Kaltschale kalt.

28. Sagokaltschale.

Milch	3000 g	360 g
Sago	60 g	8 g
Zucker	100 g	10 g
Orangenblütenwasser	1½ Eßl.	1 Teel.

Man kocht den Sago mit der Hälfte der Milch ganz klar, läßt ihn unter öfterem Umrühren erkalten und rührt noch die übrige ungekochte Milch, Zucker und Orangenblütenwasser dazu.

29. Feine Obstkaltschale (nach Heyl).

Kirschen	500 g	50 g
Erdbeeren	250 g	25 g
Johannisbeeren	250 g	25 g
Aprikosen	6 Stck.	1 kl.
Himbeeren	250 g	25 g
Weißwein	14 Dezil.	1,4 Dezil.
Zucker	500 g	50 g
Wasser	250 g	25 g

Zubereitung: Die Kirschen entsteint man. Erdbeeren zupft man ab, ebenso die saubern Johannisbeeren. Die Aprikosen schält man schneidet sie in Sechszehntel und legt alle Früchte in eine Terrine oder große Glasschale in Wein. Der Zucker wird zum dicken Sirup (36^0 der Zuckerwage) gekocht, darin läßt man die mit der Schaumkelle hineingelegten Früchte durchziehen, legt sie vorsichtig in den Wein zurück und gießt den Fruchtsaft durch ein Sieb dazu. Nun bleibt alles einige Stunden zugedeckt im Eis stehen, beim Anrichten gibt man nach Belieben kleingeschlagene Eisstücke zur Kaltschale. Zeitdauer der Zubereitung 6 Stunden.

Zweite Abteilung.

Fleischspeisen.

Alles was unter dem Namen Fleisch in den Handel kommt, ist auf verschiedene Weise zu verwerten; darunter sind auch Häute, Sehnen und Knochen verstanden, die, sorgfältig extrahiert, wichtige Bouillon und Fette liefern. Bratenknochen können als Teil eines Bratens gar nicht alle ihre Bestandteile hergeben. Später zerkleinert, geben sie noch gute Brühe, die für Gemüse, gebundene Suppen und Saucen dem Wasser vorzuziehen sind. Das rohe Fleisch bedarf exakter Behandlung in der Küche:

1. Es soll nicht auf Holzbretter, sondern auf Porzellan oder emaillierte Platten gelegt werden, damit die Holzfasern des Brettes nicht den Fleischsaft aufsaugen. Das Fleisch wird stets mit dem Tuch gedeckt.

2. Alles Fleisch ist zu klopfen. Man klopft mit angefeuchtetem Beil auf dem Brett und zwar gleichmäßig von einer Seite zur andern.

3. Das Fleisch wird schnell in kaltem Wasser gewaschen, die Oberfläche, wenn nötig, gebürstet und alle Häute und Sehnen und teilweise das Fett entfernt, und abgetrocknet.

4. Das Fleisch wird ganz kurz vor oder nach der Bereitung gesalzen, damit nicht das Salz den Fleischsaft auszieht.

5. Jede Art von Fleisch, das man aufbewahren will, darf nicht gewaschen werden, da Wasser die Zersetzung beschleunigt. Ist dieses aus irgend einer Ursache nicht zu umgehen, so übergieße man das Fleisch von allen Seiten mit heißem Fett. Man kann das Fleisch auch in Essigmarinade oder Buttermilch legen, um es zu konservieren.

6. Man unterscheidet bei der Fleischbereitung in der Hauptsache das Kochen und das Braten (das Braten in der Pfanne,

das Braten auf dem Rost, das Braten am Spieß und das Braten im Bratofen), das Dämpfen und das Schmoren.

7. Für die Fleischbereitung bzw. für Dämpfen, Schmoren und Braten ist es von besonderer Bedeutung, daß die Kochgefäße gut passen, d. h. nicht zu groß sind. Das Geraten der Fleischspeisen hängt von der sorgfältigen Behandlung in der Küche, ebenso sehr jedoch von der Qualität des Fleisches (Alter des Viehes, Ernährungszustand desselben und Abhängezeit des geschlachteten) ab. Beigabe von Speck in Form von Scheiben oder Streifen ist für verschiedene Fleischsorten und Bereitungsweisen von Vorteil.

Das Braten.

Das Braten heißt schnelle Einschließung des natürlichen Saftes durch Gerinnung des Eiweißes in den äußeren Schichten und allmähliche Umwandlung der äußeren Schicht in eine braune Kruste, Schmelzen der natürlichen Fleischfette, Umwandlung des Bindegewebes in Gelatine und Auflockerung der Fleischfaser, durch die innere Dampfentwicklung. Es ist für Zuführung einer gewissen Menge Feuchtigkeit zu sorgen, damit das Trockenwerden des Fleisches verhindert wird, oder man bratet in verschlossenem Apparat (Lukullus).

Braten in der Pfanne.

Man erhitzt die sehr saubere Pfanne und läßt die Butter nicht nur zergehen, sondern so heiß werden, daß sie still ist und eine braune Farbe hat. Fett hingegen soll rauchen. Man kann auch Butter und Fett verwenden. Das Stillwerden oder Rauchen muß aber abgewartet werden, ehe die Fleischstücke hineingelegt werden, die man sofort wendet, damit das Eiweiß gerinnt und dadurch das Auslaufen des Fleischsaftes verhindert wird. Zu frühes Einsalzen zieht die Fleischsäfte aus, man salzt deshalb alle kleinen zarten Fleischstücke (wie Beefsteaks, Rumpsteaks, Hammelkoteletten, Leberschnitten) erst nach dem Braten. Das Fleisch soll auch möglichst kurz vor dem Braten paniert werden, weil die Panade den Fleischsaft aufsaugt und dadurch gerne abfällt. Man berechne die Bratzeit genau nach Gewicht. Man gebe nie zu viel Fleischstücke auf einmal in das Fett, da dasselbe dadurch zu stark abgekühlt würde und dann das Fleisch keine schöne braune Kruste bekommt. Nach dem Herausnehmen werden die Fleischstücke mit feinem Salz gesalzen. Das Fleisch muß schön braun, aber an der Außenseite nicht hart, und inwendig schön rosasaftig sein. Das Hineinstechen während des Bratens ist verwerflich, weil der Fleischsaft auslaufen kann und dadurch wird dann auch keine braune Farbe erzielt.

Ein sicheres Zeichen für das richtige Garsein dünner Fleischstücke ist das Erscheinen von kleinen Bläschen.

Braten auf dem Rost.

Man bereitet flache Stücke Fleisch oder Fisch auf den Rost. Das Fleisch wird mit Öl oder zerlassener Butter bestrichen und 1—2 Stunden (natürlich ungesalzen) liegen gelassen. Der Rost wird bebuttert mit den vorbereiteten in Öl oder Butter gelegten Scheiben belegt und über starkem Feuer gebraten. Wenn sich kleine Bläschen auf der Oberfläche des Fleisches zeigen, wendet man sie mit der Schaufel. Man salzt das Fleisch nachträglich.

Braten am Spieß.

Das Fleisch zu Spießbraten wird wie zu Rostbraten nach dem Vorbereiten mit Öl oder zerlassener Butter stark bestrichen und möglichst eine Stunde stehen gelassen. Alle Spießbraten (Kalb-, Rind- und Schweinefleisch, auch Wildfleisch) werden in Butterpapier gewickelt und an den Spieß geklammert. Nach Ablauf der halben Bratzeit wird das Papier entfernt und der Braten am Spieß braun gebraten (das Papier hat den Zweck, das Fleisch nicht zu rasch von außen braun werden zu lassen, weil das Fleisch inwendig noch nicht gar wäre und von außen verbrennen würde). Geflügelfleisch wird nicht in Papier gewickelt, weil es sehr rasch gar und braungebraten ist. Das gleichmäßige Drehen des selbsttätigen Spießes bewirkt eine richtige Folge von Braten und Abkühlen des Fleisches. Das Fett welches abtropft, wird durch Beträufeln von oben ergänzt. Die Zeitdauer des Bratens ist der des im Bratofen bereiteten Bratens ziemlich gleich. Die Sauce ist für Spießbraten immer besonders zu bereiten.

Braten im Bratofen.

Die Bratzeit richtet sich nach der Bestimmung des Bratens und der Temperatur des Ofens, durch die Art der Tiere, durch das Alter und durch die Größe des Fleischstückes.

1. Dichtaufeinanderliegende Fleischfasern, wie beim Schweine, Lamm und Gänsebraten, bedürfen einer langsamen aber andauernden mäßigen Hitzeeinwirkung, damit die Fasern sich lockern können. Auch für Kalbfleisch genügt eine geringere Temperatur, nur soll dieselbe gleichmäßig sein. Rinder-, Hammel-, Wildbraten (Roastbeef und Filet) und kleines Geflügel brauchen bei verhältnismäßig kurzer Zeit starke Hitze. Es sollte nur

Fleisch von ausgewachsenen aber nicht alten Tieren zum Braten verwendet werden. Das Fleisch alter Tiere eignet sich deshalb besser zum Schmoren im Topf. Das Fleisch soll gut gelagert sein, d. h. nach dem Schlachten im Gefrierraum oder auf Eis einige Tage liegen. Im Sommer lege man das Fleisch auch in Buttermilch oder in eine Marinade. Fleisch, welches schönes weißes kerniges Fett hat, ist am vorteilhaftesten. Es ist von gutgefütterten Tieren.

Fettem Braten fügt man beim Braten kein Fett zu, sondern übergießt ihn mit etwas kochendem Wasser, damit das Eiweiß gerinnt und dadurch das Austreten aus dem Fleisch verhindert wird.

Gefrorenes Fleisch hat man einige Stunden vor dem Braten in die Küche zu bringen und bei gefrorenem Zustande vollständig aufzutauen, ehe es gebraten wird.

Die Bratensauce. Beim Braten des Fleisches achte man darauf, daß der Bratensatz, ohne den man keine gute Sauce herstellen kann, nicht verbrennt. Man bürste ihn während des Bratens von den Seiten und dem Boden der Pfanne los, damit er in der Sauce verkocht. Hat man das fertige Fleischstück aus der Pfanne genommen, so hält man es warm, schöpft das überflüssige Fett von der Sauce ab und gibt soviel warme Fleischbrühe oder Wasser dazu, als man Sauce braucht, läßt sie gut durchkochen und bindet sie, wenn nötig, mit etwas aufgelöstem Kartoffelmehl (das man vorher mit kaltem Wasser oder Milch glatt gerührt hat). Statt Kartoffelmehl kann man auch 1—2 Löffel Mehl-Schwitze (20 g Butter und 25 g Mehl) verwenden. Auch kann man jede Sauce mit etwas saurem Rahm oder gesäuerter Milch, Jus oder Fleischextrakt verbessern und kräftigen.

Rohes, übriggebliebenes Fleisch soll man stets auf Porzellan, Steingut oder irgendeinem Geschirr aufbewahren und zugedeckt zurückstellen. Im Sommer ist es ratsam, dasselbe mit heißem Fett zu übergießen, damit die Luft abgeschlossen wird. Die Schnittfläche eines angeschnittenen Schinkens kann man mit etwas Butter oder Fett bestreichen, damit sie rot bleibt. Beim Schneiden schabt man es wieder ab.

Rindfleisch.
Allgemeines über Rindfleisch.

Das Rindfleisch soll eine lebhaft rote Farbe haben, gut mit Fett durchwachsen, die Fleischfasern zart sein, so daß das Fleisch beim Eindrücken mit dem Finger nachgibt. Hellrotes oder gelbrotes Fleisch ist Kuhfleisch und grobfaserig.

Rindfleisch von jungen Tieren und Ochsenfleisch, auch Fleisch von jungen gutgemästeten Kühen ist sehr schmackhaft und nahrhaft und besonders zu zarten Braten notwendig. Fleisch von älteren Tieren wird hauptsächlich zu Siedefleisch oder zu Schmor- und Dampfbraten verwendet. Es soll nicht frisch geschlachtet verwendet werden, sondern einige Tage an kühlem, luftigem Orte aufgehängt werden, wodurch die Fleischfasern bedeutend zarter werden. Die besten Stücke sind: Das Filet, flaches und hohes Roastbeef. Diese Stücke verwendet man zu den englischen Braten und zu den Beefsteaks. Das Nierstück eignet sich zu englischem Roastbeef und zu Entrecote. Der obere Teil des Nierstückes gegen das Schwanzstück zu ist das Schuftstück, von welchem auch Beefsteaks und Rumpsteaks bereitet werden.

Allgemeines über Kochen, Schmoren, Dünsten, Braten.

Zum Kochen füllt man so viel Wasser auf, daß das Fleisch überdeckt ist, und darin schwimmt.

Zum Schmoren füllt man so viel Wasser auf, daß das Fleisch zur Hälfte bedeckt ist und füllt jede halbe Stunde warme Flüssigkeit nach.

Zum Dünsten füllt man so viel Wasser auf, daß der Boden bedeckt ist und gießt immer langsam nach.

Zum Braten füllt man zuerst gar kein Wasser auf (ausgenommen Schweinebraten), sondern übergießt das Fleisch mit heißer Butter und füllt dann, wenn es anfängt, braun zu werden, etwas warmes Wasser zu, bürstet den angesetzten Fond öfters ab und begießt den Braten sehr oft damit.

Rindfleischrezepte.

1. Rindfleisch gekocht.

Rindfleisch	1500 g	250 g
Wasser	3000 g	300 g
Suppengrün und 1 Tomate		
Salz.		

Das Rindfleisch, am besten Brustkern oder Hochrippe, wird in kochendem Wasser aufgesetzt, Suppengrün und Salz dazu gegeben und langsam gekocht. Das Kochen darf nie aufhören und nachher durch vermehrtes Feuern wieder eingeholt werden. Das gar gekochte Fleisch wird ganz oder in hübschen quer durch die Faser geschnittenen Scheiben auf einer warmen Platte serviert, etwas Fleischbrühe darüber gegossen und etwas feines Salz darüber gestreut und eventuell mit dem Suppengrün darumgelegt serviert. Die übrige Fleischbrühe dient als Suppe mit einer beliebigen Einlage. Siehe klare Suppen. Das Rindfleisch wird auch gern mit Meerrettich-, Schnittlauch- oder Sardellen-Sauce serviert. Zeitdauer 3—4 Stunden.

2. Rindfleisch gedämpft.

Rindfleisch	1500 g	250 g
Butter	100 g	10 g
Suppengemüse	200 g	15 g
Wasser	100 g	100 g
Speck	15 g	5 g
Salz.		

Das Fleisch wird geklopft und gesalzen. Im gußeisernen Dampf-Topf macht man das Fett und den in Würfel geschnittenen Speck heiß, schwitzt darin die klein geschnittene Karotte und löscht mit dem heißen Wasser ab. Dann füge man 1—2 Tomaten, das Fleisch dazu und fülle das übrige heiße Wasser nach, decke gut zu und dämpfe 3—3½ Stunden langsam, indem man das Fleisch hie und da wendet, ohne hineinzustechen. Ist eine Viertelstunde vor dem Anrichten die Flüssigkeit noch nicht eingedämpft, so wird sie abgegossen, das Fleisch allseitig angebraten und die Brühe wieder dazu gegossen. Wünscht man diese etwas dicklich, so rühre man 1—2 Löffel braune Mehlschwitze dazu oder löse etwas Kartoffelmehl mit Wasser und gieße es an die Sauce und koche noch 10—15 Minuten mit dem Fleisch weiter und siebe die Sauce beim Anrichten. Man richtet dieses Fleisch gern in einem Reis-, Nudel- oder Spätzlirand an. Zeitdauer 3 Stunden.

3. Rindfleisch geschmort.

Fleisch	1500 g	250 g
Butter	120 g	40 g
Suppengemüse und Salz.		

Das Fleisch (am besten Schuft, Schoß oder Schwanzstück) wird gesalzen, mit der gebräunten Butter und Gemüse rasch von allen Seiten angebraten; wenig warme Flüssigkeit (Wasser oder Bouillon) zugießen, fest zudecken und in 3—3½ Stunden weich schmoren. Sauce passieren, abfetten und etwas Wasser oder Bouillon zugießen. Kann im Ofen oder auf dem Herd zubereitet werden. Zeitdauer 4 Stunden.

4. Rindfleisch mit saurem Rahm oder saurer Milch geschmort.

Rindfleisch (Schwanzstück)	1500 g	250 g
Butter	150 g	15 g
Saurer Rahm oder Milch	250 g	25 g
Salz.		

Das Fleisch wird tüchtig geklopft, gesalzen und in der heißen Butter von allen Seiten angebraten und saurer Rahm oder Milch dazugegossen. Fest verschlossen wird das Fleisch weich geschmort, die Sauce wird entfettet und durch ein Sieb gegossen. Zeitdauer 3—3½ Stunden.

5. Rindsbraten gebeizt.

Rindfleisch	1500 g	250 g
Butter	100 g	10 g
Suppengemüse	200 g	15 g
Wasser	1000 g	100 g
Salz.		

Zum Beizen süße oder saure Milch, Buttermilch oder Kefir.

Das Fleisch wird 4—6 Tage in die obengenannte Flüssigkeit gelegt, indem man dasselbe jeden Tag wendet. Dann wird das Fleisch aus der Flüssigkeit genommen, abgetrocknet und wie Nr. 2 und 3 Rindfleisch gedämpft oder geschmort bereitet. Nur verwendet man statt der angegebenen Flüssigkeit die Beize. Zeitdauer 3½ Stunden.

6. Rindsbraten gebeizt, andere Art. (Zutaten wie Nr. 5.)

Das Fleisch wird statt in Milch in Wein und Essigwasser gebeizt und fertig zubereitet wie Nr. 5.

7. Rindfleisch gebraten.

Rindfleisch	3000 g	300 g
Butter	200 g	50 g
Suppengemüse	150 g	20 g
Salz.		

Das Fleisch, am besten Schuft, wird gesalzen, in der heißen Butter von allen Seiten angebraten, im heißen Ofen unter fleißigem Begießen erst stark, dann langsam gebraten, ca. 3—4 Stunden. Das Gemüse nach 1½ Stunden hinzufügen; damit sich das Fleisch nicht zu stark bräunt, wird es mit einem bebutterten weißen Papier zugedeckt. Wenn nötig, fügt man auch etwas heiße Flüssigkeit hinzu. Die Sauce wird nach Nr. 3 fertiggemacht. Zeitdauer 4 Stunden.

Rindfleisch.

8. Roastbeef gebraten.

Roastbeef	1500 g	250 g
Rahm, Bouillon oder saure		
Milch	250 g	25 g
Wasser	125 g	15 g
Salz.		

Man verwendet am besten das flachere Stück des Rinderrückens. Die Sehne wird sorgfältig ausgelöst, ohne das Fleisch zu beschädigen. Das Fleisch muß eine Fettschicht haben; sollte ein dickes Fettstück unterhalb des Fleisches sein, so ist es vorteilhafter, dasselbe zum Teil abzuschneiden. Das Fleisch wird mit angefeuchtetem Fleischklopfer sachte geklopft, in die Pfanne gelegt und mit kochendem Wasser schnell übergossen und dieses wieder abgegossen. Der Ofen muß stark vorgeheizt sein; dann wird der Braten hineingeschoben, indem man etwas kochendes Wasser zugießt. Nach einigen Minuten begießt man den Braten und ergänzt auch die etwa verdampfte Flüssigkeit löffelweise, begießt alle 5 Minuten das Roastbeef und bürstet die angesetzte Jus ab. Man salzt den Braten kurz vor Ablauf der Bratzeit. Der Braten wird auf die Schüssel gehoben, dabei nicht die Gabel benutzt und nicht zugedeckt. Die Sauce wird entfettet und, wenn man sie gebunden liebt, mit Kartoffelmehl oder Mehlschwitze fertig gemacht, an die man noch nach Geschmack Bouillon, Rahm oder Essigmilch tun kann. Man garniert das Roastbeef gern mit gehobeltem Meerrettich und Kresse. Länge der Bratzeit: Man rechnet auf ein kleines Stück von etwa 2 Kilo ca. 20 Minuten, von 5 Kilo an ca. 14 Minuten per Kilo. Die Oberfläche des Bratens muß knusperig sein, das Innere rosa. Einige Minuten zum Begießen gibt man zu.

Restverwendung. Reste im Wasserbade zu wärmen. Die Knochen und Abfälle werden zu Jus verwendet. Das Roastbeef muß 5—10 Minuten vor dem Tranchieren aus dem Ofen genommen werden, um das Herauslaufen des Saftes beim Tranchieren zu verhindern. Der Braten muß in dünnen Scheiben tranchiert werden.

9. Roastbeef gerollt.

Zutaten wie voriges Rezept. Das Roastbeef wird von den Knochen ausgelöst, gesalzen, gerollt und zu einer Wurst gebunden, in Butter von allen Seiten angebraten und in den Schmortopf gelegt, indem man etwas warmes Wasser hinzufügt; man läßt es fest zugedeckt dämpfen, bis keine Flüssigkeit mehr vorhanden ist. Dann wird es umgewendet und nach und nach immer einige Löffel warmes Wasser dazugegossen und unter fleißigem Begießen weich geschmort. Zu dem Bratensatz gießt man Fleischbrühe, sauren Rahm oder Wasser, bürstet den Fond mit der Bürste los und gießt die Sauce durch ein Sieb und bindet sie, wenn nötig, mit Kartoffelmehl oder Mehlschwitze. Das angerichtete Fleisch wird mit etwas Sauce begossen und die übrige Sauce extra dazu serviert. Kompotte, Salat oder gebratene Kartoffeln usw. werden dazu gegeben.

10. Spießbraten von Roastbeef.

Roastbeef . . . . 3000 g
Salz.
Butterpapier.

Das vorbereitete Fleisch wird gesalzen, gerollt und mit einigen Speckscheiben gebunden, an den Spieß gesteckt und unter Drehen gebraten. Nach einer halben Stunde löst man die Speckscheiben ab und bratet das Fleisch unter öfterem Begießen mit dem abgetropften Fett weich. Es soll schön braune Farbe haben, aber keine harte Kruste bilden. Der Fleischsaft wird mit warmer Flüssigkeit aufgekocht und gebunden.

11. Roastbeef à la Piemontaise.

Zubereitung des Bratens wie Nr. 8 und mit Garnitur Piemontaise Nr. 13, S. 123, garniert.

12. Roastbeef à la Nivernaise.

Zubereitung des Bratens wie Nr. 8 und mit Garnitur Nivernaise Nr. 3, S. 121, garniert.

13. Roastbeef à la Napolitaine.

Zubereitung des Bratens wie Nr. 8 und mit Garnitur Napolitaine Nr. 8, S. 122, garniert.

14. Roastbeef à la Jardinière.

Zubereitung des Bratens wie Nr. 8 und mit Garnitur Jardinière Nr. 1, S. 121, garniert.

15. Roastbeef à la Française.

Zubereitung des Bratens wie Nr. 8 und mit Garnitur Française Nr. 10, S. 122, garniert.

16. Roastbeef à la Dauphin.

Zubereitung des Bratens wie Nr. 8 und mit Garnitur Dauphine Nr. 11, S. 122, garniert.

17. Roastbeef à la Nicarde.

Zubereitung des Bratens wie Nr. 8 und mit Garnitur Nicarde Nr. 12, S. 122, garniert.

Rindfleisch.

18. Rinderbraten nach Jägerart.

Rippenstück oder Roastbeef oder Schuft	3000 g
Eier	6 St.
Milch	100 g
Schinken	200 g

Salz.
Gehackte Petersilie oder Schnittlauch.

Das vorbereitete Fleisch wird enthäutet (möglichst flach geschlagen). Aus Eier, Milch, Salz und klein geschnittenem Schinken wird ein Rührei gemacht, das Fleisch gesalzen, die Fülle darauf gestrichen, aufgerollt und gebunden, mit stiller (heißer) Butter übergossen und zu schöner Farbe gebraten. Etwas warme Flüssigkeit zugießen und unter Begießen und Zugießen fertig braten. Vor dem Anrichten wird die Sauce entfettet und mit Zitronensaft und Madeira abgeschmeckt. Zeitdauer 2—2½ Stunden.

Verwendet man Roastbeef, dann bratet man das Fleisch ungefähr 1¼ Stunde, sonst 1¾—2 Stunden.

19. Ungarischer Braten.

Roastbeef	3000 g
Butter	150 g
Wasser oder Fleischbrühe (warm).	
Käse	100 g
1 Karotte.	
Rahm	50 g

Salz.
Brotscheiben.

Das vorbereitete Roastbeef wird in fingerdicke Scheiben geschnitten, doch so, daß die obere Haut die Scheiben zusammenhält. Dann legt man zwischen die Scheiben Fleisch je eine dünne Scheibe Brot, wenn erlaubt, durchzogenen Speck in Scheiben, streut etwas Salz dazwischen und bindet das Fleisch so zusammen, daß es als ganzer Braten erscheint. Man legt das Fleisch in die Bratpfanne und übergießt es mit heißer Butter, legt die Karotte dazu und bratet es unter Begießen und Zugießen von warmer Flüssigkeit weich. 15 Minuten vor dem Anrichten streut man geriebenen Käse auf das Fleisch und gibt den Rahm in die Sauce. Nachdem der Käse etwas angebraten ist, begießt man mit der Sauce und läßt noch 5 Minuten weiter braten und richtet an. Die Sauce wird entfettet und, wenn nötig, mit etwas Kartoffelmehl gebunden. Das Fleisch wird entgegengesetzt den Scheiben geschnitten. Zeitdauer 2½ Stunden.

20. Mailänder Braten.

Rindfleisch	3000 g
Butter	100 g
Tomaten	4 St.
Wasser	500 g
Rotwein	125 g
Karotte.	
Salz.	

Ein saftiges Stück Rindfleisch, Schuft oder Laffe, wird geklopft, gespickt und mit Salz eingerieben; in der gußeisernen Pfanne läßt man die Butter heiß werden, gibt das Fleisch mit der Karotte und Tomaten dazu, gießt das heiße Wasser und Rotwein daran und dämpft es langsam gut zugedeckt 2 Stunden. Beim Anrichten soll nur noch wenig Sauce sein, welche durchpassiert mit dem Fleisch serviert wird. Zubereitungszeit $3\frac{1}{2}$ Stunden.

21. Filetbraten.

Filet	3000 g
Salz	15 g
Butter	180 g
Bouillon oder sauren Rahm	125 g
Kartoffelmehl	10 g

Das Filet wird entfettet, gehäutet, geklopft und eventuell mit feinen gleichmäßigen Speckstreifen gespickt, die man nach dem Spicken gleichmäßig beschneidet. Der Ofen wird vorgeheizt, das Filet in den heißen Ofen geschoben und auf 1 Pfund Fleisch mit 30 g gebräunter Butter übergossen. Nach und nach gießt man unter Abbürsten des Bratensatzes von der Pfanne etwas warmes Wasser oder sauren Rahm dazu und bratet das Fleisch 40 bis 45 Minuten alle 5 Minuten mit dem von oben abgeschöpften Fett begießend. Wünscht man das Filet zu glasieren, so rührt man das Kartoffelmehl mit etwas kaltem Wasser an, nimmt das Fett von der Sauce ab, verkocht das Kartoffelmehl mit derselben und überzieht nach dem Salzen den Braten bei einer Pause von 3 Minuten zweimal sorgfältig mit der Sauce. Nach Belieben wird das Filet garniert. Die Sauce verdünnt man mit etwas Bouillon und gießt sie durch ein Sieb in die Saucière. Auch andere Saucen wie Bearnaise-Sauce usw. richtet man häufig zum Filet an. Zeitdauer der Zubereitung, Zerlegen und Spicken inbegriffen, 2 Stunden.

22. Filet à la Jardinière.

Zubereitung des Bratens wie Nr. 21 und mit Garnitur Jardinière Nr. 1, S. 121, garniert.

Rindfleisch.

23. Filetbraten à la Piemontaise.
Zubereitung des Bratens wie Nr. 21 und mit Garnitur Piemontaise Nr. 13, S. 123, garniert.

24. Filetbraten à la Nivernaise.
Zubereitung des Bratens wie Nr. 21 und mit Garnitur Nivernaise Nr. 3, S. 121, garniert.

25. Filetbraten à la Napolitaine.
Zubereitung des Bratens wie Nr. 21 und mit Garnitur Napolitaine Nr. 8, S. 122, garniert.

26. Filetbraten à la Française.
Zubereitung wie Nr. 21 und mit Garnitur Française Nr. 10, S. 122 garniert.

27. Filetbraten à la Dauphin.
Zubereitung des Bratens wie Nr. 21 und mit Garnitur Dauphine Nr. 11, S. 122 garniert.

28. Filetbraten à la Nicarde.
Zubereitung des Bratens wie Nr. 21 und mit Garnitur Nicarde Nr. 12, S. 122 garniert.

29. Filet Wellington.

Rinderfilet . . . . 3000 g
Butter . . . . 100 g
Kräuter: gewiegte Petersilie.
Feingeschnittene Champignons (4 Eßl.).
Salz.

1 Portion Halbblätterteig und 1 Portion Madère-Sauce. Es wird ein guter Halbblätterteig gemacht. Das Filet vorbereitet und 5 Minuten in sehr heißer Butter auf beiden Seiten angebraten. Der Blätterteig wird je nach Form des Fleisches aufgerollt (ungefähr ½ cm dick). Die Hälfte der Kräuter auf den Teig gegeben und das Filet, das man gesalzen hat, daraufgelegt, die übrigen Kräuter daraufgestreut und der Teig über dem Filet zusammengelegt. Dann gibt man das eingepackte Filet, die glatte Seite nach oben, auf ein mit Wasser bespültes Blech und bestreicht mit Eigelb und bäckt das Filet im Ofen zu schöner gleichmäßiger Farbe ungefähr ¾—1 Stunde. Es soll möglichst ganz auf den Tisch kommen und mit einer Madère-Sauce serviert werden. Zeitdauer 3 Stunden.

30. Roastbeef Wellington.
Zubereitung gleich wie Filet Wellington. Zeitdauer 3½ Std.

Fleischspeisen.

31. Rinderzunge, gesalzen, geräucherte oder frische, zu kochen.

Rinderzunge . . . . 1 Stück
Suppengrün, Champignon-, Kapern-, Madère-, Sardellen-Sauce.
Wasser.

Die geräucherte Zunge wässert man eine Nacht. Die frische Zunge wird vom Schlund befreit und wie die gesalzene Zunge gewaschen. Die Zunge wird mit kaltem Wasser, Salz und Suppengrün aufgesetzt und zieht langsam 3 Stunden in festverschlossenem Topf. Sticht sich die Spitze weich, so ist die Zunge gar. Man zieht die leicht zu lösende Haut ab, schneidet die Zunge, überzieht sie mit fertiger Sauce und garniert sie entsprechend, oder gibt sie als warme Beilage und umkränzt das Gemüse schuppenartig mit den Zungenscheiben. Zunge zu kaltem Aufschnitt wird nicht ganz so weich gekocht. Man läßt sie in der Bouillon halb erkalten und beschwert sie zwischen zwei Tellern liegend etwas, zieht sie ganz erkaltet ab, schneidet feine schräge Scheiben, deren ungleichmäßige Seite gerade geschnitten wird, und richtet sie gleichmäßig schuppenartig gelegt mit Petersilie umkränzt an. Zeitdauer 3½ Stunden.

32. Filet-Beefsteak.

Beefsteak-Fleisch . . . . 1500 g
Butter . . . . 75 g
Salz.

Von dem vorbereiteten Filet schneidet man 2—3 cm dicke Scheiben und klopft diese sachte mit angefeuchtetem Beil und schiebt sie wieder zusammen. Die Pfanne wird auf lebhaftem Feuer stark erhitzt, und wenn die Butter braun und still geworden, werden die Beefsteaks in die heiße Butter gelegt und sofort gewendet. Dann werden sie je nach Gewicht gebraten und nach dem Herausnehmen gesalzen. Das Fleisch muß schön rosa und saftig sein. Es ist gut, Beefsteaks einige Minuten vor dem Auftragen stehen zu lassen. Der Saft entweicht dann nicht aus dem Fleisch. Zeitdauer 10 Minuten.

33a. Beefsteaks als Beilage werden um die Hälfte dünner geschnitten wie die vorigen Beefsteaks und werden vorzugsweise zur Garnitur von Champignon- und Kastanien-Püree und zu feinen Gemüsen verwendet.

33b. Einfache Garnituren zu Beefsteaks sind gehobelter Meerrettich; — Spiegeleier mit einem Glas ausgestochen; — verlorene Eier; — ausgebackene Kartoffeln in verschiedenen Formen.

Rindfleisch. 65

34. **Feinere Garnituren:** gefüllte Tomaten, kleine Brotscheiben, gebacken mit Kaviar- oder mit Anchovis-, Gänseleber-, Kräuter- oder Sardellenbutter bestrichen (die Butterarten auch ohne Brötchen auf das Fleisch zu legen), Champignons, Kastanienpüree oder Sauerampfer, Tomatenreis, Bearnaisesauce, Kästchen mit feinem Ragout gefüllt, Käsegebäck nach Florentiner Art.

35. **Filet-Beefsteaks auf dem Rost.**

Die vorbereiteten Beefsteaks werden auf beiden Seiten durch geschmolzene Butter oder feines Öl gezogen und mit der übrigen Butter übergossen und kalt gestellt. Nachdem der Rost bebuttert ist, werden die Beefsteaks daraufgestellt und in den Ofen geschoben. Das Feuer muß aus reiner Holzkohlenglut oder heller Gasflamme bestehen und ohne jeden Rauch sein. Man wendet die Beefsteaks in dem Augenblick, wo sich an der Oberfläche kleine Bläschen zeigen. Das Braten der zweiten Seite erfordert etwas weniger Zeit zum Garwerden als das der ersten. Beim Anrichten bestreut man die Beefsteaks schnell mit Salz und gibt Butter mit verschiedenem Geschmack, wie z. B. Kräuter- oder Sardellen-Butter dazu. Garnituren siehe S. 64 u. 65, Nr. 33 u. 34. Zeitdauer $\frac{1}{2}$ Stunde.

36. **Filet-Beefsteaks in Papier.**

Beefsteakfleisch . . . . 1000 g
10 Bogen weißes Papier.
Butter . . . . 200 g
Kräuter. . . . .   80 g
Salz. Backfett.

Vom Filet schneidet man 160 g schwere Beefsteaks. Das Papier wird in Quadrate geschnitten, man bestreicht dieselben mit feinem Öl oder zerlassener Butter. Die Butter wird schaumig gerührt und Kräuter und Salz dazu gegeben und mit Zitronensaft etwas abgeschmeckt. Die Beefsteaks werden mit dieser Butter auf beiden Seiten bestrichen und in das Papier eingewickelt und mit Bindfaden gebunden. Nachdem alle Beefsteaks so vorbereitet sind, setzt man das Fett auf, und dampft dasselbe, so legt man 5 Beefsteaks hinein und läßt sie $3\frac{1}{2}$ Minuten unter Kochen und Umwenden darin. Dann legt man sie auf eine Schüssel, entfernt Bindfaden und gibt die Pakete mit Petersilie garniert zu Tisch. Sie werden erst auf den Tellern der Speisenden geöffnet. Es werden Garnituren S. 64 u. 65, Nr. 33 u. 34 dazu gegeben. Zeitdauer $\frac{3}{4}$ Std.

37. **Tournedos à la Princesse.**

Filet . . . . 1000 g
Croutons . . . . 12 St.
1 Portion Caresse-Sauce.

Die Beefsteaks werden nach Vorschrift vorbereitet und 1—1½ cm dick geschnitten und gebraten. In der gleichen Größe werden Croutons geschnitten und in Öl oder Fett gebacken, die Beefsteaks daraufgelegt und je 1 Teelöffel Caresse-Sauce darauf angerichtet. Diese Tournedos kann man auch von Kalbsfilet, Schweinsfilet und Filet von Wild bereiten.

38. **Chauteaubriand.**
Zubereitung wie Beefsteaks von Filet S. 64, Nr. 32. Nur werden die Beefsteaks 3—4 cm dick geschnitten und auf 250 g ungefähr 5 Minuten gebraten und noch 3 Minuten ziehen gelassen. Man gibt dazu gern feine Saucen, Gemüsesalat und feine Kartoffelgerichte oder Beigaben S. 64 u. 65, Nr. 33 u. 34. Zeitdauer 15 Minuten.

39. **Gleichmäßig runde Filet-Beefsteaks zu erhalten**, bindet man das ganze Filet in 1—1½ cm großen Zwischenräumen fest zusammen und schneidet sie in der Mitte zwischen je 2 Schnüren durch. Dadurch erhalten die Beefsteaks ein schöneres Aussehen.

40. **Rumpsteak.**

Roastbeef	1500 g
Butter	150 g
Salz	20 g

Das Roastbeef wird vorbereitet, indem man Sehnen, Knochen und Fett entfernt. Man bratet die 3 cm starken vorher gut geklopften Stücke nach Gewicht unter sechsmaligem Wenden in brauner Butter auf 1 Pfund 15 Minuten. Während der letzten 3 Minuten läßt man das Fleisch nur noch ziehen. Das Fleisch wird nach dem Salzen und Pfeffern mit Butter begossen, mit Kräuterbutter darauf und mit Garnitur von Salatblättern oder Petersilie angerichtet oder auch Beigaben S. 64 u. 65, Nr. 33 u. 34. Zeitdauer 20 Minuten.

41. **Beefsteak gehackt I.**

Rindfleisch	1250 g	150 g
Wasser ca.	500 g	60 g
Salz.		

Filet, Huft oder mageres lockeres Rinderbauchfleisch ist besonders dazu geeignet. Das Fleisch wird enthäutet und 2—3 mal durch die Fleischhackmaschine getrieben (eventuell im Mörser noch fein gestoßen). Mit Salz und Wasser tüchtig geknetet, Beefsteaks geformt und in sehr heißer Butter gebraten. Zeitdauer ¾ Stunden.

Rindfleisch.

42. Beefsteaks gehackt II.

Fleisch	1000 g	120 g
Milch oder Weißbrot ohne Rinde	25 g	15 g
Wasser, ungefähr	250 g	30 g
Salz.		

Das Fleisch wird gehäutet und 2—3 mal durch die Maschine getrieben (eventuell im Mörser gestoßen). Das Brot wird in Wasser oder Milch eingeweicht, ausgedrückt und fein gewiegt. Mit dem gehackten Fleisch vermischt, mit Wasser und Salz gut verknetet und in heißer Butter auf beiden Seiten gebraten. Zeitdauer ¾ Stunden.

43. Beefsteaks geschabt.

Wird bereitet wie die beiden vorigen Rezepte, doch wird das Fleisch nicht mit der Maschine zerkleinert, sondern mit einem breiten Messer oder mit einem starken Blechlöffel, und zwar von Fleisch aus dem Filet oder Roastbeef geschabt.

44. Beefsteak à la Tartare.

Nach voriger Nummer geschabtes Rindfleisch richtet man mit wenig Salz vermischt nestförmig an, gibt in die Vertiefung ein frisches Eigelb und serviert eventuell mit Sardinen oder Kapern belegt. Man reicht auch feinen Senf dazu. Das Fleisch soll immer frisch zum Gebrauch geschabt werden. Zeitdauer ½ Stunde.

45. Rindfleisch-Klößchen.

Rindfleisch, mager	1000 g	120 g
Butter	80 g	15 g
Milchbrot	125 g	15 g
Wasser, Milch oder Rahm	250 g	30 g
Eier	4 St.	1 St.
Salz.		

Fleisch fein hacken, Butter schaumig rühren, Eigelb, Salz, eingeweichtes, ausgedrücktes Brot, dann Fleisch dazu fügen und nach und nach mit der Flüssigkeit gut vermengen und den Eierschnee darunter ziehen. Von dieser Masse runde, kleine, platte oder längliche Klößchen formen, dieselben braten, dämpfen, schmoren oder kochen. Mit einer weißen oder braunen Sauce servieren. Zeitdauer 1 Stunde.

46. Panierte Fleischklößchen.

Zutaten wie voriges Rezept Nr. 45 und Stoßbrot. Die geformten Klößchen werden in Ei und Stoßbrot gewendet und in

Butter auf allen Seiten gebraten. Die panierten Klößchen bleiben saftiger, doch ist die Bratkruste weniger leicht verdaulich. Zeitdauer 1 Stunde.

47. Rindfleisch-Haschee I.

Am besten von gebratenem oder geschmortem Fleisch, kann aber auch von gedämpftem oder gekochtem bereitet werden.

Braten	1000 g	125 g
Butter	25 g	15 g
Mehl	35 g	10 g
Bratenjus verdünnt oder Bouillon	500 g	75 g

Fleisch 2—3 mal durch die Fleischmaschine treiben, Mehl in der Butter leicht schwitzen und mit der bestimmten Flüssigkeit leicht ablöschen und ¼ Stunde kochen lassen, das Fleisch zufügen und auf heißer Platte noch einige Minuten ziehen lassen. Zeitdauer ¾ Stunden.

48. Rindfleisch-Haschee zweite Art.

Braten	1000 g	125 g
Maizena-Bouillon, s. S. 34, Nr. 19	750 g	100 g

Fleisch zerkleinert und mit der kochenden Maizenabouillon mischen. Zeitdauer ¾ Stunden.

49. Rindfleisch-Soufflé mit weißer oder brauner Sauce.

Ein gebrühter Teig von:

Milch	500 g	40 g
Mehl	75 g	10 g
Butter	25 g	10 g
Eigelb	4 St.	1 St.
Salz.		

Fleischmasse von:

Rindfleisch	875 g	110 g
Butter	30 g	8 g
Rahm, süß	300 g	40 g
Wasser	250 g	30 g
Weißbrot	125 g	15 g
Eigelb	3 St.	1 St.
Eiweiß zu Schnee	8 St.	2 St.
Salz.		

Fleisch 3 mal durch die Maschine treiben, mit Rahm und eingeweichtem Brot im Mörser fein stoßen, besser noch durch ein Sieb streichen. Butter, Eigelb und den gebrühten Teig von den angegebenen Zutaten gut mischen und das Fleisch zufügen. Wasser und zuletzt den Eierschnee dazu geben. Die Masse wird in gebutterter Souffléform in mäßig heißem Ofen auf Wasser stehend gebacken. Die ganze Portion ca. 1 Stunde, die kleine Portion 20 Minuten. Mann kann die Masse auch im Wasserbade kochen.

Zubereitung des gebrühten Teiges: Milch, Butter und Salz werden aufgekocht, das Mehl in einem Sturz dazugegeben und so lange auf dem Feuer gerührt, bis sich die Masse von der Pfanne löst. Abgekühlt gibt man die Eigelb langsam dazu. Zeitdauer 2½ Stunden.

50. Rindfleisch-Pudding.

Rindfleisch	750 g
Eigelb	4 St.
Bratensauce oder aufgelöster Fleischextrakt	6 Eßl.
Sardellen	4 St.
Salz.	
Stoßbrot	60 g oder
Brot in Bouillon geweicht und ausgedrückt	80 g
Eierschnee	4 St.
Butter und Stoßbrot zur Form.	

Man verrührt das gewiegte Fleisch mit dem Eigelb, der Bratensauce oder dem Fleischextrakt, den Sardellen, Salz und dem Brot. Man mischt alles gut durcheinander und zieht den Eierschnee darunter und kocht oder bäckt die Masse in einer vorbereiteten Form eine Stunde im Wasserbad oder im Ofen. Zeitdauer 1¾ Stunden. Man gibt eine pikante Sauce dazu.

51. Geflügel-, Hammel-, Kalbs-. Schweine- und Wildfleisch-Pudding wird ebenso bereitet. Zeitdauer 2 Stunden.

52. Rindfleisch mit Makkaroni.

Fleischmasse wie bei vorigem Rezept.

Makkaroni	200 g
Salzwasser.	

Gut halbweich gekochte Makkaroni legt man der Formwand nach (⅓ der Makkaroni hängen außen über den Rand), so daß die ganze Form mit Makkaroni belegt ist, und füllt die Fleischmasse sorgfältig ein und kocht wie erstes Rezept angegeben. Zu diesem Pudding wird gern Tomatensauce serviert. Zeitdauer 2 Stunden.

53. Kutteln oder Kaldaunen gedämpft.

Butter	125 g
Mehl	15 g
Kutteln	500 g
Salz.	
Jus oder Sauce	65 g
Tomatenpüree	1 Eßl.

In der Butter wird das Mehl gelb geröstet, Kutteln und Salz zugegeben, etwas mitgebraten und mit Jus oder Sauce gekocht und das Tomatenpüree zugefügt und angerichtet. Zeitdauer 20 Minuten; für 6 Personen berechnet.

54. Kuttelplätze mit Vinigrette.

Die Kutteln werden in viereckige Stücke geschnitten, in Fleischbrühe mit etwas Wein oder Zitronensaft eine Viertelstunde gekocht, angerichtet und mit Sauce Vinigrette serviert. Zeitdauer 1 Stunde.

55. Kutteln à la Mode de Cannes.

Kutteln	1500 g
Suppengrün.	
Salzwasser.	
Weißwein	65 g
Kalbsfüße	2 St.
Wasser	750 g
Tomatenpüree	100 g

Die Kutteln werden blanchiert und mit Salzwasser, Suppengrün und Wein eine Stunde gekocht und in viereckige Stücke geschnitten. Die Kalbsfüße, die man auch eine halbe Stunde mitkochte, werden zerkleinert und abwechslungsweise in eine Pfanne oder Auflaufform eine Lage Kutteln, eine Lage Füße, Salz und eventuell frisches in viereckige Stücke geschnittenes durchzogenes Schweinefleisch gegeben. Über das Ganze gießt man Weißwein oder einige Tropfen Zitronensaft und das warme Wasser, verschließt die Pfanne oder die Form und läßt die Kutteln auf heißem Herd 8—10 Stunden gleichmäßig schwach kochen. Man gibt vor dem Aufsetzen gern etwas Tomatenpüree oder ganze Tomaten und geriebenen Käse dazu.

56. Kutteln à la Mode.

Kutteln . . . . 1500 g
Butter . . . . 50 g
Salz.
Tomatenpüree . . . . 3—4 Eßl.
Fleischbrühe . . . . 250 g
Weißwein . . . . 125 g oder
einige Tropfen Zitronensaft.

Die blanchierten Kutteln werden in viereckige 6 cm große Stücke geschnitten, die Butter in der Pfanne heiß gemacht, die Kutteln, Wein oder Zitronensaft, Tomaten, Fleischbrühe und Salz hinzugefügt und die Kutteln 3—4 Stunden zugedeckt im Ofen geschmort.

57. Kutteln au Gratin.

Kutteln . . . . 1000 g
1 Portion Tomaten oder weiße oder
braune Sauce.
Käse, Stoßbrot, Butterstücke.

Die in Streifen geschnittenen Kutteln gibt man in die bebutterte Auflaufform, gibt die fertige gut abgeschmeckte Sauce darüber und streut Käse und Stoßbrot darauf und gibt einige Butterstückchen dazu und bäckt die Speise eine halbe Stunde im Ofen. Es ist gut, wenn die Kutteln vor dem Schneiden eine viertel bis eine halbe Stunde in einem kräftigen Sud kochen. Zeitdauer 1½ Stunden.

58. Kutteln (die verschiedenen Rindermagen) sind wegen ihres Leimgehaltes zu empfehlen. Sind beim Metzger meist schon sauber und weichgekocht zu haben.

Kalbfleisch.

Allgemeines. Das Kalbfleisch ist leicht verdaulich und für die Krankenkost und zu Luxusspeisen sehr geeignet.

Das Kalbfleisch soll eine helle, weiße Farbe, dichtes feines Gewebe und reichlich Fett haben und muß sich kernig anfühlen. Kalbfleisch ist sehr schnell zu bereiten, weil es bald gar ist.

1. Kalbsbraten, einfacher.

Kalbfleisch . . . . 3000 g
Salz.
Butter . . . . 150 g
Bratengemüse.
Wasser . . . . 750 g

Das Kalbfleisch wird vorbereitet, gesalzen und mit dem Bratengemüse in der heißen Butter im Ofen gelb gebraten. Wenn der Fonds und das Bratengemüse schön gelb sind, gießt man nach und nach die warme Flüssigkeit zu und bratet das Fleisch unter öfterem Begießen weich. Zeitdauer 2 Stunden.

2. Kalbsbraten mit Tomatensauce.

Zutaten wie voriges Rezept und 6 Eßlöffel Tomatenpüree.

Dieser wird wie oben zubereitet, nur gibt man dem Bratengemüse die Tomaten bei oder vor dem Anrichten das Tomatenpuree.

3. Polnischer Kalbsbraten für 6—8 Personen.

Kalbfleisch vom Stotzen . . . . . 1500 g
Sardellenfilet, Gurkenstreifchen, Speckstreifchen.
Salz.
Butter . . . . 100 g
Einige Löffel Rahm.

Das vorbereitete Fleisch wird gut gehäutet, mit Speckstreifen, vorbereitetem Sardellenfilet und Gurkenstreifchen gespickt, gesalzen in die Bratpfanne gelegt und mit heißer Butter übergossen, angebraten, Flüssigkeit zugegossen und fertig gebraten und angerichtet. Die Sauce wird, wenn nötig, gebunden. Bratzeit eine Stunde.

4. Kalbsfilet im Netz, für 4—6 Personen.

Filet 1 Stück.
Kalbsnetz ein halbes Stück.
Salz.
1 Eßlöffel Petersilie gehackt.
Butter . . . . 80 g

Das Fleisch wird sauber gehäutet und vorbereitet und gesalzen mit Petersilie eingerieben und mit Zitronensaft leicht beträufelt und in das Netz eingewickelt, das man beschwert und auf Emailbrett etwas stehen läßt. Dann wird das Fleisch in die Bratpfanne gelegt, mit heißer Butter übergossen und braun gebraten, indem man nach und nach etwas sauren Rahm zugießt und den Braten damit begießt. Sorgfältig tranchiert und mit in Butter geschwitzten Erbsen und ausgestochenen gebratenen Kartoffeln, Bohnen und Karotten hübsch angerichtet und Zitronenscheiben daraufgelegt. Zeitdauer 40—50 Minuten.

Kalbfleisch.

5. Kalbskeule gebraten.

Kalbskeule	4000 g
Salz	40 g
Butter	250 g
Knochenbouillon oder Wasser	500 g
Rahm	125 g
Kartoffelmehl	10 g

Die Kalbskeule wird von dem dicken Gelenkknochen befreit, die losen Stücke abgeschnitten, da es im Ofen trocknen würde. Dann wird die Keule geklopft, gehäutet und gespickt. Die Keule wird gewogen, gesalzen und mit der heißen Butter begossen. Es ist gut, einige Speckschwarten unter den Braten zu legen. Langsam gießt man, den Fonds abbürstend, leichte warme Bouillon oder Wasser nach und bratet die Keule fertig. Kartoffelmehl wird mit Rahm verrührt mit der Sauce aufgekocht, durch ein Sieb gegossen und die Keule damit glaciert. Man kann auch die ganze Keule entbeinen, dann umschnürt man das Fleisch zu guter Form. Zeitdauer mit Häuten und Spicken 3 Stunden.

6. Gefüllte Kalbsbrust mit Fleischfülle für 6 Personen.

Kalbsbrust	1500 g
Rindfleisch	250 g
Schweinefleisch	250 g
Brot	50 g
Milch	50 g
Butter	20 g
Ei	1 St.
Salz.	
Mehl	10 g
Butter	100 g
Wasser	250 g

Fülle: Das Brot wird geschnitten und in warmer Milch aufgeweicht. Rind- und Schweinefleisch werden mehrmals durch die Maschine genommen. Das ausgedrückte feingewiegte Brot wird in der Butter trocken gerührt, dann werden Fleisch, Brot, Ei, Salz zu einem wohlschmeckenden Teig vermischt.

Das Kalbfleisch wird ausgebeint, geklopft, gewaschen, getrocknet und auf ein Brett gelegt. Dann macht man an der losen Seite einen Einschnitt zwischen Haut und Fleisch, streicht die Farce in die Öffnung, näht diese zu, salzt das Fleisch und bestreut es mit Mehl. Das Fleisch wird in die Bratpfanne gelegt, mit heißer Butter übergossen und in den heißen Ofen gestellt. Wenn es gelb geworden ist, gießt man Flüssigkeit zu und gibt die Sehnenabfälle der Farce, evtl. eine Zitronenscheibe und eine Karotte dazu. Die Kalbsbrust bratet nun langsam in ca. 1½ Stunden weich, indem man die Oberfläche mit einem Butterpapier zudeckt, damit das Fleisch nicht zu hart wird. Das Fleisch wird mit der Geflügelscheere in fingerdicken Scheiben geschnitten, auf die Platte angerichtet und die Sauce unter Abbürsten aller braunen Teile mit Flüssigkeit aufgekocht und evtl. gebunden, gibt sie durch ein Sieb und gießt sie über die Kalbsbrust. Zeitdauer 3 Stunden.

7. Gefüllte Kalbsbrust mit Brotfülle.

Zutaten zum Braten wie voriges Rezept und Brotfülle:

Brot . . . . 120 g
Petersilie . . . . 1 Eßl.
Zitronensaft . . . . ½ Teel.
Butter . . . . 20 g
Eier . . . . 2 St.
Milch . . . . 200 g
Salz.

Das Brot wird mit der kochenden Milch übergossen und zugedeckt hingestellt. Dann wird die Butter schaumig gerührt, mit dem ausgedrückten feingewiegten Brot vermengt, Eier und Gewürz dazugegeben, in die Brust gefüllt und zugenäht und fertig gemacht wie Nr. 6. Zeitdauer 3 Stunden.

8. Gefüllte Kalbsbrust mit Reisfülle.

Zutaten zum Braten wie Nr. 6.

Reisfülle:

Reis, blanchiert . . . . 100 g
Butter . . . . 25 g
Fleischbrühe . . . . 200 g
Eier . . . . 2 St.
Salz.
Käse . . . . 40 g

Der blanchierte Reis wird in der Butter durchgeschwitzt und so viel Fleischbrühe dazu gegeben, daß sie dreimal so hoch steht wie der Reis, und läßt denselben 20 Minuten lang kochen. Nach Zugabe von Gewürz, Käse und Eiern wird die Fülle eingefüllt und zugenäht. Zeitdauer 3 Stunden.

Kalbfleisch.

9. Gefüllte Kalbsbrust mit italienischer Fülle.
Zutaten zum Braten wie Nr. 6.
Reisfülle ½ Portion wie voriges Rezept und 2 Handvoll Spinat, 2 Eier, 100 g Schinkenwürfelchen, Salz. Der erlesene, gewaschene Spinat wird 5 Minuten in kochendem Salzwasser gekocht, abgeschmeckt und das Gemüse grobnudelig geschnitten. Der Schinken wird ebenfalls in kleine Würfel geschnitten. Alle Zutaten werden mit der Reisfülle gemischt, in die Brust gefüllt und fertig gemacht wie Nr. 6. Zeitdauer 3 Stunden.

10. Kalbsfricandeau gespickt.

Kalbfleisch . . . . 2000 g
Speckstreifen.
Butter . . . . 60 g
Salz.
Butter . . . . 40 g
Mehl . . . . 60 g
Tomatenpüree . . . . 2 Eßl.
Fleischbrühe oder Wasser . . . . 250 g
Bratengarnitur.
Rahm . . . . 500 g

Das Fleisch wird vorbereitet und gleichmäßig gespickt, gesalzen und in 40 g Butter von allen Seiten angebraten. Dann in die Ofenbratpfanne eingelegt und eine Bratengarnitur dazugegeben. Von der zurückgelassenen Butter unter Zugabe von 60 g Mehl wird eine Mehlschwitze gemacht, Tomatenpuree und Rahm hinzugefügt und mit der Flüssigkeit abgelöscht, über das Fleisch gegossen und der Braten in den heißen Ofen geschoben. Unter fleißigem Begießen wird er gargebraten und angerichtet. Bratzeit 1½ Stunde. Sauce beim Anrichten sieben.

11. Gefülltes Kalbfleisch.

Fricandeau . . . . 3000 g
Kalbfleischfülle oder Kalbsbrät . . 500 g
Schinkenstreifchen, Gurkenstreifchen,
Champignons, Trüffeln, Bratengarnitur.

Das Fleisch wird gehäutet und mit der Fleischfaser fingerbreit voneinander abstehende Einschnitte gemacht, welche so tief hineingehen, daß das Fleisch noch zusammenhält. Mit feuchtem Beil schlägt man jedes dieser Blätter möglichst dünn, aber sachte, daß sie ganz bleiben. Lege nun das erste Blatt flach auf den Tisch, salze leicht, bestreiche es schwach mit Fleischfülle und lege der Länge nach Speck- und Schinkenstreifchen, rolle oder schlage das Blatt gegen innen zusammen, so daß die Fülle eingewickelt wird und fahre so mit Füllen der Blätter fort, daß das Stück aussieht, als ob es aus lauter nebeneinanderliegenden Rollen bestehe halte diese Rollen zusammen, indem man quer durch 2—3 entsprechend dünne lange Spieße steckt oder mit Bindfaden bindet. Mache das so vorbereitete Fricandeau wie Kalbsbraten Nr. 1 S. 71. Zeitdauer 3 Stunden. Bratzeit 1—1¼ Stunde. Wenn das Fricandeau etwas groß ist, oder wenn man jedes Blatt etwas mehr füllen will, so kann es der Länge nach halbiert werden. Diese Art Fricandeau ist eine vorteilhafte und gute Platte.

Zum Tranchieren werden gewöhnlich 3—4 Rollen zusammen abgeschnitten, so daß jede Tranche eine kleeblattähnliche Gestalt hat.

12. Kalbsnierenbraten am Spieß.

Kalbsnierenstück . . . . 3000 g
Salz.
Olivenöl . . . . 100 g   oder
Butter, zerlassene . . . . 100 g
Butterpapier.
Jus.

Das Fleisch wird vorbereitet, gesalzen und samt Niere gleichmäßig aufgerollt und gebunden und in Olivenöl oder zerlassener Butter 1 Stunde liegen gelassen und öfters damit bestrichen, damit das Fleisch recht zart wird. Dann wird es in weißes bebuttertes Papier gewickelt, leicht gebunden an den Spieß gesteckt und so lange gebraten, bis der Fleischsaft herauskommt. Dann entfernt man das Papier, indem man den Braten herausnimmt, gibt es dann wieder in den Bratofen und läßt noch so lange braten, bis das Fleisch schön braun ist. Der ausgelaufene Fleischsaft oder Jus wird mit etwas Wasser oder Fleischbrühe aufgekocht, eventuell mit saurem Rahm verfeinert oder mit aufgelöstem Kartoffelmehl gebunden. Bratzeit 1—1¼ Stunden und Zeitdauer 3—4 Stunden.

13. Kalbsbraten am Spieß mit Kräutern.

Zutaten wie voriges Rezept und 4 Eßlöffel Kräuter: Petersilie, Schnittlauch, Champignons, evlt. einige gehackte Sardellen. Diese Kräuter werden samt der Niere in das Fleisch gerollt, gebunden und fertig gemacht wie obiges Rezept. Zeitdauer 3—4 Stunden.

Kalbfleisch. 77

14. Kalbsfiletbraten, für 3 Personen.

1 Kalbsfilet, gewöhnlich . . . . 750 g
Salz.
Bratengemüse . . . . 200 g

Das Kalbsfilet wird sorgfältig gehäutet, gesalzen in Mehl gewendet, in die Bratpfanne gelegt und mit heißer Butter übergossen, angebraten, Flüssigkeit zugegossen und unter öfterem Begießen 20 bis 25 Minuten gebraten. Zeitdauer ¾ Stunden.

15. Gespicktes Kalbsfilet.

Zubereitung wie oben, nur wird das Fleisch nach dem Enthäuten mit feinen Spickfäden gespickt und fertig gemacht wie voriges Rezept. Man serviert gern Tomaten- oder Rahmsauce dazu. Zeitdauer 1 Stunde.

16. Kalbfleischragout, weiß.

Kalbfleisch (Brust oder Blatt) . . 2000 g
Butter . . . . 100 g
Salz.
Mehl . . . . 100 g
Wasser . . . . 500 g

Das Fleisch wird in gleichmäßige Würfel geschnitten (der Knorpel bleibt darin), auf ein Sieb gelegt und mit sprudelnd kochendem Wasser übergossen und mit sauberem Tuch abgetrocknet. Diese Fleischwürfel schmort man in der Butter durch und gießt etwas warme Flüssigkeit zu. Das Mehl wird mit etwas Butter durchgeschwitzt, mit Wasser abgelöscht und zu dem Fleisch gegeben. Dann läßt man es langsam kochen, ungefähr ¾ Stunden. Das Fleisch wird mit dem Schaumlöffel herausgenommen, in die Platte gelegt, und die weiße Sauce mit einem Eigelb gebunden und über das Fleisch gegossen. Man kann auch Kalbfleischklößchen und Pilze in das fertige Ragout mischen. Etwas Zitronensaft, wenn gestattet, macht das Frikassee pikanter. Sardellen oder Krebsbutter desgleichen. Zeitdauer 1½ Stunde.

17. Kalbfleischragout, braun.

Kalbfleisch (Brust oder Blatt) . . 2000 g
Salz.
Mehl . . . . 150 g
Butter . . . . 100 g
Fleischbrühe oder Wasser . . . . 500 g

Das Kalbfleisch wird in schöne Vorlegstücke geschnitten und mit dem Bratengemüse in der heißen Butter auf allen Seiten angebraten, mit Salz und Mehl bestreut, weitergebraten, bis das Mehl eine schöne braune Farbe angenommen hat. Mit heißem Wasser oder Fleischbrühe abgelöscht und langsam weich gedämpft. Nach Belieben kann man dem Bratengemüse eine Tomate beigeben oder einige Tropfen Zitronenwasser. Zeitdauer 1½ Stunden.

18. Kalbszunge.

Kalbszungen	4 St.
Karotte	1 St.
Wasser	2000 g

Man setzt die frisch gewaschenen Zungen mit Salzwasser und Karotte auf, deckt zu und läßt sie langsam garziehen. Eine Kalbszunge braucht wenigstens 1½ Stunden. Mit einer Spicknadel untersucht man die Zungenspitzen; stechen sie sich weich, so nimmt man sie heraus und schält sie, vorher in kaltem Wasser abgeschreckt, ab und verwendet sie zu beliebigen Gerichten oder glaciert sie mit Madére- oder Kapernsauce. Zeitdauer 2½ Stunden. In Scheiben geschnitten, paniert und gebraten als Gemüsebeilage. Dann reichen 2 Zungen für 10 Personen. In der Bouillon erkaltete und geschälte Zunge ist mit Tartarensauce als Kalbszunge à la Tartare zu geben. Auch in Scheiben geschnitten und mit Fleisch-Aspik in eine Form gefüllt.

19. Kalbszungen-Pudding.

Wie Nr. 50, S. 69, doch von gekochter Zunge, evtl. auch von halb Zunge, halb Kalbfleisch.

20. Kalbsschnitzel.

Kalbfleisch	1500 g
Salz.	
Mehl	50 g
Butter	100 g
Fleischbrühe	200 g

Kalbsfilet oder Kalbsnuß wird in schöne Schnitzel geschnitten, diese leicht geklopft, gesalzen, in Mehl gewendet, in heißer Butter auf beiden Seiten schön gelb gebraten und angerichtet. Der Bratenfonds wird mit heißem Wasser oder Fleischbrühe aufgekocht und evtl. mit Kartoffelmehl gebunden. Zeitdauer 20 Minuten. Evtl. das Schnitzel zum Schluß in Bouillon weiter dämpfen.

21. Panierte Schnitzel.

Kalbfleisch	1500 g
Salz.	

Kalbfleisch.

Eier	3 St.
Butter	100 g
Fleischbrühe oder Wasser	200 g

Schnitzel vom Filet werden wie oben vorbereitet, gesalzen, in Mehl, Ei, Stoßbrot gewendet und in heißer Butter schön gelb gebraten und angerichtet. Dem Fonds gibt man etwas Fleischbrühe oder Wasser zu und kocht die Sauce auf. Zeitdauer 20 Minuten.

22 a. Schnitzel vom Filet auf dem Rost.

Schnitzel werden in zerlassener Butter oder Olivenöl gewendet, eine Stunde stehen gelassen, auf den bebutterten Rost gelegt, gebraten und, wenn sich Bläschen zeigen, gewendet und nachher gesalzen. Zeitdauer 1 Stunde und 20 Minuten.

22 b. Kaiserschnitzel.

Diese werden vom Filet geschnitten, gesalzen, in heißer Butter gar gebraten, mit saurem Rahm begossen und angerichtet. Zeitdauer 20 Minuten.

23 a. Kaiserschnitzel mit Champignons.

Die nach obigem Rezept fertig bereiteten Schnitzel werden mit eingemachten Champignon-Streifchen bestreut, die man eine Minute in der Butter geschüttelt hat.

23 b. Kalbskotelette.

Es können alle Zubereitungen der Kalbsschnitzel angewendet werden. Die Knochen werden sauber geputzt und nach dem Fertigbraten mit einer Papiermanchette verziert.

24. Kalbfleischklöschen (auch zu Farcen geeignet).

Kalbfleisch, festes	1000 g	20 g
Butter	100 g	10 g
Weißbrot	100 g	10 g
Eier	4 St.	½ Eigelb
Salz.		
Etwas Wasser oder Rahm.		

Fleisch dreimal durch die Maschine treiben, wenn nötig, das Fleisch noch stoßen oder durch ein Sieb streichen. Butter, Eigelb und Salz schaumig rühren, fügt Fleisch sowie das in Milch oder Wasser erweichte und ausgedrückte Brot dazu nebst etwas Wasser oder Milch und verarbeitet diese Masse gut. Dann kocht man probeweise einen kleinen Kloß von der Masse und setzt ihr, falls er noch zu fest ausfällt, etwas Wasser hinzu. Diese Kloßmasse eignet sich für kleine Suppen- oder Frikassee-Klößchen, auch zu größeren Koch- und Bratklößchen, ebenso zum

Füllen von Fleisch und Geflügel. Man verwendet zuweilen gemischtes Fleisch zu Klößchen, die Hälfte Kalb- und die zweite Hälfte Schweinefleisch oder ein Drittel Kalb-, ein Drittel Rind- und ein Drittel Schweinefleisch. Zeitdauer 1½ Stunden.

25. Kalbfleisch-Soufflé wie Rindfleisch-Soufflé Nr. 49, S. 68.

26. Kalbfleisch-Pudding wie Rindfleisch-Pudding Nr. 50, S. 69 oder auch von der Klößchenmasse Nr. 24. Die Masse wird in bebutterte und mit Stoßbrot ausgestreute Puddingform im Wasserbade gekocht und mit irgendeiner pikanten Sauce angerichtet.

26. Kalbskopf en Tortue.

Ein halber Kalbskopf (Haut).
Butter . . . . 100 g
Mehl . . . . 150 g

Sud: Salzwasser, Suppengrün, ein Glas Weißwein oder einige Tropfen Zitronensaft. Zur Garnitur hartgekochte Eier, Oliven, Champignons, Croutons oder Toast. Der vom Metzger gebrühte Kalbskopf wird mit Salzwasser, Suppengrün und Gewürz zugesetzt und fast weichgekocht, was in einer Stunde der Fall ist. Dann bringt man ihn in kaltes Wasser zum Abschrecken, wodurch er weiß und steif wird. Dann preßt man ihn. Inzwischen bereitet man aus den angegebenen Zutaten eine dunkelbraune Sauce, die man teilweise mit dem Sud ablöscht, schneidet den Kalbskopf in Vorlegestücke und gibt ihn in die gargekochte, durchgeseihte Sauce. Vor dem Anrichten schmeckt man mit Madère und Gewürz ab und gibt evtl. Oliven und Champignons dazu. Die hartgekochten Eierviertel werden um die erhöht angerichteten Fleischstücke gelegt. Man kann auch noch mit Croutons verzieren. Etwas Tomatenpüree zur Sauce gemischt verfeinert sie. Zeitdauer 2½ Stunden. Die Bouillon des Kalbskopfes kann man klären und zu Sulz verwenden.

27. Kalbskopf gebacken.

Der nach vorigem Rezept weichgekochte, mit kaltem Wasser abgeschreckte Kalbskopf wird in Würfel geschnitten und abgetrocknet. In Mehl, Ei und Stoßbrot paniert oder auch in einem gebrühten oder Omeletteteig getaucht und schwimmend in Fett gebacken.

28. Kalbsfüße.

Können wie Kalbskopf en Tortue oder gebacken zubereitet werden.

Kalbfleisch.

29. Kalbshirn gekocht.

Das Hirn wird in kaltem Wasser gewässert, indem man das Wasser oft erneuert. Dann schält man das Hirn sorgfältig, gibt es in den kochenden Hirnsud und zieht es, sobald das Wasser wieder kocht, an die Herdseite und läßt es, Kalbshirn 10 Minuten, Rindshirn 15 Minuten, Schweinshirn 7—8 Minuten, ziehen und läßt es in kaltem Wasser weiß werden und verwendet es zu beliebigen Gerichten. Zeitdauer 2 Stunden mit Wässern.

30. Hirnsud.

Zu einem Hirn 1—1½ Liter kochendes Salzwasser, 1—2 Eßlöffel Essig oder ein halbes Glas Weißwein, eine Gewürzdosis und Suppengrün.

31. Hirn au beurre noire.

Ein Kalbshirn, eine Portion schwarze Butter, Nr. 30, S. 81, ein Hirnsud. Das Hirn wird gewässert, gehäutet, gekocht und abgeschmeckt. Auf eine runde heiße Platte gelegt und mit schwarzer Butter übergossen und mit Crouton und hartgekochten Eiern garniert. Zeitdauer 1 Stunde.

32. Kalbshirn mit Sauce für 3 Personen.

Ein gekochtes Kalbshirn.
Eine Portion weiße Sauce.
1 Eigelb.

Man gibt das fertig vorbereitete gekochte Hirn auf eine runde Platte und übergießt es mit der fertigen, mit Eigelb gebundenen Sauce und garniert evtl. mit Croutons. Statt weiße Sauce kann man auch Champignon-, Kapern- oder Tomatensauce verwenden; siehe Saucerezepte.

33. Kalbshirn als Pastetenfülle.

Das gekochte Kalbshirn wird in kleine Würfelchen geschnitten und diese in einer feinen weißen Sauce aufgekocht.

34. Gebackenes Kalbshirn.

Das gekochte Kalbshirn wird erkaltet, in kleine Würfel geschnitten, diese in Omletteteig gewendet und schwimmend Küchlein davon gebacken.

35. Paniertes Kalbshirn.

Das gekochte Kalbshirn wird in 2 Teile geschnitten, mit Salz bestreut und in Mehl, verklopftem Ei und Stoßbrot gewendet und in Butter auf der Pfanne rasch gebraten.

36. Hirnschnitten.

Brötchen . . . . 300 g
Hirn . . . . 3 St.
Grünes . . . . 3 Eßl.
Brotschnitten.
Eier . . . . 3 St.
Butter zum Backen.

Das Hirn wird vorbereitet und 5 Minuten gekocht und fein gewiegt. Das Brot wird eingeweicht, ausgedrückt, fein gewiegt und mit Salz, Grünem, Ei und Hirn vermischt. Dies alles wird in Butter 1—2 Minuten geschwitzt und auf die in Scheiben geschnittenen in Butter gebackenen Brotschnitten angerichtet. Zeitdauer 1 Stunde.

37. Kalbshirn au Gratin.

Das vorbereitete Hirn wird in eine bebutterte Auflaufform gelegt, mit einer dicklichen guten Buttersauce übergossen, mit etwas Grünem und Käse bestreut, kleine Butterstücke obenauf gelegt und das Hirn 5 Minuten im heißen Ofen (mehr Oberhitze als Unterhitze) in der Gratinform gratiniert. Zeitdauer ¾ Stunden.

38. Hirn-Pudding.

Die Hälfte der in Nr. 21, S. 166 angegebenen Schwammpuddingmasse wird mit 2 in Butter und mit wenig Salz gedämpften und dann passierten oder auch nur fein zerschnittenen Kalbshirnen gemischt, dann in bebutterte mit geringem Brot ausgestreute Puddingform im Wasserbade gekocht, gestürzt und mit einer pikanten Sauce serviert. Zeitdauer 2 Stunden.

39. Milken.

Vorzubereiten: Die Kalbsmilke (Kalbsmilch oder Brieschen genannt) wird in kaltem Wasser recht weiß gewässert, indem man das blutige Wasser recht oft abgießt und erneuert. Man setzt sie mit reichlich Wasser zu Feuer und läßt sie heiß werden, aber nicht kochen, und wiederholt dies so lange, bis sie ganz weiß ist. Dann läßt man sie langsam einige Minuten kochen, bis sie steif ist, kühlt sie im kalten Wasser ab und häutet sie sorgfältig. Die Abfälle werden klein geschnitten zu Jus oder weißer Bouillon gekocht, um · in dieser nachher die Kalbsmilk ganz gar zu dämpfen. Man kann vorbereitete Kalbsmilk in oft erneuertem Wasser einige Tage aufbewahren.

40. Kalbsmilke gekocht.

Nach dem Vorbereiten wird die Milke in Salzwasser mit Suppengrün und Salz langsam, je nach Größe, 20—40 Minuten gekocht.

Kalbfleisch.

41. Milke gedämpft.
Die Milke wird nach dem Vorbereiten mit Butter durchgeschwitzt mit der Jus, die man aus den Abfällen erhalten hat, abgelöscht und weich gedämpft. Ebenso wird Hirn gedämpft.

42. Milke gebacken.
Nach dem Vorbereiten wird die Milke in Scheiben geschnitten, gesalzen, in Mehl, Ei und Stoßbrot gewendet und in brauner Butter auf der Pfanne oder schwimmend gebacken.

43. Kalbsmilke mit Käse und Rahm.
Nachdem die Milke vorbereitet und 20 Minuten gekocht hat, wird sie ganz oder in Scheiben geschnitten, in eine bebutterte Auflauf- oder Gratinform gelegt, mit Rahm übergossen, mit Käse bestreut, einige Butterstückchen darauf gestreut und im Ofen leicht gebacken.

44. Milke au Gratin siehe S. 82, Nr. 37.

45. Kalbsmilken-Pudding.
Kalbsmilke . . . . 1200 g
Milchbrote . . . . 6 St.
Milch . . . . 500 g
Champignons . . . . 16 St.
Butter . . . . 100 g
Eier . . . . 8 St.
Petersilie . . . . 2 Eßl.
Salz.
Butter zur Form.
2 Portionen Champignons-Sauce.

Die Brote reibt man ab und weicht sie in Milch. Die Kalbsmilke dämpft man nach dem Vorbereiten gar und schneidet sie in Würfel. Die Champignons werden, wenn frisch, erst gargemacht und in Würfel geschnitten. Die Butter rührt man schaumig, fügt Eigelb, Brot, Petersilie, Salz, Kalbsmilke und Champignons hinzu, zieht den steifen Eierschnee unter die Masse, füllt in die bebutterte Form und kocht den Pudding ca. 1 Stunde im Wasserbad, stürzt ihn und gibt die Sauce dazu. Zeitdauer 2½ Stunden.

46. Kalbsmilken-Gericht, feines.
Kalbsmilke . . . . 1200 g
Champignons . . . . 150 g
Krebse . . . . 16 St. oder
Gänseleber . . . . 130 g
2 Portionen weiße oder braune Sauce.

84 Fleischspeisen.

Die vorbereitete und gargemachte Kalbsmilke, ebenso Champignons, Krebsschwänze oder Gänseleber werden in kleine Würfel geschnitten; mit einer fertigen pikanten Sauce erhitzt, wird das Ragout in Kästchen oder Kokillen gefüllt oder auch auf guten Bouillonreis angerichtet. Man kann dieses Rgout auch als

47. feines Ragout zur Fülle von Pastetchen, römischen Pastetchen und Nestchen verwenden.

48. Feines Ragout oder Salpikon, zum Füllen für Pasteten.

Frikasseesauce, weiße oder braune, Eierstichwürfelchen, Hirnwürfelchen, Milkenwürfelchen. Alle vorbereiteten Würfelchen werden in die fertigbereitete Sauce gegeben. Verfeinern kann man das Ragout noch durch Zugabe von Champignons, Hühnerkämmen, Oliven usw. Dieses Ragout verwendet man wie das vorige zum Füllen von Tomaten, Nestchen, römischen Pasteten, Muscheln usw.

49. Brätkügelchen.

Kalbsbrät . . . . 1500 g
Eierschnee . . . . .von 5 St.
Petersilie . . . . 2 Eßl.
Salz, Gewürz.

Eine Portion braune oder weiße Sauce. In das abgeschmeckte, mit Petersilie gemischte Kalbsbrät mischt man leicht den Eierschnee, füllt davon in einen Spritzsack mit weiter glatter Tülle und spritzt davon in fast kochendes Salzwasser Kügelchen, die man 2—3 Minuten leicht ziehen läßt, zieht sie mit dem Schaumlöffel heraus, indem man sie mit heißem Wasser nachspült und in der fertigen Grundsauce noch 1—2 Minuten kochen läßt.

50. Gemüsewürstchen auf dem Rost (Saucischen)

Die Würstchen legt man 1—2 Minuten in ganz heißes Wasser, zieht sie heraus und trocknet sie ab. Werden sie auf dem Rost gebraten, so bestreicht man die Würstchen auf beiden Seiten mit Öl oder zerlassener Butter, legt sie auf den bebutterten Rost und gibt sie in den Ofen. Ist die eine Seite schön braun, so werden sie gewendet. Zeitdauer 15 Minuten.

Hammelfleisch.

Der Hammel liefert das beste Fleisch im Alter von 2—3 Jahren. Gutes Hammelfleisch muß saftig rot und mit einer weißen Fettschicht, welche sich nicht trocken anfühlt, überzogen sein.

Das Fleisch soll nicht aufgeblasen aussehen. Im Spätsommer ist das Hammelfleisch am schmackhaftesten.

Lamm. Man unterscheidet das Milchlamm, das noch von der Muttermilch ohne Weide genährt ist und in Hälften und Vierteln gebraten wird, und das junge Hammeltier, das wie Hammel bereitet wird, aber viel zarter ist. Die Franzosen nennen dies „Pré salé". Die Hauptzeit für Milchlämmer ist von Anfang Dezember bis Ende April. Gutes Lammfleisch hat festes Fleisch und Fett. Weiches rötliches Fleisch und gelbes Fett ist zu vermeiden. Das Vorderviertel gilt als der zarteste Teil vom Lamm. Beste Stücke zum Braten: Keule und Rücken.

1. Hammelkeule gebraten, englisch.

1 Hammelkeule . . . . 3000 g
Salz . . . . 15 g
Rahm . . . . 125 g
Kartoffelmehl . . . . 10 g
Wasser . . . . 250 g

Die Keule wird gebürstet, geklopft, das Bein gekürzt und das lose Fett abgeschnitten, in die Pfanne gelegt, mit $\frac{1}{4}$ Liter kochendem Wasser begossen, gesalzen und im heißen Ofen unter fleißigem Begießen mit dem herausbratenden Fett unter Nachfüllen des übrigen Wassers gebraten. Die Sauce wird entfettet, mit Rahm und Kartoffelmehl verrührt, aufgekocht und durchgesiebt. Der Braten muß knusperig sein. Zeitdauer 3—4 Stunden.

2. Hammelkeule, gespickte.

Zubereitung des Bratens wie oben, nur wird die Keule enthäutet und entfettet und gespickt und mit heißer Butter übergossen. Zeitdauer 2 Stunden.

3. Hammelrücken, gespickt, oder falscher Rehbraten.

1 Hammelrücken . . . . 3000 g
Speck . . . . 65 g
Salz . . . . 10 g
Butter . . . . 65 g
Rahm . . . . 250 g
Kartoffelmehl . . . . 5 g
Wasser . . . . 500 g

Der Rücken wird geklopft, gehäutet und die Rippen gekürzt, die Schaufeln abgelöst, das Fett weggeschnitten und gespickt, in den Bratofen geschoben, indem man braune Butter darüber gießt, und fertig gebraten. Die Sauce wird mit Kartoffelmehl und Rahm gebunden.

4. Hammelkotelettes.

Hammelkotelettes	16 St.
Butter	100 g
Jus	125 g
Kartoffelmehl	10 g
Salz.	

Die Kotelettes werden vorbereitet, die Rückgratknochen sauber geputzt und die Kotelettes geklopft. Man bratet sie in brauner Butter, auf 70 g 3½ Minuten gerechnet, und salzt und pfeffert sie dann. Das Fett wird abgegossen und der mit Weizenmehl gebundene Fond über die Kotelettes gestrichen. Man kann auch die Abfälle der Kotelettes mit Wurzelwerk kochen. Die Knochen der Kotelettes werden mit Papiermanschetten verziert. Zeitdauer 1 Stunde, mit Zurichten gerechnet.

5. Hammelkotelettes auf dem Rost.

Hammelkotelettes	16 Stück
Butter	80 g
Käse	30 g
Stoßbrot, Salz.	

Die Kotelettes werden wie in voriger Nummer vorbereitet, geklopft, durch geschmolzene Butter, dann durch die Mischung von Stoßbrot, Salz und Käse gezogen und im ganzen 5 Minuten auf dem Rost gebraten und, wenn die eine Seite braun ist, einmal gewendet. Zeitdauer ¾ Stunden. Man kann die Kotelettes auch eine Stunde in zerlassener Butter stehen lassen und ohne Stoßbrot und Käse fertig machen.

6. Hammelkotelettes in Papier.

Werden wie Beefsteaks in Papier Nr. 36, S. 65, bereitet. Man serviert gerne Sauce dazu, wie z. B. Bearnaise-Sauce. Zeitdauer ½ Stunde.

7. Hammels-Ragout, braunes.

Wird wie Kalbsragout Nr. 17, S. 77, bereitet.

8. Hammelklößchen.

Werden wie Kalbsklößchen Nr. 24, S. 79, bereitet.

9. Hammel- oder Lamm-Soufflé.

Wird wie Rindfleisch-Soufflé Nr. 49, S. 68, bereitet.

10. Hammel- oder Lammpudding.

Wird wie Rindfleisch-Pudding Nr. 50, S. 69, bereitet.

11. Hammel- oder Lamm-Haschee.

Wird wie Rindfleischhaschee Nr. 47, S. 68, bereitet.

12. **Hammels-Pilav.**

Hammelfleisch . . . . 2500 g
Butter . . . . 150 g
Salz . . . . 30 g
Reis . . . . 1500 g
Bouillon . . . . 1500 g
Tomatenpüree . . . . 9 Eßl.

Das Fleisch wird in gleichmäßige 2 cm große Würfel geschnitten, in der Butter gelb gebraten und gesalzen. Dann gibt man den gewaschenen Reis und die Bouillon dazu (die man aus den Abfällen des Fleisches gekocht hat), läßt alles zusammen weichschmoren, gießt vor dem Anrichten das Tomatenpüree dazu und schmeckt ab. Zeitdauer 2 Stunden.

13. **Lammfleisch** kann auf alle Zubereitungsarten des Hammelfleisches angewendet werden, nur braucht es etwas kürzere Bratzeit.

Schweinefleisch.

Das Schweinefleisch von gutgenährten einjährigen Tieren ist zart, hell und nicht zu fett. Das Fett soll weiß, die Schwarte oder Haut hell sein. Das 2—3 Wochen alte Schwein nennt man Spanferkel. Das Schweinefleisch ist sehr reich an Fettgehalt und infolgedessen etwas schwerer verdaulich.

14. **Geräuchertes Fleisch.** Gut geräuchertes Schweinefleisch ist für die Krankenkost in geeigneten Fällen zu verwenden.

15. **Gesalzenes oder gepökeltes Fleisch.**

16. **Schweinefleisch gedämpft** wie Rindfleisch Nr. 2, S. 57, bereitet. **Schweinefleisch geschmort.** Wird wie Rindfleisch Nr. 3, S. 57, bereitet.

17. **Schweinefleisch gebraten**, wie Rinderbraten Nr. 7, S. 58, zubereitet, nur verwendet man keine Butter dazu.

18. **Schweinshirn** wird zubereitet wie Kalbshirn.

19. **Schweinskotelettes.**

Schweinefleisch . . . . 1500 g
Butter . . . . 100 g
Fleischbrühe . . . . 125 g
Salz.

Die Kotelettes werden vorbereitet, gesalzen, geklopft und in heißer Butter auf beiden Seiten schön gelb gebraten; in die

Bratbutter gießt man, wenn das Fleisch angerichtet ist, etwas Fleischbrühe und gießt dies zu den Kotelettes. Zeitdauer 20 Minuten.

20. **Schweinskotelettes paniert.**
Die Kotelettes werden wie voriges Rezept vorbereitet und gebraten, nur wendet man sie vor dem Braten in Mehl, Ei und Stoßbrot. Zeitdauer 20 Minuten.

21. **Schweinszunge wie Kalbszunge Nr. 18, S. 78, zubereitet.**

22. **Schweinefleisch gebeizt,** siehe Rindfleisch Nr. 5, S. 58.

23. **Schweinsklößchen,** siehe Rindfleischklößchen Nr. 45, S. 67. Butter evtl. weglassen.

24. **Schweinefleisch-Pudding,** siehe Rindfleisch-Pudding Nr. 50, S. 69.

25. **Schweinsfilet gebraten für 3 Personen.**

Schweinsfilet	1 St.
Butter	20 g
Fleischbrühe	125 g
Salz.	

Das Schweinsfilet wird gehäutet, gesalzen, in der Bratenpfanne rasch angebraten. Die Sauce wird mit Rahm gebunden. Zeitdauer ¾ Stunden.

26. **Gespicktes Schweinsfilet.**
Zutaten wie oben und Speckstreifen. Das Filet wird nach dem Enthäuten gespickt und fertiggemacht wie voriges Rezept.

27. **Schweinsfilet gebeizt.**
Zutaten wie Nr. 25 und Buttermilch oder eine Beize. Das vorbereitete Fleisch wird 2 Tage gebeizt, getrocknet und gespickt und fertig gebraten wie Nr. 25. Zeitdauer ¾ Stunden.

28. **Schweinsfilet mit Rahmsauce.**
Dem gebeizten Schweinsfilet gibt man vor dem Anrichten eine halbe Tasse guten Rahm zu. Zeitdauer ¾ Stunden.

29. **Schweinsfilet mit Tomaten.**
Zutaten wie Nr. 25 und 1—2 Tomaten oder 1—2 Löffel Tomatenpüree. Zum Braten fügt man Tomaten oder Tomatenpüree und macht wie Nr. 25 fertig.

Schweinefleisch.

30. Schweinsfilet im Netz.
Das vorbereitete Schweinsfilet wird mit Salz eingerieben, mit gehackten Kräutern bestreut, in ein Netz eingewickelt und auf dem Rost oder am Spieß gebraten. Zeitdauer 1 Stunde.

31. Beefsteaks von Schweinsfilet.
Zubereitung der Beefsteaks wie Beefsteaks von Rinderfilet, siehe Nr. 32, S. 64.

32. Schweinsragout wie Kalbsragout, siehe Nr. 16, S. 77.

33. Schinken, geräucherter, gekocht.

1 Schinken . . . . 3500 g

Der Schinken wird mit Mehl abgerieben und in heißem Wasser gebürstet und in kaltem Wasser eine Nacht stehen gelassen. Am folgenden Tage wird er mit kaltem Wasser aufs Feuer gestellt und langsam weich gekocht. Die Weichheit untersucht man mit einer Spicknadel. Ein kleiner Schinken braucht ungefähr 3—4 Stunden, ein großer 4—5 Stunden. Will man den Schinken warm verwenden, so entfernt man die Schwarte, löst hinten etwas Fleisch vom Knochen und wickelt eine Papiermanschette darum. Verwendet man ihn kalt, so läßt man ihn im Sud erkalten. Zeitdauer 4—5 Stunden.

34. Im Brotteig gebackener Schinken.
Der Schinken wird gewässert, getrocknet und in Brotteig gehüllt und 2—4 Stunden im Ofen gebacken. (Beides geschieht an besten beim Bäcker.) Die Bouillon des Schinkens gibt einen guten Aspik, wenn man sie einkochen läßt mit Fleischextrakt, mit etwas Madeira abschmeckt und auf ½ Liter 6 Blatt Gelatine fügt und klärt.

35. Gebratener Schinken oder magerer Speck mit Ei.
Scheiben von rohem oder gekochtem Schinken oder rohem oder durchzogenem magerem Speck werden in Butter kurz gebraten, auf eine runde Platte gelegt und mit Setzeiern angerichtet. Zeitdauer 20 Minuten.

36. Schweins-Füße-, -Ohren, -Rippen, -Schnauzen, auch -Laffen und magerer Speck, gesalzen zu kochen.
Das Fleisch wird gewaschen und in kochendem Wasser aufgesetzt und 1½—2½ Stunden weichgekocht. Nach einer halben Stunde Kochen wird das Wasser probiert und wenn nötig noch Salz zugefügt.

37. Gesalzenes und geräuchertes Schweinefleisch wird in kaltem Wasser aufgesetzt. Zubereitung sonst wie voriges Rezept. Man kann auch beide Arten Fleisch in Gersten-, Reis- oder Hülsenfruchtsuppe kochen. Man kann das Fleisch auch eine halbe Stunde vorkochen und nachher in Sauerkraut weichschmoren.

38. Schinken-Crouton.

Model oder Englisches Brot	2 St.
Butter	100 g
Käse	160 g
Schinken	500 g
Setzeier	16 St.
Butter zum Backen.	

Das Brot wird in gleichmäßige Scheiben geschnitten, in zerlassener Butter gewendet und in geriebenem Käse gedreht. Zwischen je zwei solchen Brotscheiben legt man je eine Scheibe Schinken und drückt fest zusammen, läßt Butter heiß werden und bäckt die Schinken-Croutons auf beiden Seiten schön hellgelb (wenn sie dunkel sind, schmecken sie leicht bitter) und setzt beim Anrichten obenauf ein Spiegelei. Die Croutons dürfen nicht fett sein und müssen so rasch wie möglich serviert werden. Diese Croutons sind als Vorgericht zu sättigend. Man würde in diesem Fall nur eine Brotscheibe verwenden und das Spiegelei direkt auf den Schinken legen. Zeitdauer 1 Stunde.

Dritte Abteilung.

Geflügel.

Einkauf und Erkennungszeichen junger und alter Geflügel:

Lebendes gesundes Geflügel erkennt man an den lebhaften Bewegungen, dem leuchtend roten Kamm und glänzenden Augen.

Geschlachtetes Geflügel, Gänse und Enten, erkennt man an den blassen weichen Füßen, die sich leicht einreißen lassen. Die Pupillen sind von einem weißen Ringe umgeben, und der Schnabel ist blaßgelb. Bei alten Gänsen und Enten ist der Ring um die Pupillen gelb oder blau, die Füße sind dunkel und haben eine feste dicke Schwimmhaut.

Junge Hühner haben schlanken Körperbau und weiche Knochen, so daß man den Brustknochen leicht eindrücken kann. Auch haben sie lange spitze Krallen. Bei alten Hühnern sind die Krallen stumpf und abgelaufen.

Junge Tauben haben zarte, oft dick mit Federn bewachsene, meist blaßrosa Füße. Ferner müssen gute Tauben fett sein mit voller fleischiger Brust.

Wildgeflügel kann man ungefähr an den gleichen Merkmalen erkennen.

Ausnehmen und Dressieren des Geflügels. Ist das Geflügel sauber gesengt und die Stoppeln herausgenommen, so macht man zuerst auf der Rückseite des Halses dicht am Rumpf einen langen Schnitt in die Halshaut, so daß man die Gurgel und den Schlund herausziehen kann. Den Kopf hat man vorher abgeschnitten. Dann schneidet man den After hinweg, schneidet diese Öffnung nach der Brust zu etwas mehr ein, wobei man aber vorsichtig sein muß, damit man den Darm nicht einschneidet, löst an den Seitenwänden alles Eingeweide los, sucht den Magen fest mit zwei Fingern zu fassen und zieht mit diesem zugleich Leber, Fett und Eingeweide heraus. Die Leber wird vorsichtig von der Galle befreit und letztere mit den Därmen weggeworfen. Der Magen wird, wo die weiße Haut ist, aufgeschnitten, gebrüht und die inwendige harte Haut abgezogen. Nach dem Ausnehmen schneidet man die Flügel vor dem ersten Gelenk ab, zieht die Halshaut etwas nach dem Rumpf zu, schneidet die Füße im Kniegelenk ab oder man läßt sie daran, hält sie in kochendes Wasser, bis sich die Hornhaut leicht abstreifen läßt und verkürzt sie nur. Dann wird das Geflügel innen und außen gewaschen, getrocknet, gesalzen, Leber und Magen hineingesteckt, wenn man sie nicht zu Brötchen oder zum Füllen benutzen will. Dann wird das Geflügel dressiert, d. h. in gute Form gebracht. (Ist Füllung bestimmt, so wird es vorher noch gefüllt.) Man schiebt die Keule nach dem Rücken zu recht in die Höhe, damit die Brust recht hervorsteht und sticht mit einer Packnadel, in die man einen dünnen Bindfaden gezogen hat, durch die linke Keule, dann quer durch den Leib und durch die rechte Keule, sticht dann durch den rechten Geflügelknochen um den Hals, den man eventuell auf die Seite zurückgebogen hat, oder wenn dieser abgeschnitten ist, durch die zusammengedrückte Halshaut, dann durch den Rücken und durch den linken Flügelknochen, zieht nun beide Enden des Bindfadens fest zusammen und bindet sie. Man kann die Brustseite mit einer Speckscheibe belegen, dadurch bleibt die Brust saftiger beim Braten.

Das Auslösen der Knochen bei rohem Geflügel zu Galantinen. Das zahme oder wilde Geflügel wird gesengt, die Stoppeln sauber entfernt und die Flügel und Keulen am Kniegelenk abgehackt und gewaschen, ausgenommen wird es nicht.

Dann legt man es mit der Brust nach unten auf das Brett, durchschneidet mit einem scharfen spitzen Messer die Rückenhaut vom Steiß an mitten auf dem Rücken entlang bis zum Anfang des Halses, zieht Schlund und Gurgel heraus und löst dann die Haut mit dem Fleisch vorsichtig nach beiden Seiten vom Knochengerippe rein ab, ohne dabei die Haut zu verletzen. Die Keulen und Flügelknochen schneidet man an der Stelle, wo sie am Rückgrat festsitzen, los, ohne die Haut zu beschädigen und fährt nun mit dem Ablösen des Fleisches vom Gerippe fort. Ist die obere Seite abgelöst, so dreht man das Geflügel um und löst es auch an der andern Seite vollständig ab. Dann wird der Steißknochen durchschnitten, das Gerippe am Halse angefaßt und herausgehoben. Zuletzt entfernt man von innen heraus die Keulen und Flügelknochen, indem man am inneren Keulenknochen das Fleisch löst und auch von außen rings um den Kniegelenkknochen. Dann läßt sich der Knochen leicht herausziehen. Die Flügelknochen lassen sich ebenso entfernen. Die entknöchelten Keulen und Flügelansätze werden dann nach innen gezogen. Dieses ausgebeinte Geflügel wird dann gefüllt und zugenäht, das Gerippe wird von den Eingeweiden befreit und mit der Galantine oder in Fleischbrühe gekocht.

1. Geflügelbraten.

Das vorbereitete, inwendig gesalzene, dressierte Geflügel wird auswendig gesalzen, in die Bratpfanne gelegt und mit heißer Butter oder Fett übergossen, in gut heißem Ofen gebraten. Man muß es braten hören (prasseln), sonst ist der Ofen zu kalt. Wenn das Geflügel etwas angebraten ist, gießt man etwas warme Flüssigkeit zu und übergießt es damit. So wird das Geflügel unter öfterem Begießen fertig gebraten. Wenn sich die Schenkel weich anfühlen, so ist es gar. Vor dem Tranchieren läßt man es 5 Minuten stehen, damit sich der Fleischsaft wieder verteilen kann. Dann wird der Faden herausgezogen, der Fleischsaft mit etwas Wasser und Jus oder saurem Rahm aufgekocht und zum Geflügel serviert. Die weggeschnittenen Hälse und ausgenommenen Magen, Herzen, Lunge und die gesäuberten Füße können mitgebraten und nebst dem Fonds aufgekocht werden. Sonst kann man sie auch in den Suppenhafen geben und zu Bouillonkochen verwenden, auch kann man Hühnerbrötchen davon machen. Bratzeit je nach Größe und Alter.

Das weiße Geflügel ist leichter verdaulich als das schwarze Geflügel.

Geflügel.

2. Gekochtes Huhn

Hühner	2 St
Suppengrün	100 g
Wasser	3000 g
Salz	30 g

Die Hühner werden vorbereitet, dressiert, eventuell Herz, Leber und Magen vorher hineingesteckt Das Wasser wird mit Suppengrün und Salz heiß gemacht, das Huhn hineingelegt und zugedeckt langsam gekocht. Nachdem es weich ist, was etwa 1¼—1½ Stunden dauert, vorausgesetzt, daß es ein jüngeres Huhn ist (ein altes Huhn braucht 3—4 Stunden Kochzeit), nimmt man es mit dem Schaumlöffel heraus und legt es sofort einen Augenblick in kaltes Wasser, um es weiß zu machen und abzukühlen. Dann zerlegt man es zu beliebigen Gerichten. Das Hühnerfleisch muß aber sofort, je nachdem man es verwenden will, mit Bouillon, Zitronensaft und Öl oder mit Weißwein mariniert werden und darf nicht trocken stehen bleiben. Größere und kleinere Fleischstückchen werden gesondert fortgestellt. Knochen und Hals zerkleinert man und kocht sie in der Bouillon, welche man zu Sauce und Suppen verwendet, noch eine Stunde langsam aus. Zeitdauer der Zubereitung 2½ Stunden.

3. Huhn mit Reis in einer Form (für 4—6 Personen).

1 Portion Bouillonreis . . . . . . 250 g

1 Portion Frikassee-Sauce, siehe Saucen mit Mehlschwitze Nr. 3, S. 129.

1 kleines gekochtes zerlegtes Huhn schichtweise in eine Form gepackt, die Oberfläche mit Käse bestreut, mit Butter beträufelt im Ofen eine Viertelstunde gebacken. Sehr hübsch wird der Reis durch Beträufeln mit Krebsbutter. Zeitdauer 3 Stunden.

4. Huhn im Reisrand.

In die Mitte des gestürzten Reisrandes wird das zerlegte nach Belieben ausgeknöchelte Huhn gelegt. Man überfüllt es mit Frikasseesauce und gibt den Rest in der Sauciere dazu. Zeitdauer 3 Stunden.

5. Frikassee von Huhn (für 4 Personen).

1 kleines junges Huhn.

Butter	40 g
Mehl	30 g
Bouillon	500 g
Petersilie.	

Das geteilte Huhn wird mit klarer Fleischbrühe oder Wasser angesetzt — angekocht und abgeschäumt. Mit Butter und Mehl eine ganz weiße Mehlschwitze gemacht, mit der Hühnerbrühe abgelöscht, mit Zitronensaft und Weißwein abgeschmeckt. Mit Reis oder Fleurons serviert.

6. Huhn en casserole mit feinem Ragout.

Man bereitet ein Hühner-Frikassee wie im vorigen Rezept, gibt der Sauce zuletzt Scheiben von gedämpfter Kalbsmilch. Champignongs, Wurstscheibchen, gekochte grüne Erbschen, auch Blumenkohlröschen und Eierstichwürfelchen dazu, richtet das Huhn in der Mitte der Schüssel an und garniert mit dem Ragout ringsherum. Zeitdauer 2½ Stunden. Dies Ragout kann auch in Vol aux vents gegeben werden.

7. Backhähnchen.

Junge möglichst lebende Backhähnchen 5 St.
Mehl . . . . 140 g
Eier . . . . 2 St.
Stoßbrot : . . . . 140 g
Backfett, Petersilie und Zitrone.
Salz.

Die Hühner werden eine Stunde vor der Bratzeit geschlachtet (es können auch gelagerte verwendet werden). Man rupft sie sofort, was in diesem Fall noch durch Eintauchen in kochendes Wasser erleichtert wird, trocknet und sengt sie, nimmt sie aus und schneidet sie der Länge nach in zwei Hälften. Man salzt und paniert in Mehl, dann in Ei und Stoßbrot recht gleichmäßig. Das Fett muß im eisernen Topf dampfen. Man legt die Hühner hinein, läßt aber nach jedem Stück eine kleine Pause eintreten, damit das Fett sich wieder erhitzt und die Panade nicht abweichen kann und backt die Hühner zu schöner Farbe. Man zieht den Topf, wenn die Kruste hart ist, etwas zur Seite, damit sich die Hühner nicht zu schnell bräunen. Man richtet die Hähnchen, entfettet mit Salz bestreut, mit Zitronenvierteln und Petersilie an. Zeitdauer ¾ Stunden.

8. Gebratenes Huhn am Spieß.

Das vorbereitete, dressierte, in zerlassener Butter eine Stunde marinierte Huhn wird an den Spieß gesteckt und mit stiller Butter übergossen, in den Bratofen gegeben und unter öfterem Drehen gargebraten; je nach Größe und Alter 1 bis 1½ Stunden. Unter das Huhn wird die Bratpfanne mit etwas Wasser gestellt, damit der herauslaufende Saft des Huhnes hineintropft. Dieser wird vor dem Anrichten mit etwas Kartoffelmehl gebunden.

9. **Poularde gebraten.** Wie Geflügelbraten, etwas längere Bratzeit.

10. **Junge Taube gebraten.** Wie Geflügelbraten. Bratzeit in heißem Ofen 20—25 Minuten.

11. **Taube gefüllt.** Die vorbereitete Taube wird mit Brot oder Reisfülle gefüllt, zugenäht und in 40 Minuten mit Butter gebraten.

12. **Junge Ente gebraten.** Wie Geflügelbraten, nur wird die Ente nach dem Vorbereiten 5 Minuten in kochendem Salzwasser gekocht, getrocknet und gebraten. Bratzeit für eine junge Ente eine Stunde.

13. **Ente gebraten und gefüllt.** Die Ente wird nach dem Vorbereiten mit halbweichgekochten in Butter durchgeschwitzten Kastanien gefüllt, zugenäht und fertig gemacht wie voriges Rezept. Man kann auch statt nur Kastanien halb Kastanien und halb Äpfel verwenden. Bratzeit 2 Stunden.

14. **Fasan** bratet man mit Speckscheiben umwunden in Butter dunkelgelb und weich. 1½—2 Stunden. Der Bratensatz wird entfettet und mit saurem Rahm verkocht. Ist dies für Patienten nicht erlaubt, dann mit Fleischbrühe.

15. **Birkhuhn.**
16. **Krammetsvogel.**
17. **Rebhuhn.**
18. **Schneehuhn.**
19. **Wasserhuhn.**

Diese werden nur leicht gesalzen, mit Speckscheiben umwunden, in Butter langsam gebraten. Man gieße während des Bratens nach und nach heiße Fleischbrühe, evtl. auch süßen oder sauren Rahm dazu.

Krammetsvögel brauchen eine halbe Stunde, Birkhuhn, Rebhuhn, Schneehuhn und Wasserhuhn eine Stunde. Wenn sie sehr zart sind nur 40 Minuten.

20. **Klösschen oder Farce von Geflügel.** Ist wie Nr. 45, S. 67 zu bereiten. Die Haut des Geflügels muß vor dem Zerkleinern entfernt werden und findet durch Auskochen zu Suppe oder Sauce Verwendung.

Vierte Abteilung.

Wild.

Die wertvollen Stücke vom Wild wie Rücken und hintere Läufe werden gewöhnlich zum Braten, Kotelettes usw. verwendet, während die kleinern Stücke gebeizt werden. Will man Wild längere Zeit aufbewahren, so läßt man es abgezogen im Balg, da es sich darin besser hält, nur weidet man es aus. Das Wild ganz frisch zu verwenden ist nicht ratsam, da es erst durch Hängen an einem luftigen Ort schmackhaft und zart wird. Der Wildbraten braucht etwas reichlicher Fett als anderes Fleisch, daher spickt man ihn, nachdem er gut gehäutet ist, recht reichlich mit feinen Speckstreifchen. Wildbraten soll man im heißen Ofen braten und es wenn nötig mit Butterpapier decken, damit es nicht zu braun wird. Wildfleisch verlangt viel Butter und Rahm. Vielfach ist es beliebt, den Wildbraten einige Tage zu beizen oder einzulegen. Dies Verfahren ist geeignet das Fleisch mürber zu machen, da man es auf diese Weise älter werden lassen kann, sowie durch den Einfluß der Beize selbst die Fleischfasern gelockert werden. Öfters beizt man das Fleisch auch, um ihm pikanten oder kräftigen Geschmack zu verleihen, was aber bei Wild kaum nötig ist, da dieses an und für sich durch seine Ernährung würzig schmeckt. Man beizt auf verschiedene Arten und zwar mit süßer Milch, saurer Milch mit Buttermilch, mit Rahm, mit Rahmmilchmischung und mit Kefir. Von der Beize setzt man eventuell während des Bratens der Sauce etwas zu. Mit Milch beizt man 3—6 Tage. Eine andere Art Beize wird aus Wasser, Wein und Essig zu gleichen Teilen hergestellt. Dazu gibt man gern Suppengemüse, geschnittene Zwiebeln, eventuell Gewürz und Wachholderbeeren. Man kann das Fleisch 4—5 Tage in der Beize lassen. Die Weinbeize wird häufig kochend über das Fleisch gegossen. Man will dadurch das Austreten des Fleischsaftes verhindern, doch kann dann die Beize nicht so schnell in das Fleisch eindringen. Das Fleisch muß durchaus von der Beize bedeckt sein und nur irdenes Geschirr dazu verwendet werden. Das Fleisch muß kühl stehen und während des Beizens 2—3 mal umgewendet werden. Gehäutet, gespickt und gesalzen wird das Fleisch erst, wenn es aus der Beize kommt. Wildfleisch, welches nicht genug gelagert ist oder von älterem Tier entstammt, soll man dämpfen oder schmoren. Man kann das Spicken auch unterlassen, dann muß aber mehr

Butter verwendet werden als im Rezept angegeben ist. Ein gutschließender Topf ist hierzu nötig.

1. Rehrücken gebraten.

Rehrücken	1 St.
Speck	65 g
Butter	210 g
Rahm	250 g
Jus aus den Abfällen	125 g
Kartoffelmehl	10 g
Salz	10 g

Der möglichst gelagerte Rehrücken wird sehr rasch gewaschen, getrocknet, geklopft, gehäutet und geputzt. Der Hals wird, wenn er hoch steht, abgeschlagen. Die Rippen werden von beiden Seiten gestutzt. Dann spickt man den Rücken, legt eine Scheibe Speck unter den Rücken und bratet den Rücken unter fleißigem Begießen mit der braunen Butter und löffelweisem Zugießen von Rahm und Jus. In einer halben Stunde (bei größerer Stärke einige Minuten mehr) saftig und rosa. Man vollendet die Sauce, indem man sie mit gelöstem Kartoffelmehl bindet, aufkocht und durch ein Sieb gießt. Zeitdauer 2 Stunden. Die frischen Abfälle schlägt man klein und bratet sie mit wenig Butter oder Fett an, gießt dasselbe ab und kocht davon in zugedecktem Topfe unter Hinzufügen von Suppengrün und $3/4$ Liter Wasser eine Jus, die man zur Verlängerung der Sauce oder beliebig sonst verwendet. Vom Knochen macht man eine Wildsuppe. Der Rücken wird tranchiert, indem man vom Rückgratknochen und den Rippenknochen die beiden Fleischseiten fast trennt, dieselben in recht dünne Scheiben schneidet. Man richtet den Rücken auf einem länglichen von einem Schwarzbrot viereckigen Brotsockel, der ringsum mit Salatblättern verkleidet ist, an. Ein hübsch garnierter Spieß ziert den Braten.

2. Rehkotelettes.

Der Rehrücken wird gehäutet und in 1 cm dicke Kotelettes geteilt, die man etwas schräg schneidet und fertig macht wie Hammelskotelettes.

3. Rehschnitzel.

Man kann auch aus der gut ausgelösten gehäuteten Rehkeule Schnitzel schneiden und wie Kalbsschnitzel bereiten.

4. Rehkeule gebraten.

Rehkeule	1 St.
Speck	65 g

Butter	100 g
Speckplatte	50 g
Saurer Rahm	750 g
Kartoffelmehl	6 g
Papiermanschette.	
Kochendes Wasser	250 g
Salz	10 g

Die Keule wird vorbereitet, gehäutet und gespickt, das Bein wird etwas gekürzt und das Fleisch vorn abgeschnitten, das Gelenk eingebrochen. Die Keule wird mit kochendem Wasser begossen, eine Minute in den Ofen geschoben und abgegossen. Dann wird die Butter gebräunt, die Keule auf einer Speckplatte in die Pfanne gelegt, mit Salz bestreut und mit heißer Butter begossen. Der Ofen muß stark vorgeheizt sein. Unter fleißigem Begießen und Zugießen von der aus den Abfällen gewonnenen Jus und Rahm wird die Keule gargebraten. Die Sauce wird mit Kartoffelmehl gebunden und etwas davon über die angerichtete Keule gegossen, deren Bein man mit einer Papiermanschette umhüllt. Man rechnet 12 Minuten auf 1 Pfund, durchgebratener 15 Minuten per Pfund. Zeitdauer 2 Stunden.

5. Wildsteaks.

Man kann auch Steaks aus den Nüssen der gelagerten, gehäuteten Keule schneiden und diese wie Rumpsteaks braten.

6. Hasenbraten.

Der ausgeweidete und abgezogene Hase wird rasch gewaschen, Kopf und Hals haut man ab, Brust und Bauch ebenfalls. Die Vorderläufe löst man ab, häutet sie und bratet sie später mit. Der Hasenrücken und die Hinterläufe werden gehäutet und gespickt, dann legt man den Braten in die Bratpfanne, indem man eine Scheibe Speck unterlegt, bestreut ihn mit feinem Salz und begießt ihn mit heißer Butter. Zu dem angebratenen Hasen gießt man abwechselnd nach und nach den Rahm und etwas heißes Wasser und läßt ihn unter fleißigem Begießen fertig braten. Dann rührt man das Kartoffelmehl und einige Löffel Rahm an die Sauce, glasiert den Hasen noch einige Minuten damit und richtet ihn auf langer Schüssel an. Tranchiert wird der Hasenrücken wie Rehrücken. Ein junger ausgewachsener Hase ist in 35 Minuten, der Rücken in 25 Minuten gar. Ein alter Hase in 1½ Stunden. Ein Hasenrücken ist für 4 Personen ausreichend. Aus dem übriggebliebenen rohen Hasenfleisch wird Hasenpfeffer bereitet. Zeitdauer 3½ Stunden.

7. Hase gedämpft.

Gute Verwendung eines alten Hasen. Der Hase wird wie in vorigem Rezept vorbereitet und gespickt, in Portionsstücke geschlagen und in brauner Butter auf der Pfanne angebraten. Man gibt die Butter in den irdenen Topf, legt Speckscheiben, Gewürze und gesalzene Hasenstücke darauf und gießt den Rahm, den man mit Kartoffelmehl verquirlt hat, darüber. Man verschließt den Topf sehr gut und läßt den Hasen im Ofen bei langsamer Hitze 2½ Stunden dämpfen, richtet den Hasen, die Speckscheiben dazwischen gelegt, an. Der Fond wird mit etwas warmer Flüssigkeit aufgebürstet, durch ein Sieb gestrichen und wenn nötig verdünnt und entfettet. Etwas Sauce gießt man über das Hasenfleisch. Zeitdauer 3½ Stunden.

8. Kaninchen, wildes und zahmes.

Wird wie Hase zubereitet, eventuell statt des Spickens mit Speckplatten belegt. Rücken von Kaninchen ist meist trocken, Läufe und Schenkel sind besser. Die Schenkel von jungen, fetten und gut abgelagerten sind, wenn gut zubereitet, so weiß und zart wie junges Huhn.

9. **Wildfleischklößchen.**
10. **Wildfleischpudding.**
11. **Wildfleischsoufflé.**
12. **Wildfleischhaschee.**

Zu diesen Gerichten verwendet man gern die gut ausgesehnten Vorderblätter vom Reh. Vom Hasen nimmt man die Läufe und Schenkel.

Man richtet sich hierfür nach den gleichen Rezepten wie für Rind- und Kalbfleischspeisen selber Art.

Fünfte Abteilung.

Fische.

Das Fleisch der Fische ist im allgemeinen arm an Fett, mit Ausnahme des Aales. Verschiedene Fisch-Sorten sind sehr leicht verdaulich und werden daher viel als Krankenspeise verwendet. Da die Fische schnell in Verwesung übergehen, kauft man sie am besten lebend ein und verwendet sie so schnell wie möglich.

Einkauf. Tot eingekauft sollen die Fische frischrote Kiemen und festes Fleisch haben. Längere Zeit gelegene Fische haben blasse Kiemen und fühlen sich weich an. Will oder muß man dieselben dennoch 1—2 Tage aufbewahren, so werden sie geschuppt, ausgenommen und mit einem Tuch abgetrocknet und aufs Eis gelegt, aber nicht direkt, sondern auf einer Porzellanplatte oder auf einem Tuch. Auch in Brennesseln halten sich die Fische gut.

Behandlung des Fischs in der Küche.

Man bereitet ihn vor, wässert ihn nicht, sondern wäscht ihn nur und übergibt ihn so schnell wie möglich dem Kochverfahren.

Ganze Fische setzt man mit heißem Wasser an, damit das Ausrinnen gewisser Stoffe durch die Haut verhindert wird.

Fische in Stücken sollen in heißem Wasser bereitet werden. Das Kochgefäß soll nicht geschlossen werden.

Das Abschrecken durch Bespritzen mit kaltem Wasser nach dem Kochen macht den Fisch blätterig.

Das Salzen ist bei den Fischen sehr wichtig. Die Zeit des Kochverfahrens ist so kurz, daß das Kochwasser mit Salz reichlich versehen sein muß, wenn das Salz dem Fischfleisch zugute kommen soll. Kleine Fische bedürfen weniger Salz, da sie kürzere Kochzeit brauchen.

Gefrorene Fische müssen in der warmen Küche erst völlig auftauen, ehe sie gekocht werden dürfen. Anderseits dürfen sie aber nach dem Schmelzen des gefrorenen Wassers nicht lange stehen, da hierdurch die Zersetzung sehr rasch eintritt.

Fische tötet man, indem man sie mit einem harten Gegenstand stark betäubt und durch einen Schlag auf den Kopf tötet. Man schuppt sie ab, indem man auf einem angefeuchteten Brett mit einem Tuch den Schwanz festhält und von diesem aus mit scharfem Messer schräg und langsam nach aufwärts fahrend die Schuppen ablöst oder langsam streifenweise abhebt.

Fische, die blau gekocht werden, sollen, wenn sie mit Schleim gedeckt sind, nicht geschuppt werden, wie Forellen, Schleie und Karpfen. Man behandelt sie sehr sorgsam auf feuchtem Brett, ohne den Schleim zu verletzen, und schlachtet sie so kurz vor dem Kochen wie möglich.

Das Ausnehmen der Fische. Man schlitzt mit scharfem Messer den Leib von der Darmöffnung bis gegen den Kopf zu auf, entfernt die Eingeweide sorgfältig und gibt acht, daß die Galle nicht verletzt wird. Die Haut, unter welcher das Blut liegt, muß ebenfalls entfernt werden, dann wird der Fisch recht sauber ausgewaschen und mit einem Tuch getrocknet. Die Hauptsache ist, den Fisch vor dem Zerplatzen zu bewahren, ihn festliegend, nicht hin- und herschwingend zu kochen. Besonders günstig ist für Patienten die Zubereitung der Fische in dem Sanogres-

Apparat. Hier kann der Fisch nur gesalzen ohne jede Zutat von Flüssigkeit oder Fett bereitet werden. Er wird durch langsame Wärmeeinwirkung gar gemacht und behält seinen vollen Saft. Die Fische werden serviert mit frischer, schaumig gerührter, zerlassener brauner oder weißer Butter oder Butter-Saucen oder geriebenem Meerrettig.

Von Süßwasserfischen sind zu empfehlen: Felchen, See- und Bachforellen, Hecht, Karpfen, Schleie, Schill und Zander, Zuger, Genfer Rötel, Lachsforellen, Saibling, Trischen.

Von Meerfischen: Kabeljau, Heilbutt, Turbot, Scholle, See- und Rotzunge, Dorsch, Schellfisch.

Zu den Fischsaucen lassen sich durch Auskochen der Köpfe und Gräten mit Suppengemüse gute Jus herstellen.

1. Fisch blau zu kochen.

```
Fisch  . . . . . . . . . . . . . . 3000 g
Salz   . . . . . . . . . . . . . .   90 g
Wasser . . . . . . . . . . . . . . 6000 g
```

Die Fische müssen auf einem Fischhalter oder auf einer Serviette in die Fischpfanne gebunden werden, nachdem sie wie angegeben vorbereitet sind, und mit soviel Wasser zugesetzt werden, daß sie bedeckt sind. Dem Wasser fügt man eine Zitrone und etwas Weißwein oder Essig bei. Großen Fischen reinigt man die Kiemen ganz besonders, indem man sie entfernt. Man bringt ganze Fische oder große Fischstücke in offenem Gefäß langsam zum Kochpunkt, läßt Fische von 3 Pfund an langsam 1 Minute kochen und setzt sie dann zum Ziehen zurück, möglichst ganz vom Feuer. Kleinere Fische nimmt man, wenn sie kochen, sofort vom Feuer, um sie garziehen zu lassen. Wenn das Fleisch an den Kiemen weiß, nicht mehr blutig ist, so ist der Fisch gar. Dann richtet man ihn an. Man kann den Fisch mit zerlassener Butter bestreichen und garniert ihn beliebig mit Petersilie, Salat, Kresse, Zitronen ausgestochenen Kartoffeln. Man gibt braune zerlassene oder schaumig gerührte wie auch frische Butter und verschiedene pikante Saucen dazu. Zu Karpfen gibt man gern Schlagrahm und Meerrettich.

2. Fischreste.

Fischreste müssen warm von Haut und Gräten genommen werden und dürfen nie trocken aufbewahrt werden. Sind sie zu warmen Speisen bestimmt, legt man sie in die Fischbrühe zurück, welche kalt ist, oder in Bouillon. Will man sie zu Mayonnaisen oder Salat verwenden, mariniert man sie in Essig oder Zitronensaft, Öl und Salz und übergießt sie später abgetropft mit Mayonnaisesauce, richtet den Fischsalat an und garniert ihn beliebig. Fischgräten und Häute sind zu Fischgallerte und zu Fisch in Aspik zu verwenden.

3. Fisch gedämpft, I.

Fisch	2000 g	250 g
Butter	80 g	15 g
Wasser	250 g	40 g
Salz.		

Ein flaches Geschirr mit Butter ausstreichen. Die Fischstücke oder die Fische vorbereitet und gesalzen nebeneinander hineinlegen, etwas kochendes Wasser dazugießen, kleine Butterstücke darauflegen und zugedeckt im Ofen oder auf dem Herd gardämpfen. Kleine Fische brauchen 10 Minuten, größere 20 Minuten.

4. Fisch gedämpft, II.

Fisch	2000 g	250 g
Butter	40 g	10 g
Öl	30 g	15 g
Bouillon	500 g	65 g
Maizena	15 g	3 g
Salz.		

Der Fisch wird gesäubert, gesalzen, in Milch und Mehl umgewendet, in bestem heißen Öl gelb gebraten, dann in eine mit frischer Butter dick ausgelegte Pfanne gelegt, Bouillon heiß dazu gegossen, mit Butterpapier gedeckt und gargedämpft, etwas 10—15 Minuten. Die Sauce bindet man mit Maizena und würzt eventuell mit Petersilie.

5. Fisch gebraten, I.

Fisch	2000 g	250 g
Butter	150 g	30 g
Salz.		
Zitronensaft, wenn erlaubt.		

Kleine Fische bratet man ganz, mittlere werden gespalten und große zerlegt. Nachdem sie gesäubert und gesalzen sind, trocknet man sie ab, wendet sie in Mehl um und bratet sie in heißer Butter langsam gelb. Die Butter wird über den Fisch gegeben. Durch Fühlen oder leichtes Schieben des Fischfleisches kann man sich überzeugen, ob der Fisch gar ist. Es hängt ganz von der Größe und Art des Stückes ab und dauert 10—20 Minuten.

6. Fisch gebraten, II.

Fisch	2000 g	250 g
Butter	150 g	25 g
Bouillon	400 g	60 g
Salz.		

Fisch salzen, in Mehl umwenden, schön bräunlich braten, anrichten. Den Fond in der Pfanne mit Bouillon aufkochen und besonders dazu servieren.

7. Fisch gebraten, III.

Fisch	1000 g	250 g
Butter	150 g	30 g
Bouillon	400 g	60 g
Salz.		

Fisch salzen, abtrocknen, in Mehl, Ei, Stoßbrot wenden, in der heißen Butter schön braun braten, anrichten, den Fond mit Bouillon abkochen und besonders servieren.

8. Fisch gebacken.

Der Fisch oder die Fischstücke sind zu panieren wie in vorigem Rezept und schwimmend in rauchheißem Fett zu backen; auf ein Sieb legen zum Entfetten und anrichten. Zu allen gebratenen und gebackenen Fischen serviert man gern Remouladensauce.

9. Fisch geschmort.

Fisch	2000 g	250 g
Butter	50 g	10 g
Rahm	500 g	60 g
Salz.		

Die vorbereiteten Fische salzen, Rahm darüber gießen und Butterstückchen darauf geben, im Ofen ohne Deckel schmoren. Es soll hellbraune Farbe haben. Der Fond wird glattgerührt und mit dem Fisch zusammen angerichtet oder in der Form selbst angerichtet.

Fisch geschmort mit Käse wie oben und das Ganze mit Käse bestreuen.

10. Gefüllter Fisch (Zander oder Hecht).

Fisch	2000 g	250 g
Butter	150 g	25 g
Fleisch- oder Fischsuppe	500 g	60 g
Salz.		

Fisch säubern, salzen, abtrocknen, von den unten angegebenen Zutaten eine Farce machen, den Fisch damit füllen, zunähen und in Butter bei öfterem Begießen und Nachgießen von Fischsuppe (Fischbouillon) in ca. ¾ Stunden im Ofen garbraten. Sauce mit etwas Kartoffelmehl binden.

11. Fischfarce.

Fischfleisch	250 g	35 g
Butter	125 g	20 g
Eier	2 St.	
Eigelb	2 St.	1 St.
Brot	60 g	8 g
Salz.		

Zubereitung der Farce wie Rindfleischklößchen Nr. 45, S. 67.

12. Fischklöße.

Eine Farce wie zu gefülltem Fisch Nr. 11, Klößchen abstechen und kochen oder braten.

13. Fisch-Krokettes.

Gekochtes oder gebratenes Fischfleisch	1500 g
Eine dicke Bechamelsauce	500 g
Eier	2—3 St.
Salz.	

Das Fischfleisch ohne Haut und Gräten in kleine Stücke schneiden, mit Sauce, Ei und Salz mischen und erkalten lassen. Kugeln oder Würstchen formen und in Stoßbrot wenden und schwimmend in rauchheißem Fett backen.

14. Fisch in Muscheln.

Fischfleisch	1750 g	200 g
Butter	125 g	20 g
Käse	50 g	8 g

1 Portion Bechamel, Tomaten oder einfache weiße Sauce.

Den gekochten Fisch von Haut und Gräten lösen, in kleine Stücke pflücken, in bebutterte Muscheln geben und mit der Sauce übergießen, Butterstückchen und Käse darauf, eventuell etwas Stoßbrot und in mäßig heißem Ofen, mehr Ober- wie Unterhitze, gelb backen, etwa 10 Minuten.

15. Gespickter Fisch. Dorsch, Hecht oder Zander.

Fisch	2000 g	200 g
Speck in feinen Streifen	80 g	10 g

man ebenso. Die Seiten- und Schwanzflossen werden abgeschnitten, die Zunge in Stücke geteilt und jedes Stück von Rogen und schwarzer Haut gesäubert. Man wäscht die Fischstücke schnell und trocknet sie ab, paniert sie in Mehl, Ei und Öl und einer Mischung von Mehl und Stoßbrot. Man backt die Fischstücke schwimmend unter häufigem Schütteln zu schöner, brauner Farbe. Man kann die Fische auch auf der Pfanne in brauner Butter braten. Entfettet, werden sie mit Petersilie und Zitronenstückchen umkränzt angerichtet, Zeitdauer 2 Stunden.

17. Dorsch, Hecht, Karpfen, Rotzunge, Schellfisch, Steinbutt, Zander können wie Zeezunge nach Nr. 16 gebacken oder gebraten werden. Sind auch von Haut und Gräten zu befreien. Zu diesen Fischen gibt man Mayonnaise- oder Tartarsauce. Diese Fische kann man auch zerlegen, indem die 4 Filets abgeschnitten und paniert und schwimmend in heißem Fett gebacken werden.

18. Fischfilet mit Sauce.

Fisch . . . . 3000 g
Butter . . . . 120 g
Saft einer Zitrone
Wasser . . . . 1000 g
1½ Portion Sauce
Salz.

Der Fisch wird abgezogen, entgrätet und in gleichmäßige Filets geschnitten. Man bebuttert eine Pfanne und legt die Filets, leicht gesalzen, mit Zitronensaft, 100 g und 4 Eßlöffel Butter begossen, in dieselbe ein, dämpft sie gedeckt langsam in 20 Minuten gar und richtet sie an. Die Gräten werden zerschlagen und mit Gewürz, Zwiebel und Wasser zu Fischbrühe gekocht. Man gießt sie durch und bereitet damit verschiedene Saucen (z. B. Bearnaise-, Champignon-, Holländische und Kapernsauce), überzieht die Filets damit und garniert sie. Zeitdauer 2 Stunden.

19. Fisch auf dem Rost.

Fisch . . . . 2000 g
Butter oder Olivenöl . . . . . . 200 g
Salz
Kräuterbutter.

Der vorbereitete Fisch wird mariniert, abgetropft und 3—4 Einschnitte gemacht (ungefähr 2 cm tief), mit feinem Olivenöl bepinselt und leicht gesalzen, auf den mit Öl bepinselten Rost gelegt und in mittelheißem Ofen oder in schwacher Kohlenglut auf beiden Seiten gebraten. 1 Kilo ungefähr 20 Minuten. Angeman ebenso. Die Seiten- und Schwanzflossen werden abgeschnitten, die Zunge in Stücke geteilt und jedes Stück von Rogen und schwarzer Haut gesäubert. Man wäscht die Fischstücke schnell und trocknet sie ab, paniert sie in Mehl, Ei und Öl und einer Mischung von Mehl und Stoßbrot. Man backt die Fischstücke schwimmend unter häufigem Schütteln zu schöner, brauner Farbe. Man kann die Fische auch auf der Pfanne in brauner Butter braten. Entfettet, werden sie mit Petersilie und Zitronenstückchen umkränzt angerichtet, Zeitdauer 2 Stunden.

17. **Dorsch, Hecht, Karpfen, Rotzunge, Schellfisch, Steinbutt, Zander** können wie Zeezunge nach Nr. 16 gebacken oder gebraten werden. Sind auch von Haut und Gräten zu befreien. Zu diesen Fischen gibt man Mayonnaise- oder Tartarsauce. Diese Fische kann man auch zerlegen, indem die 4 Filets abgeschnitten und paniert und schwimmend in heißem Fett gebacken werden.

18. **Fischfilet mit Sauce.**

Fisch . . . . 3000 g
Butter . . . . 120 g
Saft einer Zitrone
Wasser . . . . 1000 g
1½ Portion Sauce
Salz.

Der Fisch wird abgezogen, entgrätet und in gleichmäßige Filets geschnitten. Man bebuttert eine Pfanne und legt die Filets, leicht gesalzen, mit Zitronensaft, 100 g und 4 Eßlöffel Butter begossen, in dieselbe ein, dämpft sie gedeckt langsam in 20 Minuten gar und richtet sie an. Die Gräten werden zerschlagen und mit Gewürz, Zwiebel und Wasser zu Fischbrühe gekocht. Man gießt sie durch und bereitet damit verschiedene Saucen (z. B. Bearnaise-, Champignon-, Holländische und Kapernsauce), überzieht die Filets damit und garniert sie. Zeitdauer 2 Stunden.

19. **Fisch auf dem Rost.**

Fisch . . . . 2000 g
Butter oder Olivenöl . . . . . . 200 g
Salz
Kräuterbutter.

Der vorbereitete Fisch wird mariniert, abgetropft und 3—4 Einschnitte gemacht (ungefähr 2 cm tief), mit feinem Olivenöl bepinselt und leicht gesalzen, auf den mit Öl bepinselten Rost gelegt und in mittelheißem Ofen oder in schwacher Kohlenglut auf beiden Seiten gebraten. 1 Kilo ungefähr 20 Minuten. Ange-

Fische.

richtet und in die Einschnitte pikante Kräuterbutter gelegt und sofort serviert. Man serviert noch nach Belieben feine holländische Sauce dazu. Zu dieser Zubereitung eignet sich Heilbutt, Steinbutt, Kollin, Forelle, Felchen sehr gut.

20. Fisch au Gratin.

Fisch	1750 g	200 g
Butter	150 g	20 g
Käse	50 g	8 g

Wie Fisch in Muscheln, doch statt in Muscheln, in Gratinplatte ordnen und mit der Sauce übergießen. Statt der Sauce verwendet man auch einen Rahmguß von 800 g Rahm, 4 Eigelb, 2 ganzen Eiern und Salz. Für Fisch au gratin macht man gern eine Verzierung von feinem Kartoffelpüree. Diese Masse wird mit einem Dressiersack in Gitter-, Kranz- oder Rosettenform über den mit Sauce begossenen Fisch gespritzt. Nach Wunsch noch mit etwas Butter belegt und mit geriebenem Käse bestreut und leicht gebacken. Kleine Form 15 Minuten, große Form 30 Minuten.

21. Fischpüree wie Fleischpüree.

Fischfleisch	1250 g	125 g
Butter	40 g	8 g
Mehl	40 g	8 g
Fischsuppe	200 g	30 g
Fleischsuppe	500 g	60 g

22. Fisch-Soufflé.

Zubereitung wie Fleisch-Soufflé Nr. 49, S. 68 mit oder ohne Brandteig.

23. Fischpudding I.

Fischfleisch	1500 g	180 g
Butter	175 g	15 g
Eier	6 St.	1 St.
Rahm	200 g	25 g
Brot	175 g	22 g
Salz.		

Butter und Eigelb schaumig rühren, Salz und eingeweichtes, ausgedrücktes Brot dazugeben, dann das Fischfleisch, welches klein gehackt und passiert wurde, Rahm und Eierschnee untermengen, in Puddingform im Wasserbad kochen, ½—¾ Stunden, je nach Größe. Man serviert dazu irgendeine gute Sauce, die mit Fischbrühe bereitet sein kann.

24. Fischpudding II.

Fisch	1400 g	180 g
Bechamelsauce	40 g	10 g
Rahm	100 g	15 g
Eier	4 St.	1 St.

Salz.

Eigelb und Sauce gut verrühren, die übrigen Zutaten dazumischen und wie voriges Rezept Nr. 23 fertigmachen.

Sechste Abteilung.

Fleisch-Gallerte und kalte Fleischgerichte.

Fleischgallerte oder Gelee, auch Aspik genannt, erzielt man durch Auskochen leimhaltiger Fleisch- und Knochenteile, wie Kalbsfüße, Schweinsfüße, Ohren, Schnauzen und Kopf, besonders älterer Tiere; vom Geflügel Magen und Knochen. Man kann weiße und braune Fleischgallerte herstellen, weiße durch einfaches Auskochen der Fleisch- und Knochenteile, braune, indem man Fleisch und Knochen sowie etwas mageren rohen, geräucherten Schinken (in Würfel geschnitten) langsam in gutem Fett oder Butter schön braun bratet und weiterkocht. Etwas Zusatz von Suppengemüsen ist vorteilhaft für die Gelees. Sehr schmackhaft sind Gelees von Bratenjus und guter Fleischbrühe. Wenn sie nicht leimhaltig genug sind, werden sie mit Gelatine vervollständigt. Trübe Gelees klärt man nach Nr. 11 bis 13, S. 29. In Fällen, wo eine rasche Herstellung von Gelee verlangt wird, kann man auch mit verdünntem Fleischextrakt und Gelatine arbeiten. Für einen Liter Flüssigkeit 20 g Gelatine, 25—30 g Fleischextrakt und Salz nach Geschmack. Dies ist jedoch nur ein Notbehelf.

1. Weiße Fleischgallerte von Rindfleisch, Kalbsfuß und Kalbfleisch.

Rindfleisch	150 g	30 g
Kalbfleisch (Hesse)	200 g	40 g
Kalbsfuß, gebrüht	1 St.	200 g
Wasser	1500 g	400 g
Suppengemüse	125 g	25 g

Fleisch zerschneiden, die Knochen hacken, kalt aufsetzen und nach dem Aufkochen abschäumen, Suppengemüse hinzugeben und 3—4 Stunden langsam kochen (kann bis zur Hälfte einkochen), passieren und wenn erkaltet entfetten, klären, salzen, in hübsche Formen füllen und gestürzt servieren, oder im ganzen erkalten lassen und zu beliebigen Gerichten verwenden.

2. **Braune Fleischgallerte.**

Rindfleisch	150 g	30 g
Kalbfleisch	200 g	40 g
Kalbsfuß	1 St.	200 g
Schinken	80 g	20 g
Butter	50 g	15 g
Wasser	1500 g	400 g
Suppengemüse	125 g	25 g

Fleisch und Knochen, Schinken und Suppengemüse zer kleinern, in der Butter zu schöner brauner Farbe braten, mit kaltem Wasser ablöschen und 3—4 Stunden kochen, dann weiter behandeln wie Nr. 1.

3. **Gallerte von gemischtem Fleisch und Knochen,** wie Nr. 1.

Fleisch, Knochen und Haut von Rind, Kalb, Hammel, Schwein, Huhn, Taube, Ente, Gans oder von Wild.	1500 g
Suppengemüse	250 g
Wasser	2000 g

Alles zur Hälfte eingekocht, weiß oder braun (im letzteren Fall mit 80 g Schinken und der nötigen Butter anbraten).

4. **Fischgallerte.**

Wird von Fisch, auch nur von Fischhaut, Gräten, Köpfen und Knochen in der gleichen Weise wie Fleischgallerte gekocht.

5. **Käse-Aspik (sehr appetitanregend).**

Weiße oder braune Fleischgallerte . 250 g

Während des Erstarrens mit 15 g Käse, Emmenthaler oder Parmesan, oder beides gemischt verrühren, damit das Gelee gleichmäßig damit durchsetzt ist. Statt Käse kann man auch geriebenen Zieger verwenden.

6. **Kalte Gallertepastete.**

Zu einer mittelgroßen Pastete 1 Portion Pastetenteig.

Kalbsbrät oder Kalbfleischfarce	1000 g
Frisches mageres Schweine- oder Kalbfleisch	50 g
Speck, frischer.	50 g

Pistazien . . . . 12 St.
Schinken, Zungen, Gurkenstreifen,
Kapern
1 Eigelb, 1 Liter Gelee.

Der Teig wird in zwei ungleiche Stücke geteilt, für den Boden und den Deckel. Man rollt zuerst das kleinere Stück stark 3 bis 4 mm dick zu einer länglichen, viereckigen Platte aus und legt diese auf ein Backblech. Auf diese Platte wird eine fingerdicke Lage Fleischfülle in der Weise aufgetragen, daß ringsherum ein dreifingerbreiter Teigrand freibleibt, legt auf die Fleischfülle der Länge nach 2—3 halbfingerdicke, der Länge der Fleischfülle entsprechend lang geschnittene Stengel von rohem Fleisch, Speck, Schinken, Zunge, Cornichons. Kapern und Pistazien, deckt sie wieder fingerdick mit Fleischfülle zu und bestreicht den vorstehenden Teigrand mit Ei, rollt das größere Stück Teig ebenfalls 3—4 mm dick zu einer länglichen viereckigen Platte aus, groß genug, um den Teigboden mit der Fülle vollständig zu bedecken. Man drückt den Teig rings um die Fülle gegen den Boden, so daß beide Teile miteinander verbunden sind, schneidet den über dem Boden vorstehenden Teigrand ringsherum ab, bestreicht den flachen Rand mit geschlagenem Ei und rollt ihn gegen die Pastete zu auf, verziert diesen Rand mit der Teigzange oder Messer, bestreicht die ganze Oberfläche mit geschlagenem Ei, fährt mit der flachen Messerspitze leicht kreuzweise darüber ohne in den Teig einzuschneiden, macht auf der Oberfläche 1—3 Löcher so groß, daß man einen Finger durchstecken kann. Dann rollt man ein festes Papier zu Röhrchen auf und deckt dieses in die gemachte Öffnung, setzt die Pastete in ziemlich heißen Ofen und bäckt sie in $3/4$—1 Stunde gut durch, schön braun. Nachdem die Pastete einige Zeit im Ofen ist, wird man den Fleischsaft bei der Öffnung kochen sehen. Im Anfang ist er weißlich und trübe, wird aber nach und nach ganz klar. Sobald dies der Fall ist, ist die Pastete fertig gebacken. Man hebt sie heraus und läßt sie erkalten. Sobald sie kalt ist, läßt man den geklärten Sulz oder Gelee auf dem Feuer gut flüssig, aber nicht zu heiß werden und gießt denselben in Zwischenpausen und nicht zu viel auf einmal durch die gemachte Öffnung in die Pastete, läßt sie wenigstens bis zum andern Tag stehen, damit der Inhalt schön fest sei. Sollte es vorkommen, daß der flüssige Gallerich bei einer Öffnung der Teigumhüllung herausfließt, so knetet man ein Stück rohen Teig in den Händen, bis er weich ist, und verstreicht die Öffnung. Zum Servieren schneidet man die Pastete querüber in fingerdicke Stücke, dressiert sie auf die Platte und garniert sie mit gehacktem oder ausgestochenem Gelee, hartgekochten Eiern, Radieschen usw. Die Pastete kann man auch in einer langen viereckigen Blechform zubereiten. In diesem Falle wird die Form stark bebuttert, mit dem ausgerollten Teig ausgelegt, wie oben angegeben, mit Fülle und Fleisch gefüllt, mit dem Teigdeckel gedeckt, die Enden zusammengerollt, eine Öffnung ausgestochen und mit Eigelb bestrichen und wie die oben angegebene Pastete gebacken, und erkaltet mit Gallerich gefüllt. Sollte der Teig nicht ausgebacken sein, so stellt man sie nach dem Erkalten und Stürzen nochmals in den Ofen und füllt den herausgelaufenen Saft und Gelee nachher ein. Zeitdauer 5 Stunden.

7. **Falscher Salm.**

Kalbsfilet . . . . 2 St.
oder Kalbfleisch von der Keule . . 1500 g
1 Glas Weißwein.
Suppengrün.
Wasser . . . . 2500 g
1 Zwiebel.
1 Portion Mayonnaisesauce, dicke.
1 Eßlöffel Salpeter.
Sardellenfilet.
1 Portion Kopfsalat.
Petersilie.
Gurkenschwänzchen, Kapern, gekochte Eier.

Das Fleisch wird gewaschen, geklopft, gehäutet und entfettet. Vom abfallenden Fleisch macht man Gulasch. Das Fleisch wird stark mit Salpeter eingerieben und in ein irdenes Gefäß gelegt. Wasser, Suppengrün, Gewürz, Wein, Essig und Zwiebel nebst Salz kocht man auf und gießt es über die Filets. Man läßt es nun 3—6 Tage in der Beize liegen, indem man das Fleisch täglich wendet. Dann setzt man es in der siedend gemachten und noch durch 1 Liter Wasser verdünnten Beize zu und kocht es in einer halben Stunde, dickere Filets $\frac{3}{4}$ Stunden und Fleisch von der Keule in einer Stunde gar (soll nicht stark kochen). Dann läßt man es im Sud erkalten. Nachdem es auf länglicher Platte angerichtet und in Scheiben geschnitten wieder zu guter Form gebracht wurde, wird es mit einer dicken Mayonnaisesauce übergossen und mit Sardellenfilet, Kapern, Cornichons und Salat garniert. Zeitdauer ohne das Marinieren 2 Stunden.

8. Geflügel im Gelee.

Huhn oder Taube gedämpft oder gekocht, von Haut und Knochen befreit, tranchiert, in tiefer Form angerichtet und mit heller Fleischgallerte übergossen. Wenn erkaltet, gestürzt und mit Mayonnaise serviert.

9. Fisch in Aspik.

Von gekochtem Fisch schneidet man schöne gleichmäßige Stücke und legt sie in eine Form, gießt helle Fleisch- oder Fischsulz darüber, läßt erkalten, stürzt und serviert mit Mayonnaisesauce.

10. Kalbfleisch - Galantine.

Kalbfleisch	500 g
Schweinefleisch	500 g
Frischer oder geräucherter Speck	500 g

1 Kalbsnetz.

Zur Garnitur: Kapern, Speck, Schinken- und Zungenstreifen, einige Pistazien und etwas Trüffeln. Sud: Salz, Suppengrün, 1 Glas Weißwein und Wasser. Kalbfleisch, Speck und Schweinefleisch werden zwei- bis dreimal durch die Maschine getrieben und gewürzt. Einen Teil der vorbereiteten Masse streicht man in länglicher Form auf das vorbereitete Netz, 1 cm dick; darauf Streifen von Schinken, Speck und Zunge der Länge nach dazwischen. Trüffeln und Pistazien und Gurkenstreifen. Dann folgt eine Lage Fleisch, wieder Garnitur und so fort, bis alles aufgebraucht ist. Das Netz wird zusammengerollt, beidseitig zu einer Wurst zusammengebunden, fest in ein Tuch gewickelt und sehr straff gebunden. So wird die Galantine im Sud gekocht. Kochzeit 1 Stunde (langsam kochen). Man läßt sie im Sud erkalten und beschwert sie nachher. Der Sud wird zum Sulz geklärt, welcher zur Garnitur der Galantine verwendet wird. Zeitdauer 4 Stunden. Diese Galantine wird mit Mayonnaise und Sulz garniert.

11. Frühlingssalat, für 4—6 Personen.

Ein Kalbs- oder Rindshirn, ein Hirnsud, Marinade: Zitronensaft, Öl, Salz, gehackte Petersilie, Kopfsalat, Salatsauce, 2 hartgekochte Eier, Mayonnaisesauce, Kapern, Cornichons. Das gewässerte Hirn wird gehäutet, sorgfältig gekocht und zum Steif- und Weißwerden in kaltes Wasser gelegt und mariniert. Der Salat wird gewaschen, die grünen Blätter in Streifen geschnitten und die Herzchen in vier Teile geteilt und jedes für sich mit Salatsauce angemacht. Den streiflich geschnittenen Salat gibt man auf eine Glasschale, gibt das Hirn kranzartig in die Mitte und garniert mit den gekochten Eierviertel und Salatherzchen. In die freie Mitte gibt man die Sauce und garniert den Salat noch mit Kapern, Cornichons (und eventuell mit Krebsschwänzchen) und Sardellenstreifchen.

12. Oeufs mollets à la maison, für 4 Personen.
Ein Salatherz, 2 Tomaten in Scheiben, Salatsauce dazu, 2 gekochte Eier, 4 Croutons, dicke Mayonnaise, feingehackte Randen, 1—2 Stück, Gemüsesalat, sehr fein geschnitten (Erbsen, Kartoffeln, Karotten usw.). Auf runder Glasschale richtet man in die Mitte mit Hilfe von dicker Mayonnaise ein Salatherz an, legt die marinierten Tomatenscheiben in Rosenform darum, legt auf die 4 Seiten der Platte je ein in Öl oder Fett gebackenes Crouton (man kann auch Toast verwenden), die man in Größe eines halbierten Eies geschnitten hat, legt die gekochten halbierten Eier, runde Seite nach oben, darauf und garniert dieselben, nachdem man sie mit dicker Mayonnaise überzogen hat, mit den sehr feingehackten Randen. Den fertigen Gemüsesalat, den man sehr trocken hält, legt man in Häufchen zwischen die Eier.

Siebente Abteilung.

Mayonnaisen.

Mayonnaisen werden bereitet von kaltem Fisch, Hummer und Krebsfleisch, kaltem Fleisch, kaltem Geflügel und kaltem Gemüse. Die Zutaten hat man schön vorzubereiten und in gleichmäßige Stücke oder Filets zu zerteilen. Alle etwa vom Braten gefärbten Häute sind zu entfernen. Fische zerteilt man nach der Lage ihrer Schichten. Fisch- und Geflügelhäute müssen entfernt werden. Alle Zutaten sind einige Stunden mit Salz, Zitronensaft, Zwiebel, gehackter Petersilie zu marinieren und dann auf einem Sieb trocken abzutrocknen. Nur $3/4$ der Sauce wird mit den Zutaten gemischt. Das letzte Viertel wird über das fertig angerichtete Gericht gezogen, damit nichts von der Unterlage zu sehen ist. Man richtet die Mayonnaisen hoch an, da sie hübscher aussehen, dürfen dann aber nicht lange vor Gebrauch angerichtet werden, da sie nicht hübsch aussehen, wenn sie lange stehen. Man kann in die Mayonnaise, um sie dicker zu machen, etwas aufgelösten Aspik oder aufgelöste Gelatine geben. Man garniert Mayonnaisen mit Aspik, Eier, Gurken, Kapern, Oliven, Radieschen, grünem Salat, Sardellen usw.

Mayonnaisen.

1. Fleisch-Mayonnaise für 4 Personen.
200 g in Filet geschnittenes Fleisch.
1 Eßlöffel Öl.
1 Teelöffel Zitronensaft.
1 Portion Mayonnaisesauce.

Der feingeschnittene Braten wird mit Öl und Salz mariniert, mit Mayonnaisesauce gemischt und nach dem Anrichten mit Mayonnaise überzogen.

2. Hühner-Mayonnaise für 4 Personen.
1 junges gekochtes Huhn oder die Brüste von 2 älteren Hühnern.
1 Eßlöffel Öl, 1 Prise Salz, 1 Portion Mayonnaisesauce.

Das Huhn wird gehäutet, in Stücke zerlegt, mariniert, mit Mayonnaisesauce angerichtet und garniert.

3. Geflügel-Mayonnaise.
Man kann auch andere zarte Geflügelarten mit Mayonnaisesauce verwenden.

4. Fisch-Mayonnaise.

Fisch	750 g
Zitronensaft	1 Teel.
Öl	1 Eßl.

1 Prise Salz.
Mayonnaisesauce.

Der gekochte Fisch muß recht vorsichtig mit Öl und Salz mariniert werden; abgetropft, richtet man die Fische lagenweise mit Mayonnaisesauce bezogen, an und überzieht das Gericht vor dem Gebrauch mit einer dicken Schicht Mayonnaise und garniert beliebig.

5. Mayonnaise von Dorsch, Hecht oder Kabeljau, Karpfen, Lachs, Schellfisch, Zander, Felchen und Forellen werden wie vorige Nummer bereitet.

6. Oeufs pochée à la nicaise (für 6 Personen).

Karotten	250 g
Bohnen	250 g
Erbsen	250 g
Mayonnaisesauce	½ Portion
Pochierte Eier	6 St.
Aspik	250 g

1 kleiner Blumenkohlkopf.
Salzwasser.

Die Gemüse werden weich gekocht und die Bohnen klein geschnitten und alle erkalteten abgekochten Gemüse mit Mayonnaisesauce gemischt; auf einer runden Platte richtet man bergartig an und legt die pochierten Eier kranzartig darum, die man mit Sulz überzieht und mit Mayonnaise anrichtet. Man kann auch Spargel oder andere Gemüse, wie es die Jahreszeit bringt, verwenden.

7. Setzeier à la Dreux (für 6 Personen).

Spargel	1 Büchse oder 1 Bund
Pochierte Eier	6—8 St.
Fleischsulz	1000—1500 g

Die Spargel werden nach Vorschrift weichgekocht und nur die zarten Spitzchen davon verwendet, welche man in eine Glasschale legt. Darauf gibt man die pochierten Eier und je nach Belieben auf jedes Ei eine Trüffelscheibe, gießt sorgfältig die klare fertige Sulz darauf, so viel, daß die Eier gut bedeckt sind, und stellt die Schüssel aufs Eis, damit die Sulz fest wird. Man serviert Mayonnaisesauce dazu. Man kann die Masse auch in einer Randform anrichten.

8. Hirn in Muscheln mit Mayonnaisen.

Das Hirn wird wie zu Frühlingssalat gekocht und vorbereitet und in Würfel geschnitten und auf Muscheln gelegt und mit dicker Mayonnaise übergossen. Man garniert den Rand mit Sulz, kleinen Radieschen und Petersilie.

9. Kaltes Ragout in Muscheln.

Kalbshirn	1 St.
Hartgekochte Eier	4 St.
Gurkenscheibchen.	
Erbsen, gekochte grüne	125 g
Einige Blumenkohlröschen.	
Mayonnaise und einige Sardellen.	

Hirn in Würfel schneiden, die Eier halbiert und ausgehöhlt und das Weiße in Würfel geschnitten, die Eigelb passiert und die vorbereiteten passierten Sardellen und Salz dazugemischt. Mit etwas Senf zu einem Teig gerührt, Klößchen geformt. Alle diese Zutaten in Muscheln gleichmäßig verteilt anrichten und Mayonnaise darüber gießen. Das Gericht soll möglichst eine Nachahmung von warmem Ragout sein. Zeitdauer 2 Stunden.

Achte Abteilung.
Pikantes.

1. Sardellenstangen.

Ganzblätterteig . . . . 1 Portion
Sardellen . . . . 10 St.
Eigelb zum Bestreichen.

Der fertige Ganzblätterteig wird gut messerrückendick ausgerollt und in Streifen geschnitten, auf je eine Schnitte ein Sardellenfilet gelegt, der Rand mit Wasser bestrichen, ein zweiter Teigstreifen daraufgelegt, zusammengedrückt und oben mit Eigelb bestrichen, eventuell mit Salz bestreut und in ziemlich heißem Ofen gebacken. Diese Sardellenstangen werden als Beilage zu Suppen und Gemüsen oder als Garnitur verwendet. Auch serviert man diese Stangen zum Vieruhrtee.

2. Sardellen reinigen und Anrichten.

Sardellen . . . . 125 g
Kapern.

Die Sardellen sollen weißrosig aussehen und zart und geschmeidig sein, was nur ältere gute Sardellen sind. Falls sie nicht zu Sauce oder Butter gebraucht werden, werden sie eine halbe Stunde in kaltes Wasser gelegt. Man gießt frisches Wasser auf und nimmt die Sardellen heraus. Die Sardellen werden auf Emailbrett liegend mit dem Messer von der weißen Haut gesäubert und der Länge nach geteilt. Von jeder Sardellenhälfte werden Flossen, Häute und Eingeweide entfernt; man spült jede Sardelle im Wasser ab und teilt die Hälften nochmals, so daß man von jeder Sardelle 4 Sardellenfilets erhält. Zum Anrichten schneidet man die äußersten Spitzen ab und ordnet nun 4 Reihen Sardellenfilets, innere Seite nach außen, darüber kreuzweise wieder 4, so daß man ein großes Viereck mit 9 kleinen Vierecken hat. Dann rollt man 6 Hälften in 12 Teile geteilt zu kleinen Rollen auf und garniert damit die Kreuzungspunkte. Über das Ganze streut man Kapern und begießt es nach Belieben mit Öl oder Zitronensaft. Sardellen für Kranke sollen in Milch und Wasser auswässern. Die Gräten verwendet man zu Sardellensauce.

3. Pikante Sandwiches.

Lachs	100 g
Eigelb, hartgekochte	4 St.
Sardellen	2 St. evtl. 4 St.
Kapern	1 Eßl.
Butter	60 g
Salz.	

1 Model- oder englisches Brot.
2 hartgekochte Eigelb.

Der geräucherte Lachs wird abgetrocknet, damit das Öl etwas aufgesogen wird. Dann wird er fein zerschnitten und mit den Eigelb und den vorbereiteten Sardellen verwiegt und mit Kapern, schaumig gerührter Butter und Salz vermischt. Dann wird alles durch ein Sieb gedrückt. Mit diesem Teig bestreicht man zierlich geschnittene Brotscheiben und bestreicht sie mit feingewiegtem Eigelb.

4. Belegte Brötchen.

Man nimmt dazu eine ganz flache Porzellanplatte oder Schüssel, stürzt auf die Mitte einen großen Teller, breitet eine kleine Serviette darüber und stürzt auf die Mitte eine Fleisch- oder Fischsulz, die man in einer kleinen Form hat erstarren lassen. Damit diese Sülze recht zur Geltung kommt, stürzt man sie auf einen 2—3 cm hohen Brotsockel, der so breit wie die Sulz ist, von Brot zurecht geschnitten, mit frischer Butter bestrichen und rings an den Seitenflächen mit Petersilie bestreut ist. Um diese Sülze legt man verschiedene belegte Brotscheiben. Eine Reihe ist mit frischer Butter oder Senfbutter bestrichen und mit Zungen und Wurstscheibchen abwechselnd belegt. Die zweite Reihe ist mit Sardellenbutter bestrichen, mit je einer hartgekochten Eischeibe belegt, über die kreuzweise zwei schmale Sardellenstreifchen gelegt sind und zwischen diese einige Kapern. Eine andere Reihe ist mit Lachsbutter etwas erhaben bestrichen, die vierte Reihe ist mit frischer Butter bestrichen, die man mit einem Löffel feingehackter Petersilie oder Schnittlauch verrührt hat und mit Kresseblättchen belegt. Zu den Brotscheiben benutzt man am besten das englische Brot, das man in kleinfingerdicke Scheiben schneidet und mit einem Blechausstecher zu runden Scheiben aussticht. Weder Belag noch Butter darf über den Rand der Brotscheiben gehen. Statt der Sulz kann man auch einen Berg frischer Radieschen anrichten. Zur Garnitur verwendet man auch weichgekochte, feingehackte Randen, hartgekochtes Eigelb, hartgekochtes Eiweiß, feingehackt, und gehackte Cornichons.

5. Hirnwürstchen oder Cannelons.

Ganzblätterteig . . ½ Portion $\begin{cases} 250\text{ g Mehl} \\ 250\text{ g Butter} \end{cases}$
Kalbshirn . . . . . ½
Butter . . . . . . 1 Eßl.
Petersilie . . . . ½ Eßl.
Hirnsud.
Eigelb.

Der Teig wird schwach messerrückendick ausgerollt und in fingerlange Stücke geschnitten. Das Hirn wird gewässert, gehäutet, gekocht und gröblich gehackt und leicht in Butter mit Petersilie durchgeschwitzt. Man streicht davon auf die Teigvierecke, klappt auf 2 Seiten 1 cm über das Hirn und rollt auf der anderen Seite zu einer Wurst auf. Die Enden legt man auf das gewässerte Blech und bestreicht die Oberseite mit Eigelb und bäckt in heißem Ofen.

6. Hühnerbrötchen.

Herz, Lunge, Leber von 2 Hühnern ½ Glas Jus, 1 Eßlöffel gehackte Peterlsilie, ¼ Liter Milch, 80—100 g Brot, Muskat, Salz, 60 g Butter, etwas Jus, gebackene Brotschnitten.

Herz, Lunge, Leber werden mit der Petersilie sehr fein gehackt. Dann kocht man Milch und Brot zu einem dicken Brei, schmeckt denselben mit Salz ab und fügt Butter und Jus und das Gehackte dazu, streicht die Masse auf die gebackenen Brotschnitten. Diese Schnittchen verwendet man als Beilage zu Gemüse oder als Garnitur zu Fleischplatten. Wird auch als selbständiges Gericht mit einer Sauce serviert. Zeitdauer ¾ Std.

7. Mosaikbrötchen.

Wiener Wecken . . . . 2 St.
Schinken . . . . 100 g
Sardellen . . . . 3 St.
Eier, hartgekocht . . . . 2 St.
Kapern . . . . 1 Eßl.
Butter . . . . 125 g
Zunge . . . . 100 g
Kalter Braten . . . . 100 g
Pistazien . . . . 1 Eßl.
Gurken und eine Trüffel.

Alle Zutaten werden in kleine Würfel geschnitten, mit der schaumig gerührten Butter gemischt, in die ausgehöhlten Wecken gefüllt und auf Eis oder an der Kälte liegen gelassen und nach dem Festwerden der Masse mit scharfem Messer aufgeschnitten.

Pikantes.

Die Masse wird vor dem Einfüllen mit Salz und Zitronensaft abgeschmeckt.

8. Sardinen anzurichten.

Sardinen	1 kl. Büchse
Ei, gekochtes	1 St.
Cornichons	3 St.

Kapern, Rande gekocht, gehackt, 2 kleine gekochte, feingehackte Karotten, Radieschen, Butterröllchen, Croutons. Die Sardinen werden möglichst kurz vor dem Anrichten aus dem Öl genommen und fächerförmig oder sternförmig auf eine Platte gelegt. Das Öl gießt man in eine kleine Sauciere und serviert es zu den Sardinen. Mit den vorbereiteten Garnituren legt man verschiedene schöne Formen um die Sardinen, wie z. B. ein Herz oder Kränzchen, Biedermeierformen usw. Die Butterröllchen und Radieschen verwendet man auch zur Garnitur. Man kann die Butterröllchen auch als Traube oder auf Croutons extra dazu servieren.

9. Butter, verschiedene.

Butter schaumig rühren. Harte Butter läßt man an der Wärme weich werden, aber nicht zergehen, und rührt so lange nach einer Seite, bis die Butter weiß und schaumig ist.

10. Kräuterbutter.

Butter	125 g
Kräuter, gewiegte	2 Eßl.
Zitronensaft	½ Teel.
Salz.	

Verschiedene Kräuter wie Kerbel, Petersilie, Schnittlauch werden in kochendes Salzwasser gelegt, aufgekocht, abgegossen und fein verwiegt. Dies wird mit der Butter, Salz und dem Zitronensaft gut durchgerührt.

11. Sardellenbutter.

Man rührt die Butter schaumig und fügt die gereinigten, entgräteten Sardellen dazu, fügt Salz und Zitronensaft und Butter dazu, streicht durch ein Sieb. Zubereitung eine halbe Stunde. Man kann der Sardellenbutter auch einen Löffel Kräuterbutter beifügen. Sardellenbutter läßt sich nicht gut aufbewahren.

12. Senfbutter.

Butter	125 g
Eigelb, hartgekochtes	1 St.
Tafelsenf	1 Teel.
Salz.	

Die Butter wird schaumig gerührt, das nicht zu hartgekochte Eigelb, Senf, Salz beigemischt und kaltgestellt. Zeitdauer ¼ Std.

13. Champignonbutter.

Butter . . . . 125 g
Champignons . . . . 60 g

Man rührt die Butter schaumig, verwiegt die Champignons recht fein und mischt beides gut, schmeckt mit Salz ab und streicht die Masse durch ein Sieb.

14. Schinkenbutter.

Schinken . . . . 30 g
Butter . . . . 50 g

Butter zu Schaum rühren, Schinken feingehackt mit der Butter vermischen und durch ein Sieb streichen.

15. Käsebutter.

Butter . . . . 125 g
Kräuter- oder Chesterkäse . . . . 60 g

Die Butter wird schaumig gerührt und mit dem feingeriebenen Käse gemischt und mit Salz abgeschmeckt. Diese Käsebutter verwendet man zu Käsebrötchen.

16. Trüffelbutter.

Butter . . . . 60 g
Trüffel.

Man drückt die Butter auf nassem Papierblatt zu einer ⅓ cm dicken Lage, bestreut diese dick mit feingewiegten eingemachten Trüffeln, rollt die Lage mittels des Papiers zu einer Walze, die man mit nassem Messer in Scheiben schneidet.

17. Butter zu formen.

Die für den Tisch bestimmte Butter muß fest und frisch sein. Man läßt sie daher im Sommer bis zum Gebrauch auf Eis stehen, ist dieses nicht vorhanden, so drückt man die Butter in die Butterbüchse und stellt sie in eine große Schüssel mit frischem kalten Wasser. Das Wasser muß die Butter vollständig bedecken. Für den Frühstückstisch machen sich einige mit dem Buntmesser geschnittene Butterscheiben nett. Butterspäne sticht man mit einer kleinen gerippten angefeuchteten Holzkelle aus dem vollen Butterstück und legt sie übereinander. Butterkügelchen werden mit 2 gerippten Butterstechern geformt. Man nimmt zwischen die angefeuchteten Brettchen ein Stück von der Größe einer Kirsche und rollt sachte hin und her, doch ohne fest auf die Butterstückchen zu drücken. Die Kugeln kann man beliebig aufbauen, sei es zu einem Turm oder einer Weintraube.

Neunte Abteilung.

Garnituren.

1. Garniture jardinière (Gärtnerinnen-Garnitur).
Hierzu kann man alle jungen zarten Gemüse verwenden, die man zur Hand hat: Blumenkohl, Erbsen, grüne Bohnen, Karotten, Spargelspitzen usw. Der Blumenkohl wird in kleine Röschen geteilt, Erbsen sauber ausgehülst, Bohnen sowie alle Wurzelgemüse in kleine erbsengroße Würfel geschnitten. Diese Gemüse werden jedes für sich in wenig gesalzenem Wasser weichgekocht, zum Abtropfen auf ein Sieb gegossen und mit kaltem Wasser abgekühlt. Zum Anrichten wird jedes Gemüse für sich in heißgemachter Butter und etwas Bouillon durchgeschüttelt, bis es heiß ist, gewürzt und in hübscher Abwechslung ihrer Farben gruppenweise angerichtet. Gewöhnlich werden diese Gemüse als Garnitur zu gebratenem Fleisch, z. B. Roastbeef, Filet de boeuf, Fricandeau usw. verwendet.

2. Garniture Macédoine (gemischte Gemüsegarnitur).
Die verschiedenen Gemüse werden, wie in voriger Nr. angegeben, zugerichtet, in leicht gesalzenem Wasser gekocht, abgekühlt, zusammen vermischt und mit der nötigen Sauce durchgerührt, gesalzen. Diese Gemüse werden als selbständige Gemüseplatte sowie als Garnitur zum Fleisch wie jardinière verwendet.

3. Nivernaiser Garnitur (Garniture à la Nivernaise).
Hierzu werden Wurzelgemüse verwendet wie Karotten und Selleriewurzel. Dieselben werden in kleine, etwas dicke, aber schön gleichmäßige Schnittchen geschnitten, miteinander vermischt, in leicht gesalzenem Wasser halb weich gekocht und zum Abtrocknen auf ein Sieb gegeben. In einer flachen Pfanne läßt man Butter oder Fett heiß werden, gibt die abgetropften Gemüse hinein und überbratet sie unter öfterem Schütteln gelb, gießt die überflüssige Butter ab und bestreut mit einem Eßlöffel voll Zucker. Nachdem dieser etwas mitgeröstet ist gibt man etwas Bouillon oder Bratenjus zu den Gemüsen, läßt sie auf starkem Feuer kochen, bis die Flüssigkeit eingedampft ist, begießt sie wieder mit Jus oder Bouillon und läßt sie unter öfterem Schütteln und, wenn nötig, Begießen mit Jus langsam weich kochen. Diese Gemüse werden gewöhnlich als Garnitur zu Ragout, Suppen oder gebratenem Fleisch gegeben.

4. **Bretoner Garnitur (Garniture à la Breton).**
Diese Garnitur besteht aus weißen, weichgekochten Perlbohnen und glasierten kleinen Zwiebeln.

5. **Provençaler Garnitur (Garniture à la Provençale).**
Diese Garnitur wird zusammengesetzt aus gefüllten Tomaten, gefüllten Gurken und gefüllten Auberginen.

6. **Chipolata-Garnitur (Garniture à la Chipolata).**
Diese Garnitur besteht aus kleinen gebratenen Bratwürstchen, welche in 2—3 cm lange Stücke geschnitten werden, kleinen glasierten Champignons oder anderen Pilzen und glasierten Kastanien. Je nach Umständen kann man dieser Garnitur einige glasierte Gemüse beigeben. Jede Garnitur wird extra in kleinen Häufchen um das betreffende Gericht gegeben.

7. **Mailänder Garnitur (Garniture Milanaise).**
Zu dieser Garnitur wird ein Risotto à la Milanaise welchem entweder einige gekochte Pilze beigegeben oder extra dazu serviert werden, verwendet.

8. **Neapolitaner Garnitur (Garniture Napolitaine).**
Hierzu werden gewöhnlich auf 2 Arten zubereitete Makkaroni gegeben, nämlich auf einer Seite des betreffenden Gerichtes Makkaroni mit Butter und auf der andern Seite Makkaroni mit Tomatensauce.

9. **Normänner Garnitur (Garniture à la Normande).**
Zu dieser Garnitur verwendet man kleine Klöße von Fischpurée oder Brühteig, Champignons, kleine gebackene Fische oder in kleine Stengel geschnittene, gebackene Fischfilets, gibt alles in eine Pfanne und so viel Normandesauce dazu, daß sie darüber zusammengeht. Diese Garnitur wird hautsächlich zu Fischen, besonders zu Sol serviert.

10. **Garnitur à la Française.**
Zu dieser Garnitur verwendet man Kartoffelkrokettes, kleine Erbsen und mit Spinat gefüllte kleine Blätterteigpasteten. Diese Garnitur wird hauptsächlich zu Roastbeef verwendet und eine Madeirasauce dazu gegeben.

11. **Garnitur à la Dauphin.**
Zu dieser Garnitur verwendet man Kartoffelkügelchen, grüne Bohnen und gefüllte Auberginen.

12. **Garnitur à la Nicarde.**
Diese Garnitur besteht aus gedämpften Tomaten, gebackenen Artischoken und Nudeln.

13. Garnitur Piémontaise. Zu dieser Garnitur verwendet man Bouillonreis, den man in kleine Förmchen einfüllt und stürzt, ferner Maisnockerl und Kartoffeln.

Zehnte Abteilung.
Warme Pasteten.

1. Hohe Pastete.

Ganzblätterteig . . . . 500 g
1 beliebiges Frikassee oder Ragout.

Man rollt von etwas mehr als dem dritten Teil des fertigen Teiges von gewünschter Größe 3 cm dick aus und legt das auf ein bebuttertes Backblech. Ein zweites Stück Teig wird etwas größer und dünner ausgerollt. Auf dem ersten Teig streicht man den Rand 2 cm breit mit Eiweiß oder Wasser, bauscht in der Mitte ein weißes Papier, in kleine Stücke geschnitten, oder eine Serviette auf und legt das zweite Teigstück leicht darüber, drückt den Rand an und formt aus dem Rest des Teiges einen 2½ cm breiten ausgezackten Streifen. In der Mitte aber wird eine Rundung als Deckel bezeichnet. Nach Belieben werden allerlei Teigreste als Verzierungen angeklebt. Man soll den Teig nur leicht anfassen und ja nicht fest drücken. Man bestreicht mit Eigelb und bäckt in heißem Ofen. Nach dem Herausnehmen wird der Deckel vollends weggeschnitten, die Einlage entfernt, mit Ragout gefüllt (nicht viel Sauce einfüllen).

2. Vol au vent.

Ganzblätterteig . . . . 500 g
Weißes Ragout . . . . 1 Portion

Der fertige Teig wird auf wenig Mehl 1 cm dick ausgerollt, nach einem umgekehrten Teller rund zugeschnitten; man legt dann einen kleinen Teller darauf, so daß ringsum ein 2 cm breiter Rand bleibt. Mit scharfem Messer schneidet man diese Linie entlang den Teig ½ cm tief ein, aber ja nicht durch. Man legt die Teigformen auf gewässertes Blech, bestreicht die Oberfläche sorgfältig mit Eigelb, wobei nichts an den Seiten herunterlaufen darf, und schiebt ihn in den heißen Ofen. In einer halben Stunde soll die Pastete hoch aufgegangen und gelb sein. Man schneidet nach dem bezeichneten Strich den Deckel los und nimmt von dem weichen Teig so viel heraus, daß eine entsprechend große Höhlung entsteht, und füllt sie mit dem gewünschten Ragout, gießt aber möglichst wenig Sauce dazu und legt den Deckel wieder auf. Die übrige Sauce extra servieren. Zeitdauer 1½ Stunde.

3. Kleine Blätterteig-Pastetchen.

Werden wie erstes Rezept gemacht, nur kleine Formen ausstechen.

4. Römische Pastetchen (zu ungefähr 40—45 Stück).

Milch.	250 g
Eier	3 St.
Mehl	200 g
Kartoffelmehl	2 gehäufte Eßl. voll
1 Prise Salz.	

Für süße Speisen weniger Zucker und 1 Teelöffel Vanillezucker. Von den Zutaten wird ein gerührter Teig gemacht. Dann wird das Fett erhitzt und das Pastetcheneisen darin heiß gemacht. Dann gießt man von dem Teig in ein Trinkglas (fast voll) und legt das heiße Eisen langsam hinein, nicht ganz bis zum Rand. Sobald der Teig fest daran hält, gibt man das Eisen in des heiße Fett und bäckt das Pastetchen schön braun, worauf man das Eisen vom Modell löst. In das Glas wird stets wieder etwas Teig nachgefüllt. Beim Backen hat man darauf zu achten, daß das Fett nicht zu heiß ist, da sich sonst große Blasen an den Teigformen zeigen. Diese Formen dienen zur Aufnahme von feinem Ragout und Gemüsen. Als süße Speise wie römische Pastetchen; Schwämme, Muscheln und Müffchen dienen zur Aufnahme von Schlagrahm und Cremen.

5. Blätterteigrand.

Von Blätterteig rollt man eine 2 cm dicke Platte aus, die man mit einem Teller rund aussticht, legt einen kleinen Teller darauf und schneidet wieder aus, so daß ein Rand und ein Deckel entsteht. Man bestreicht beides mit Eigelb und garniert eventuell mit Teigsternchen. Beides legt man auf das gewässerte Blech und bäckt in heißem Ofen. Wenn der Rand gar ist, legt man ihn auf eine flache Schüssel und füllt ihn mit dem feinen Ragout und legt den gebackenen Deckel darauf.

6. Schinkenpastete oder Timbale.

Kartoffeln	1500 g
Schinken	750 g
Käse	6 Eßl.
Saurer Rahm	1½ Tasse
Butter	100 g
Stoßbrot. Salz.	

Eine glatte hohe Form wird mit Butter ausgestrichen und mit Stoßbrot ausbestreut, die Kartoffeln werden geschält und in dünne Scheibchen geschnitten. Der Schinken wird in kleine Würfel geschnitten und fein verwiegt. Zu unterst in die Form legt man zuerst eine Lage Kartoffeln und streut etwas Salz darüber, dann eine Lage Schinken, wieder Kartoffeln und Schinken und zuletzt Kartoffeln. Über das Ganze streut man etwas Käse, gießt den sauren Rahm darüber, streut Weckmehl oben auf und bäckt schön gelb. Beim Anrichten wird der Rand weggenommen und die Masse gestürzt. Man kann dies auch in einer Auflaufform backen und in derselben auf den Tisch bringen. Zeitdauer 1 Stunde.

7. **Makkaronipastete oder Timbale.**

Diese wird gleich zubereitet wie Schinkenpastete, nur verwendet man statt Kartoffel weichgekochte, mit kaltem Wasser abgespülte erkaltete Makkaroni. 250 gr. in einer Form für 6—8 Personen.

Elfte Abteilung.

Saucen.

Man richtet sich im allgemeinen nach den folgenden Rezepten. Doch kann beim Zusetzen der Flüssigkeit zu den Saucen nach Bedarf oder besonderer Vorschrift geändert werden. Bei Fertigstellung von Gemüsesaucen kann z. B. nur mit Gemüsebrühe gearbeitet werden. Bei fleischloser Diät wird selbstverständlich an Stelle der Bouillon Gemüsesuppe, Wasser, Rahm oder Milch verwendet.

Zusatz von Zitronensaft oder andern pikanten Dingen nur, wenn ärztlich erlaubt.

Buttersaucen mit Mehl, welche geschwitzt oder gebräunt werden sollen, wenn möglich 1—2 Stunden kochen, dabei ist der sich bildende Schaum abzunehmen, was wesentlich zum guten Geschmack der Saucen beiträgt. Zu einer Saucière für 6 bis 8 Personen 30 gr. Butter und 30 gr. Mehl.

Regeln zum Saucenkochen siehe auch noch Regeln zu Suppen S. 28.

1. **Buttersaucen.**

Zerlassene (geschmolzene) Butter wird bereitet, indem man das benötigte Quantum langsam schmelzen, nicht kochen läßt und, nachdem die Butter heiß genug ist, in erwärmter Sauciere anrichtet.

2. Braune Butter.

Das Quantum Butter, welches man zu brauchen gedenkt, wird in einer Pfanne oder Tiegel auf die recht heiße Herdplatte oder auf Kohlenglut gestellt, bis sie sich goldbraun gefärbt hat. Dann zieht man das Geschirr zurück, denn richtig braun wird die Butter dann durch die Nachwirkung des heißen Gefäßes. Würde man die Butter auf der heißen Stelle bis zur gewünschten Farbe kommen lassen, so hätte man in einigen Sekunden verbrannte Butter. Wünscht man geriebenes Weißbrot in der Butter zu rösten, so gibt man dasselbe hinein sobald die Butter gelb wird; dann ist gut umzurühren und darauf acht zu geben, weil das geriebene Brot sehr leicht anbrennt — sogenannte Bröselschwitze.

3. Butter kalt zu Schaum gerührt, wird für Fisch und feine Gemüse verwendet.

Butter auf warmem Wasser abgerührt, bis sie Blasen wirft. Mit wenig Fisch- bzw. Gemüsebrühe und Salz, auch evtl. mit gehackter Petersilie gemischt.

4. Wellbutter.

Butter . . . . 375 g
Wasser . . . . 125 g

Butter und Wasser werden auf dem Herd erwärmt, an nicht zu heißer Herdseite mit einem Holzlöffel dauernd hochgezogen, bis die Masse dicklich wird, und sofort serviert.

5. Sauce Hollandaise.

Butter	250 g	80 g
Eigelb	8 St.	1 St.
Bouillon, Milch oder Fisch-		
wasser	100 g	15 g
Eventuell etwas Zitronensaft. Salz.		

Eigelb mit ganz wenig Wasser auf dem Wasserbad schlagen, bis es dicklich wird, dann die Butter stückweise dazugeben, salzen, Bouillon oder andere Flüssigkeit vorsichtig einmischen und sofort servieren.

6. Fettere Holländische Sauce.

Butter	170 g	15 g
Eigelb	8 St.	1 St.
Mehl	1 Eßl.	½ Teel.
Butter	10 g	1 g
Wasser	8 Eßl.	1 Eßl.
Zitronensaft	6 Tropfen	½ Tropfen

Die Butter wird in Stückchen geteilt und in kaltes Wasser gelegt. Die Eigelb werden mit 10 g Butter und Wasser im Wasserbade geschlagen, bis sie sich stark verdicken. Dann schlägt man nach und nach die Butter dazu, darf die Sauce aber nicht kochen lassen. Dann schmeckt man sie ab. Zeitdauer 20 Minuten.

7. Diplomaten - Sauce.

Zutaten wie 5 oder 6 und 2 Eßlöffel gewiegte Champignons und 4 Eßlöffel Tomatenpüree.

8. Mousseline - Sauce.

Wie Nr. 5, 6 und 7, aber zum Schluß noch 250 oder 25 g Schlagrahm steifgeschlagen unter die Sauce vermischt.

Die 4 letzten Saucen kann man mit geriebenem Käse mischen gleich

9. Holländischer Sauce mit Käse oder Sauce Mousseline mit Käse.

10. Leichte Bearnaise - Sauce.

Zu Beefsteak, Filet, Fisch, Hammel-Kotelettes.

Schalotten	6 St.
Gewürzkorn	2 St.
Pfefferkorn	2 St.
Essig	2 Eßl.
Eigelb	4 St.
Butter	100 g
Bratenjus	4 Eßl.
Petersilie, gewiegte	2 Eßl.
Salz.	

Der Essig wird mit den Schalotten, Gewürz- und Pfefferkorn in kleinem irdenen Topf zur Hälfte eingekocht, durch ein Sieb gegossen und zur Sauce verwendet. Alle Zutaten rührt man mit dem Schalottenessig dick und richtet die Sauce sofort an.

11. Karesse - Sauce.

Zutaten wie Bearnaise-Sauce und 2 Eßlöffel Tomatenpüree.

Öl-Saucen.

12. Mayonnaise I.

Olivenöl	300 g
Zitronensaft	15 g
Bouillon oder Wasser	15 g
Eigelb	5 St.
Salz.	

Eigelb mit Salz tüchtig rühren (in Geschirr mit rundem Boden), Öl tropfenweise dazu, desgleichen Säure; rühren, bis sie dick und weißlich, zuletzt eventuell Bouillon oder Wasser, aber nicht absolut notwendig. Es kommt darauf an, wie steif die Sauce sein muß.

13. Mayonnaise II (Sauce Remoulade).

Olivenöl	250 g
Eigelb	2 St.
Eigelb, hartgekocht und passiert	2 St.
Zitronensaft oder Essig	15 g
Salz.	

Gehackte Petersilie, Kapern, Schnittlauch und feinen Senf, nach Geschmack, unter die fertige Mayonnaise mischen. Zubereitung sonst wie vorige Nummer.

14. Mayonnaise anderer Art, III.

Olivenöl	50 g
Bouillon	30 g
Essig oder Zitronensaft	15 g
Eigelb	3 St.
Salz.	

Alle Zutaten gut gequirlt, im Wasserbad auf dem Feuer weitergequirlt, bis die Masse dick ist, dann unter öfterem Umrühren erkalten lassen. Diese Mayonnaise ist leichter verdaulich wie die rohen.

Butter-Saucen mit Mehl.

1. Sauce I.

Butter	60 g	10 g
Mehl	55 g	9 g
Flüssigkeit	1000 g	200 g
Salz.		

Als Flüssigkeit verwendet man nach Bedarf Wasser, Fleischbrühe, Fischbrühe, Gemüsebrühe, Milch oder Rahm. Die Butter wird erwärmt, das Mehl damit verrührt, mit der heißen Flüssigkeit verschlagen und ca. 30 Minuten gekocht.

2. Butter-Sauce mit Ei II.

Genau wie voriges Rezept, doch vor dem Anrichten mit 4 in etwas Wasser verquirlten Eigelb abziehen.

3. Butter-Sauce mit geschwitztem Mehl III.

Butter	60 g	10 g
Mehl	55 g	8 g
Wasser oder andere Flüssigkeit	1000 g	200 g
Salz.		

Butter und Mehl zusammen schwitzen, mit der gewünschten Flüssigkeit ablöschen und 2—4 Stunden langsam kochen lassen Nach Wunsch mit 4 Eigelb abziehen

4. Meerrettich-Sauce.

Diese Sauce wird hergestellt wie Sauce nach vorigem Rezept. Kurz vor dem Anrichten mischt man den geriebenen Meerrettich hinzu, mit welchem die Sauce zusammen nicht mehr kochen soll.

5. Bechamel-Sauce.

Butter	70 g	15 g
Mehl	60 g	12 g
Extrakt	15 g	2 g
Schinken roh in Würfeln	25 g	8 g
Rahm	500 g	100 g
Fleischbrühe	500 g	100 g
Karotten und etwas Zwiebel.		
Salz.		
Event. Eigelb	6 St.	1 St.

In 30 gr. Butter schwitzt man die gehackten Karotten und den Schinken, gibt die andere Butter und das Mehl dazu, läßt gelb braten, löscht mit der Flüssigkeit ab, läßt 1—2 Stunden kochen (am besten irdene Pfanne) und passiert die Sauce. Diese Sauce kann man mit oder ohne Eigelb bereiten.

6. Butter-Sauce mit gebräuntem Mehl.

Butter	60 g	12 g
Mehl	55 g	10 g
Fleischbrühe	1000 g	200 g

Butter und Mehl langsam braun rösten, etwas verkühlen lassen, mit der Flüssigkeit ablöschen, glattrühren und wenn möglich 1—4 Stunden kochen.

7. Butter-Sauce mit gebräuntem Mehl, II. Art.

Wie vorige Nr. 6, doch gibt man in der letzten Zeit des Röstens 125 g gemischtes Suppengemüse und 25 g in Würfel geschnittenen rohen Schinken hinzu. Dann wie Nr. 5 kochen lassen und passieren.

8. Butter-Sauce mit gebräuntem Mehl, III. Art (Kraftsauce).

Wie vorige Nr. 7. Doch nur die Hälfte Flüssigkeit, und die zweite Hälfte soll Bratenjus sein. Eventuell mit Zusatz von Portwein, Madeira und Malaga.

9. Tomaten-Sauce.

Wie Butter-Sauce mit geschwitztem Mehl, I. Nur die Hälfte der Flüssigkeit hinzu, außerdem noch 1 Pfd. Tomaten, welche in der Butter mitgeschwitzt werden, oder 4 Eßlöffel Tomatenpüree zu der Sauce geben, damit kochen lassen und sieben.

Milch- und Rahm-Saucen.

Alle Milch-Saucen können zum Teil oder auch ganz mit Rahm bereitet werden. Allen süßen Saucen gibt man eine kleine Prise Salz zu.

1. Rahmguß.

Für Fleisch, Fisch, Gemüse, Mehl und Süßspeise-Platten, welche im Ofen gebacken werden. Der Rahm kann süß oder sauer verwendet werden. Salz- und Zuckerzusatz richtet sich nach der Speise, für welche der Guß verwendet wird. Zu 2 Platten für je 5 Personen braucht man etwa 800 g Rahm mit 6 Eiern verquirlt oder statt 6 Eier 5 Eigelb und 2—3 ganze Eier.

2. Buttercreme-Sauce.

Butter	250 g	30 g
Eigelb	8 St.	1 St.
Eiweiß	6 St.	1 St.
Zucker	200 g	20 g
Milch oder Rahm	100 g	15 g

Butter, Zucker und Eigelb schaumig rühren, Eiweiß-Schnee darunter schlagen, aufs Wasserbad weiterschlagen, bis die Masse dick wird. Milch oder Rahm vorsichtig dazu. Mit Vanille, Maraskino usw. versetzen.

3. Vanille-Sauce.

Rahm oder Milch	1000 g	150 g
Weizen-, Mondamin- oder Maizenamehl	25 g	5 g
Zucker	30 g	4 g
Eigelb	8 St.	1 St.
Vanille	1 Stange	

Bei diesen Saucen kommt man am besten zum Ziel, wenn man alle Zutaten kalt mischt und bis kurz vor dem Kochen auf mäßigem Feuer tüchtig schlägt oder quirlt. Vanille erst vor dem Gebrauch entfernen.

4. Vanille-Sauce, andere Art.

$3/4$ der Milch mit Zucker und Vanille kochen, die übrige Milch mit dem gut verschlagenen Mehl und Eigelb vorsichtig hineinrühren, aufkochen lassen. Noch anders, besonders wenn Weizenmehl verwendet: Milch wie vorher kochen, $1/8$ der Milch mit Mehl ganz glatt rühren, dies in die kochende Milch geben, einige Minuten aufkochen lassen, mit dem Rest der Milch die Eier gut verklopfen, von der kochenden Sauce etwas dazurühren und dann das Ganze mischen und vors Kochen bringen lassen. Vorstehende Rahm- oder Milchsauce kann durch Zusatz verändert werden durch:

60 g besten Kakao (Eichel-, Hafer-Kakao usw.)	= Kakao-Sauce.
125 g beste Schokolade . . . Dann nur 15 g Zucker.	= Schokoladen-Sauce.
120 g Kaffee-Extrakt	= Mokka-Sauce.
120 g Tee-Extrakt.	= Tee-Sauce.
150 g gebrannten Zucker (Karamel)	= Karamel-Sauce.
Zitronenschale auf Zucker abgerieben	= Zitronen-Sauce.

Kakao, Schokolade und Zitronenzucker in der Sauce mitaufkochen, Kaffee- oder Tee-Extrakt kalt zusetzen). Kaffee- und Tee-Extrakt ist nur stark gekochter Kaffee oder Tee.

5. Mandelnuß-Sauce.

150 g Mandeln oder Nüsse fein reiben, in der zu verwendenden Milch aufkochen, passieren und fertigmachen wie Nr. 3.

Die vorstehenden Milch- oder Rahm-Saucen sind auch ohne Mehl zu bereiten, doch sind dann 2—4 Eigelb mehr zu verwenden. Dieselben Saucen nach Erkalten (oder wenn heiß zu servieren gleich nach dem Kochen) mit steifem Eierschnee vermischt, sofort serviert als Vanille- usw. -Schaum-Saucen.

Wein-Saucen.

6. Eierwein-Sauce.

Weiß- oder Rotwein . . .	500 g	100 g
Eigelb	4 St.	1 St.
Zucker	45 g	9 g
Mondamin	20 g	4 g

Sämtliche Zutaten werden kalt gemischt, auf mäßigem Feuer bis zum Siedepunkt mit dem Besen tüchtig geschlagen und nach Bedarf heiß oder kalt servieren.

7. Weinschaum-Sauce (Chaudeau).

Wein (rot oder weiß)	250 g	50 g
Wasser	250 g	50 g
Eigelb	6 St.	1 St.
Zucker	30 g	6 g

Zubereitung wie vorige Nr. 6. Zu den vorstehenden Wein-Saucen kann man bei vorsichtigem Kochen einen Teil des Eiweißes (etwa von der Hälfte der dazu gehörenden Eier) verwenden, was erstens den Nährwert und zweitens auch das Quantum steigert, auch kann man das Eiweiß zu Schnee schlagen, der heißen Sauce beimischen und sofort servieren.

8. Zitronenschaum-Sauce.

Wie Weinschaum-Sauce, nur nimmt man Wasser anstatt Wein und gibt den Saft von einer Zitrone und die auf Zucker abgeriebene Schale einer Zitrone hinzu.

Obst-Saucen.

9. Diese werden von frischen Früchten in der Weise bereitet, daß man dieselben, wenn möglich, roh auspreßt und dann wie Obstsuppen kocht, z. B.:

Himbeersaft	500 g	100 g
Wasser	250 g	50 g
Zucker	125 g	25 g
Mondamin, Maizena oder Kartoffelmehl	60 g	8 g

Fruchtsaft, Wasser und Zucker schnell aufkochen, das Mehl mit wenig kaltem Wasser auflösen, der kochenden Flüssigkeit beimischen und einige Minuten damit kochen lassen. Von anderen Fruchtsäften ebenso, doch achte man darauf, daß die verschiedenen Früchte auch einen verschiedenen Bedarf an Zucker haben.

10. Frucht-Saucen mit Eigelb als Fruchtschaum-Saucen.

Die Zubereitung ist die gleiche wie bei Weinschaum-Sauce Nr. 7, wie folgt:

Saft	500 g	100 g
Wasser	250 g	50 g
Zucker	125 g	25 g

Mehl	20 g	5 g
Eigelb	4 St.	1 St.

oder kein Mehl und 8 Eigelb.

Fruchtschaum-Saucen bedeutend verfeinert, wenn man nach dem Erkalten 250 g steifgeschlagenen Rahm darunter mischt, dann besonders geeeignet als Beigabe für Biskuits und Kakes.

11. Orangen-Saucen.

Eine Orange auf Zucker abreiben, den Zucker mit dem Saft von 3 Orangen und 40 g Zitronensaft begießen, wenn aufgelöst, 50 g Butter dazu, im Wasserbad glatt rühren, dann 45 g Arrak, Rum, Kognak, Benediktiner oder Maraskino zusetzen, in er wärmter Sauciere zu Tisch geben oder die Eierspeise damit über gießen (für Omelette, Pfannkuchen oder andere Eierspeisen).

12. Fruchtpüree-Saucen.

In der Zubereitung wie die Frucht-Saucen, doch wird man in manchen Fällen, wo die Sauce durch das Fruchtfleisch schon dicklich ist, bis 2/3 des Mehles weglassen müssen. Ungefähr etwa wie folgende Zutaten:

Fruchtpüree, weiches	600 g	60 g
Wasser	150 g	15 g
Mondamin	20 g	2 g

Fruchtpüree mit Wasser kochen lassen, das in Wasser gelöste Mondami dazugeben und 4—5 Minuten kochen lassen.

Zwölfte Abteilung.

Gemüse.

Zum Zurüsten und Bereiten der Gemüse beachte man folgendes:

1. Man verwendet die Gemüse möglichst frisch, jung und zart (nicht holzig). Haben sie durch langes Liegen, durch Eintrocknen an Wasser verloren, so ersetze man dasselbe durch vorheriges Ein legen in kaltes Wasser.

2. Man gebe diesem Wasser etwas Salz zu, um die Reinigung der Gemüse dadurch zu erleichtern.

3. Man wasche die Gemüse sehr gut mit kaltem Wasser

4. Alle grünen Gemüse werden mit kochendem Salzwasser aufs Feuer gestellt, ausgenommen die Kohlarten, die wegen ihrer blähenden Wirkung öfters Beschwerden erzeugen. Durch das Aufstellen in reichlich kaltem Wasser ohne Salz verlieren die Kohlarten

zum Teil ihre blähenden und reizenden Wirkungen, was möglicherweise mit dem Verlust gewisser Salze zusammenhängt, welche die Zelullose-Gärung beschleunigen. Wenn das Wasser kocht, gibt man die Kohlgemüse erst in das kochende Salzwasser.

5. Diesem zweiten Kochwasser gebe man reichlich Salz zu, damit das Wasser damit gesättigt ist und nicht dem Gemüse die Nährsalze entzieht.

6. Man koche die Gemüse mit grüner Farbe unzugedeckt rasch weich, damit sie die schöne grüne Farbe beibehalten.

7. Nach dem Abgießen der Gemüse schreckt man dieselben mit kaltem Wasser ab.

8. Da die grünen Gemüse arm sind an Fettgehalt, muß man ihnen (bei gewissen Krankheiten ausgenommen) reichlich Butter zugeben.

9. Alle jungen zarten Gemüse werden nicht in Salzwasser vorgekocht, sondern gleich in Butter unter Zugabe von Fleischbrühe weichgedämpft.

10. Alle getrockneten Gemüse werden am Abend vorher in weichem Wasser eingeweicht und am folgenden Tage mit weichem, kaltem Wasser aufs Feuer gestellt.

11. Bei der Bereitung der Saucen zu den verschiedenen Gemüsen kann man sich statt der Fleischbrühe auch der Bouillon-Extrakte oder der Gemüsebrühen bedienen.

In gewissen Fällen, wo man auf den natürlichen Gehalt an sog. Nährsalzen Wert legt, ist das Gemüse nicht abzukochen, sondern mit Butter und möglichst wenig Wasser oder Fleischsuppe weich zu dämpfen, event. noch mit Zusatz von anderen Saucen anzurichten. Für fettarme Diät kocht man die Gemüse am besten in magerer Fleischsuppe weich.

1. Blumenkohl.

2 große Köpfe . . . . . 1250 g   160 g
Butter geschmolzen oder gebräunt . . . . 125 g   20 g
Salz.

Blumenkohl reinigen, in Salzwasser weichkochen, abtropfen lassen und mit der heißen Butter übergießen.

2. Blumenkohl II mit Rahm-Sauce.

Blumenkohl . . . . . . 1250 g   160 g
Salz.

Gemüse. 135

Sauce:
Butter	70 g	10 g
Mehl	70 g	10 g
Rahm	500 g	70 g
Blumenkohlbrühe	250 g	40 g
Eigelb	3 St.	1 St.

Blumenkohl weichkochen, gut abtrocknen lassen, dann mit folgender Sauce servieren: Butter und Mehl zusammen schwitzen, dann mit Blumenkohlbrühe und Rahm ablöschen und unter beständigem Rühren 3 Minuten aufkochen, die mit Milch oder Rahm verrührten Eigelb beifügen und sieben.

3. Blumenkohl-Auflauf.

Blumenkohl, 2 Köpfe	1200 g	150 g
Milch	600 g	100 g
Butter	60 g	10 g
Mehl	100 g	15 g
Eier	6 St.	1 St.
Salz.		

Blumenkohl in Röschen teilen und im Salzwasser weich kochen, abtropfen und in bebutterter Aufflaufform anrichten. Von der Milch kocht man ⅔ auf; das Mehl in ⅓ der Milch glattgerührt, in die siedende Milch gegeben und zu einer dicken Creme gekocht und zum Abkühlen weggestellt. Butter, Eigelb und Salz rührt man schaumig, gibt den Teig und den steifen Eierschnee dazu, füllt dies über den Blumenkohl in die Form und bäckt das Ganze etwa eine halbe Stunde in ziemlich heißem Ofen.

4. Blumenkohl au Gratin I.

Blumenkohl, 2 Köpfe ca.	1200 g	150 g
Butter	50 g	8 g
Mehl	40 g	5 g
Rahm	200 g	50 g
Blumenkohlbrühe	300 g	50 g
Eigelb	4 St.	1 St.
Käse	40 g	8 g
Frische Butter	30 g	10 g
Salz.		

Die fast weichgekochten Blumenkohlröschen werden in gebutterte Gratinplatten geordnet, Butter und Mehl werden zusammen gelbgeschwitzt, mit Blumenkohlbrühe und süßem Rahm abgelöscht. Diese Sauce wird mit 4 Eigelb abgezogen und über den Blumenkohl gefüllt. Darauf streut man den geriebenen Käs und verteilt 30 g Butter in kleinen Stückchen. Diese Blumenkohlplatten werden in mäßig heißem Ofen gelblich gebacken. Man kann den Käse auch, statt ihn überzustreuen, vorher mit der Sauce mischen.

5. Blumenkohl au Gratin II.

Dieser wird bereitet wie vorige Nummer, doch statt der dort angegebenen Sauce, mit einem Rahmguß überfüllt, gebacken. Zum Guß braucht man:

Rahm, süß oder sauer	700 g	175 g
Eier	2 St.	1 St.
Eigelb	4—5 St.	1 St.
Salz.		

Die Zutaten werden gut verquirlt und über den Blumenkohl gegossen.

6. Blumenkohl-Püree.

Blumenkohl	1200 g	150 g
Butter	60 g	8 g
Mehl	45 g	8 g
Salz.		

Blumenkohlbrühe und Rahm oder Bouillon nach Bedarf. Der Blumenkohl wird in Salzwasser weich gekocht und durch ein Sieb gerieben. 50 g Butter schwitzt man mit dem Mehl gelb, bereitet mit Hinzugießen der gewünschten Flüssigkeit und mit Aufkochen die Sauce, in welcher das Püree gut durchgekocht wird. Dann schmeckt man mit Salz ab und gibt kurz vor dem Anrichten die übrigen 10 g Butter hinzu; diese kann man jedoch gebräunt über das Püree füllen.

7. Bohnen, grüne oder gelbe.

Sind die Bohnen noch sehr jung, so kocht man sie ganz, nachdem die Fäden entfernt sind, sind die Bohnen schon größer, muß man sie brechen oder fein schneiden. Die Bohnen werden in Salzwasser recht weich gekocht, mit frischer Butter durchgeschwenkt und angerichtet. Auf andere Art werden die Bohnen bereitet, indem man sie wie oben kocht, abtropfen läßt und dann mit Saucen mit geschwitztem Mehl, siehe Seite 129, Nr. 3, fertigmacht, zu deren Herstellung man von dem Gemüsewasser verwenden kann. Etwas süßer Rahm ist für Bohnen empfehlenswert.

8. Bohnenpüree.

Wird wie Blumenkohlpüree, Nr. 6, bereitet.

Gemüse.

9. Chorogi (Stachys).
Die kleinen Wurzeln werden gewaschen (am besten in einem Tuch mit grobem Salz gerieben), in Butter mit wenig Wasser oder Bouillon weichgedämpft und mit Buttersauce vermischt.

10. Stachys au Gratin.
Wie Blumenkohl au Gratin, Nr. 5.

11. Stachyspüree.
Wie Blumenkohlpüree, Nr. 6.

12. Stachys, gebacken.
Die weichgekochten Strachys läßt man abtropfen, wendet jedes einzelne Würzelchen in Mehl, Ei und Stoßbrot oder in gebrühtem oder dickem Pfannkuchenteig und bäckt sie in rauchheißem Fett schwimmend.

13. Erbsen junge (Pois verts).

Erbsen mit Schale gewogen	3000 g	350 g
Butter	100 g	10 g
Salz.		
1 Prise Zucker.		

Erbsen in Butter und wenig Wasser weichdünsten, leicht salzen, eventuell versüßen. Auf andere Art bereitet, indem man die Erbsen in Salzwasser weichkocht und dann in frischer Butter durchschwenkt.

14. Püree von jungen Erbsen.

Erbsen	3000 g	350 g
Butter	100 g	10 g
Mehl	25 g	5 g
Salz.		

Die jungen Erbsen werden in leichtgesalzenem Wasser weich gekocht und durchpassiert.
30 g Butter und das Mehl wird zusammen durchgeschwitzt, mit Erbsenwasser oder mit Bouillon abgelöscht, dazu kommt das Püree, womit man das Ganze einige Minuten kocht. Zuletzt fügt man die übrige Butter dazu.

15. Gurken I.

Gurken	2000 g	250 g
Butter	125 g	15 g
Mehl	25 g	5 g
Salz.		

Gurken schälen, aushöhlen, in Stücke schneiden, mit Salz und Butter weichdämpfen, das Mehl darüber stäuben aufgießen — aufkochen lassen und servieren.

16. Gurken II.

Gurken mit Butter dämpfen; wenn ziemlich weich, mit Buttersauce mischen und aufkochen.

17. Gurken III, gefüllt.

Gurken	1500 g	90 g
Butter	125 g	20 g
Salz.		
Zur Füllung Öl	30 g	5 g
Weißbrot	250 g	30 g
Eier	6 St.	1 St.
Salz.		

Öl, Weißbrot (in Milch geweicht und ausgedrückt), weiches Rührei von 4 Eiern, 2 rohe Eier und Salz gut mischen, dies in die geschälten, ausgehöhlten, gesalzenen und nur halbierten Gurken füllen; diese in ein flaches Geschirr nebeneinandersetzen, in welchem die Butter zuvor erhitzt wurde, in mäßig heißem Ofen weich dämpfen, am besten unter gut schließendem Deckel.

18. Gurken-Püree.

Gurken-Püree wird bereitet wie Gurken Nr. 1, diese werden passiert und mit in Butter gelblich geschwitztem Mehl gebunden; siehe auch Blumenkohl-Püree, Nr. 6.

19. Karotten I.

Karotten	1500 g	190 g
Butter	100 g	10 g
Salz.		

Karotten, wenn noch klein und zart, ganz, andernfalls in Scheiben oder Stiftchen geschnitten, heiß waschen, in die heiße Butter geben und unter Zugießen von wenig Wasser oder Bouillon weichdämpfen.

20. Karotten II.

Karotten	1500 g	100 g
Butter	100 g	10 g
Mehl	35 g	5 g
Salz.		

Karotten mit der Hälfte Butter und genügend Wasser oder Bouillon genügend, weich kochen, die andere Butter und Mehl schwitzen, mit Karottenbrühe ablöschen und das Gemüse nochmals darin aufkochen.

21. Karotten-Püree.

Karotten	1250 g	150 g
Butter	60 g	10 g
Mehl	30 g	5 g
Salz.		

Die Karotten werden geschabt, wenn sie nicht gar zu groß sind, unzerschnitten in leichtem Salzwasser sehr weich gekocht, dann passiert. 40 g Butter und 30 g Mehl werden geschwitzt, mit etwas Karottenbrühe abgelöscht, das Püree damit durchgekocht und kurz vor dem Anrichten die übrige Butter dazu getan.

22. Kastanien I.

Kastanien	1500 g	90 g
Butter	50 g	10 g
Zucker	30 g	8 g
Bouillon	1000 g	125 g
Bratenjus	300 g	50 g

Die Kastanien werden eingeschnitten und ein paar Minuten ins heiße Ofenrohr gegeben und von der braunen Schale befreit, man gibt sie in kochendes Wasser und läßt sie auf dem Herde so lange ziehen, bis die Haut sich löst, die man dann abzieht. Butter und Zucker werden zusammen braungeröstet und mit Bouillon verkocht, darin die Kastanien recht weich gekocht, Bratenjus dazu gegeben und angerichtet. Wie lange Kastanien kochen müssen, läßt sich nicht bestimmen, es kommt darauf an, ob sie frisch geerntet sind, oder ob sie schon längere Zeit gelegen haben. Erstere sind schon etwa in einer halben Stunde weich. Für besondere Fälle kann man den Zucker weglassen, er dient nur dazu, den Kastanien braune Farbe zu geben.

23. Kastanien-Püree.

Kastanien	1250 g	150 g
Butter	60 g	10 g
Mehl	30 g	
Salz.		
Event. Fleischbrühe.		

Die Kastanien werden, wie in voriger Nummer gesagt, zweimal geschält, dann in Salzwasser oder in Fleischbrühe weichgekocht, durch ein Sieb gestrichen. 30 g Butter und 30 g Mehl schwitzt man gelb, löscht mit der Flüssigkeit von den Kastanien ab, gibt das Püree hinein, läßt es einige Minuten kochen und gibt die übrige Butter vor dem Anrichten dazu.

24. Spanisches Lauchgemüse.

Junger Lauch wird geputzt und gewaschen, die Blätter, soweit grün, werden abgenommen, der Lauch in Streifen geschnitten und in Fleischbrühe weichgekocht. Aus Butter und Mehl wird eine hellbraune Mehlschwitze gemacht, mit der Lauchbrühe aufgefüllt, gekocht und das Gemüse noch eine Viertelstunde darin gedämpft. Will man den Lauch im Herbst noch verwenden, so kocht man ihn erst in Salzwasser halbweich und dann mit der Bouillon fertig.

25. Lauch-Püree.

Der Lauch wird weichgekocht, wie in voriger Nummer, dann durch ein Sieb getrieben und wie Erbsen-Püree Nr. 14, S. 137, fertiggemacht.

26. Mairüben (weiße Rüben).

Diese werden wie Karotten, siehe Nr. 19, 20 und 21, behandelt.

27. Mangold I.

Mangold	1500 g	320 g
Butter	80 g	20 g
Mehl	40 g	5 g
Rahm	200 g	30 g
Mangoldwasser oder Fleischbrühe	200 g	30 g
Salz.		

Mangold wie in Nummer 28 kochen, 40 g Butter mit dem Mehl schwitzen, mit der angegebenen Flüssigkeit ablöschen und den Mangold darin aufkochen, salzen, mit Rahm und Butter vermischen, einmal aufkochen und anrichten.

28. Mangold. II.

Mangold	1500 g	320 g
Butter	80 g	20 g
Salz.		

Mangold möglichst jung von den Stielen befreien, in genügend Salzwasser weichkochen, passieren, mit der Butter durchschwitzen und salzen.

29. Mangold au Gratin.

Wie Blumenkohl au Gratin.

30. Meerrettich.

Meerrettich	500 g	75 g
Butter	70 g	15 g

Gemüse. 141

Mehl . . . . 55 g   10 g
Milch oder Rahm od. halb
  Milch, halb Rahm oder
  halb Milch, halb Fleischbrühe od. nur Fleisch-
  brühe . . . . 500 g   100 g
Salz.

Butter und Mehl durchschwitzen, mit der gewünschten Flüssigkeit ablöschen, 1 Stunde langsam kochen lassen, den kurz zuvor erst geriebenen Meerrettich dazugeben und nur einmal aufkochen lassen.

31. Spargel.

Spargel . . . . 3500 g   450 g
Salzwasser . . . . 3000 g   350 g
Zucker . . . .   1 EBl.   1 Teel.
Butter . . . .   200 g   35 g

Die Spargel werden geschält und in kochendem Salzwasser weich gekocht, ungefähr 20—30 Minuten, je nach Stärke der Spargel, angerichtet, indem man alle Köpfe auf die gleiche Seite legt und mit zerlassener oder gebräunter Butter serviert.

32. Spargel, II. Art.

Der Spargel wird sehr sorgfältig geschält und gekocht, wie in voriger Nummer, dann mit Rahm-Sauce, wie bei Blumenkohl gesagt, oder auch mit Holländischer Sauce angerichtet.

33. Spargel au Gratin.

Wie Blumenkohl au Gratin.

34. Spargelgemüse.

Der Spargel wird sehr sorgfältig geschält, in fingerlange Stücke geschnitten, in Salzwasser mit Zucker weichgekocht und mit Butter-Sauce (die man mit Eigelb abgezogen hat), gemischt und serviert. Statt Butter-Sauce kann man auch feine Holländische Sauce verwenden.

35. Schwarzwurzeln.

Schwarzwurzeln sind bis in das Frühjahr hinein ein sehr zartes Gemüse. Beim Putzen der Wurzel muß man recht flink sein und diese, damit sie nicht braun werden, sobald sie geschabt sind, in süße Milch (auch halb Milch, halb Wasser) legen, etwas Mehl und Salz gibt man dazu. Sind alle Wurzeln sauber, so wäscht man sie schnell nochmals in klarem Wasser und gibt sie dann sofort in kochende Fleischbrühe oder in kochendes Salzwasser, dem man etwas Milch beifügt. Die Schwarzwurzeln sind ebenso verschiedenartig zuzubereiten wie die Spargel. Siehe also Spargelgerichte. Schwarzwurzeln brauchen ¾—1½ Stunden zum Weichwerden, je nach Qualität.

36. Schwarzwurzel-Püree.
Wie Blumenkohl-Püree.

37. Tomaten gedämpft.

Tomaten	1000 g	125 g
Butter	125 g	20 g
Salz.		

Tomaten halbieren, in flache bebutterte Pfanne nebeneinander legen, salzen, mit Butterstücken belegen und zugedeckt im Ofen weich werden lassen.

38. Tomaten gefüllt.
Tomaten halbieren, die Kerne daraus entfernen, die Höhlung mit weichem Rührei oder Kalbfleischfarce oder mit Brotfarce oder Bouillonreis füllen und wie in voriger Nummer gardämpfen.

39. Tomaten-Püree.

Tomaten	1000 g	125 g
Butter	60 g	10 g
Mehl	60 g	10 g
Salz.		

Tomaten zerschneiden, im eigenen Saft oder mit wenig Butter weichdämpfen, salzen und passieren. Butter und Mehl leicht durchschwitzen, mit dem Tomatenbrei ablöschen, gut verrühren und aufkochen.

40. Tomaten-Auflauf.

Tomaten (recht reif)	1000 g	125 g
Gebrühter Teig von Butter	65 g	10 g
Mehl	90 g	15 g
Milch	480 g	60 g
Eier	9 St.	2 St.

Die Tomaten werden roh durch ein Sieb passiert. So behalten sie ihr volles Aroma. Von Milch, Mehl und Salz macht man einen gebrühten Teig nach Nr. 9, S. 182. Butter und Eigelb werden schaumig gerührt, der verkühlte Teig, dann das Tomaten-Püree gut damit verbunden und der steife Eierschnee darunter gezogen, mit Salz abgeschmeckt und in der Auflaufform in ziemlich heißem Ofen ½—¾ Stunden gebacken. Ein kleiner Auflauf ist in 15 bis 20 Minuten fertig.

Tomaten-Speise siehe auch noch Eier-Speisen.

41. Topinambur.
Eine kartoffelähnliche Knolle, die man schält und auf verchiedene Arten zubereitet.

42. Topinambur, I.

Topinambur, geschält	1250 g	125 g
Butter	60 g	10 g
Fleischbrühe. Salz.		

Topinambur in Scheiben wird in die heiße Butter gegeben, kochende Fleischbrühe dazugetan und damit eine halbe Stunde weichgedämpft.

43. Topinambur, II.
In Scheiben geschnitten, in Salzwasser weichgekocht und mit rgendeiner Sauce gemischt und angerichtet.

44. Topinambur-Püree.
Bereitet man wie Blumenkohl-Püree.

45. Topinambur au Gratin.
Wie Blumenkohl au Gratin.

46. Spinat.

Spinat	3000 g	350 g
Salzwasser	4000 g	1000 g
Butter	100 g	10 g
Mehl	40 g	5 g
Bouillon	500 g	50 g

Der Spinat wird erlesen, gewaschen, in kochendem Salzwasser einigemale aufgekocht, geschäumt, abgegossen, mit frischem Wasser abgekühlt, abgetropft, etwas ausgedrückt und durch ein Sieb gestrichen oder fein gehackt. Man schwitzt die Butter mit dem Mehl und löscht mit Spinatwasser oder Bouillon ab. Nachdem die Sauce eine halbe Stunde kochte, fügt man den Spinat dazu, verdünnt event. noch mit etwas Fleischbrühe und verbessert, wenn nötig, mit Fleischextrakt. Statt Fleischbrühe kann man auch Milch verwenden. Man garniert Spinat gern mit pochierten oder halbweichgekochten Eiern und Brot-Croutons. Zeitdauer 1 Stunde.

47. Spinat-Pudding.

Spinat	1250 g	130 g
Brot	150 g	20 g
Mehl	50 g	8 g
Butter	60 g	10 g
Eigelb	8 St.	1 St.
Eiweiß	6 St.	1 St.
Salz.		

40 g Butter und 8 Eigelb werden schaumig gerührt, das Mehl und das in Milch geweichte, ausgedrückte Brot, dann Spinat, welcher in 20 g Butter gedämpft wurde und passiert ist, dazugetan; das Salz und den Eierschnee darunter mischen. Die Masse wird in bebutterter und mit Weißbrot ausgestreuter Puddingsform im Wasserbad 1 Stunde gekocht.

48. Spinat-Auflauf.

Spinat	1000 g	120 g
Butter	70 g	10 g
Milch	600 g	80 g
Mehl	100 g	12 g
Salz.		

Milch, 30 g Butter und Mehl werden zu einem gebrühten Teig gekocht, der in Salzwasser gekochte und passierte Spinat darunter gemischt, 40 g Butter und die Eigelb werden schaumig gerührt, dann mit dem Teig Spinat, Salz und Eierschnee vermischt und die Masse in der Auflaufform eine halbe Stunde gebacken.

49. Spinat-Laubfrösche.

Spinat	1250 g	160 g
Butter	75 g	12 g
Brot	120 g	15 g
Eier	4 St.	1 St.
Petersilie	20 g	
Fleischsuppe oder Wasser	250 g	30 g.
Salz.		

Spinat (junge, aber große Blätter) in kochendem, gesalzenem Wasser spülen, abtropfen lassen, 2—3 Blätter auf- und nebeneinanderlegen, mit der Farce bestreichen, zusammenrollen und in bebuttertes flaches Geschirr dicht nebeneinander legen, mit kochender Fleischbrühe begießen und gardämpfen.

Farce: Brot eingeweicht und ausgedrückt, mit Petersilie in Butter dämpfen, übrige Butter mit 2 Eiern schaumig rühren, von 2 Eiern weiches Rührei bereiten, alles gut mischen, salzen und als Füllung für die Spinatblätter verwenden. Zu diesen Laubfröschen reicht man irgendeine gute Butter- oder Rahm-Sauce dazu.

50. Selleriegemüse von Knollen-Sellerie.

Sellerieknollen	1000 g	120 g
Butter	60 g	10 g
Bouillon.		
Salz.		

Sellerie schälen, in Scheiben in Salzwasser halbweich kochen, mit Butter und etwas Bouillon gardämpfen.

51. Selleriegemüse, andere Art.

Die Sellerie kocht man in Salzwasser weich, schneidet sie in Scheiben und vermischt sie mit einer Rahm- oder Butter-Sauce.

52. Sellerie-Püree.

Wie Nr. 50 kochen, das Wasser ablaufen lassen, die Sellerie durchpassieren, mit etwas Buttersauce mischen, aufkochen lassen und anrichten.

53. Bleich-Sellerie.

Bleich-Sellerie wird in Wasser weichgekocht, mit frischer Butter durchgedämpft und serviert. Auch mit Kraftsauce zu reichen.

54. Sauerkraut-Püree.

Sauerkraut wird sehr weich gekocht, und zwar nur mit Butter und 2—3 geschälten Kartoffeln und etwas Wasser, ca. 4 bis 6 Stunden. Dann im Ofen, eventuell am andern Tag nachgekocht, so daß es ein wenig anbratet, durch ein Sieb passiert und mit Butter in verschwitztem Mehl oder Maizena binden.

55. Artischocken.

4 große oder 6 kleine italienische Artischocken.

Wasser . . . . 3000 g
Salz . . . . 40 g
Butter . . . . 20 g
Zitronensaft . . . . 1 Teel.

Die Spitzen der Artischocken werden mit einem scharfen Messer 3 cm breit abgeschnitten. Dann werden die Artischocken bei starker Hitze in dem Salzwasser, Butter und Zitronensaft gar gekocht. Man richtet sie sofort auf einer Serviette stehend an und reicht Butter- oder Holländische-Sauce dazu. Zeitdauer 1½ Stunden.

56. Artischocken-Böden.

Artischockenböden . . . . 12 St.
Jus . . . . 250 g
Junge Schoten . . . . 1000 g

Eingemachte Artischockenböden dämpft man mit der kräftigen Jus eine halbe Stunde durch und füllt sie mit kleinen Schotenkernen und richtet sie in einem Rand an oder richtet sie zur Garnitur von Fleischspeisen. Zeitdauer ¾ Stunden.

57. **Bananenwürste.**
   Unreife grüne Bananen . . . . . . 20 St.
   Salz.
   Zitronensaft.
   Eiweiß . . . . 4 St.
   Milch oder Wasser . . . . 4 Eßl.
   Mehl . . . . 120 g
   Salz.
   Backfett oder Butter.

Die Bananen werden geschält und eine Stunde vor dem Gebrauch mit Salz und Zitronensaft eingerieben. Die Stücke werden durch mit etwas Milch oder Wasser verschlagenes Eiweiß gezogen und in Mehl gewendet, schwimmend in heißem Fett gebacken oder in Butter auf der Pfanne gebraten und mit Kapern-Sauce gereicht. Zeitdauer 1¾ Stunden.

58. **Püree von gelben Erbsen.**
   Erbsen . . . . 600 g   75 g
   Butter . . . . 75 g   10 g
   Mehl . . . . 40 g   5 g
   Fleischsuppe oder Wasser.

Die Erbsen werden gewaschen und abends eingeweicht und mit demselben Wasser weich gekocht, wenn die Flüssigkeit ziemlich eingesogen ist, durch ein Sieb gestrichen. Kurz vor dem Anrichten wird das Püree in einem irdenen Topf mit Butter und Mehl durchgeschwitzt und mit Salz abgeschmeckt.

59. **Bohnen-Püree.**
   Bohnen . . . . 700 g   90 g
   Mehl . . . . 40 g   5 g
   Butter . . . . 50 g   10 g
   Fleischbrühe oder Wasser.
   Zubereitung wie Erbsen-Püree.

60. **Püree von Linsen.**
   Zutaten und Zubereitung wie Erbsen-Püree.

Alle Hülsenfrüchte werden vor dem Weichkochen 8—10 Std. in kaltem Wasser eingeweicht und mit kaltem Wasser aufgesetzt.

Dreizehnte Abteilung.

Salate.

Grüne und Gemüsesalate, wenn überhaupt gestattet, sind mit bestem Öl, Zitronensaft und Salz zu mischen oder mit dickem saurem Rahm und Salz, oder mit Eigelb, Salz und Rahm, oder mit Öl-Sauce, siehe S. 127.

1. Blumenkohl-Salat.

Blumenkohlröschen werden in Salzwasser weichgekocht, mit dickem saurem Rahm, in welchem Eigelb und Salz verquirlt wird, gemischt. Für 250 g Rahm nimmt man 2 Eigelb.

2. Bohnen-Salat.

Zarte grüne oder gelbe Bohnen werden abgezogen, recht fein geschnitten und in leichtem Salzwasser weichgekocht, dann läßt man sie abtropfen und mischt sie mit den gewünschten Zutaten. Bohnensalat mit recht dickem saurem Rahm, Zitronensaft und Salz gemischt ist vorzüglich zu kaltem Fleisch.

3. Karotten-Salat.

Die Karotten werden sauber mit der Bürste gewaschen, unzerteilt in Salzwasser weichgekocht, geschält und in kleine Scheiben geschnitten, darauf mit Öl und Zitronensaft gemischt.

4. Kartoffelpüree-Salat.

Kartoffeln werden gekocht und heiß durch ein Sieb gepreßt oder auf einem Reibeisen gerieben. Man halte eine warme Schüssel dazu bereit. Dicken sauren Rahm hat man vorher mit Eigelb und Salz verquirlt, diese Sauce mischt man leicht unter das Kartoffel-Püree, schmeckt es mit Salz ab, gibt noch etwas Zitronensaft dazu und serviert sofort. Kartoffelpüree-Salat kann auch ohne Rahm und Eigelb bereitet werden.

5. Meerrettich-Salat.

Guter Meerrettich wird geputzt und auf dem Reibeisen gerieben, sofort mit Öl, Zitronensaft und Salz, eventuell mit etwas Wasser oder Fleischbrühe gemischt.

6. Sellerie-Salat.

Sellerieknollen werden sauber gebürstet, in Salzwasser weich gekocht, geschält und in Scheiben geschnitten, mit Öl, Zitronensaft und etwas Salz gemengt. Man kann die Sellerie jedoch auch putzen und in Scheiben kochen.

7. Spargel-Salat.

Spargel werden sorgsam geschält, in 3 cm lange Stücke geschnitten und weichgekocht. Wenn abgetropft und verkühlt, mit Zitronensaft und Öl oder auch mit einer Sauce (siehe Ölsaucen) angerichtet.

8. Tomaten-Salat.

Die Tomaten werden recht kalt gelegt. Kurz vor dem Anrichten wischt man sie ab und taucht sie in kochendes Wasser, schneidet sie mit scharfem Messer in nicht zu dünne Scheiben, indem man möglichst die Kerne entfernt und mit Öl, Zitronensaft und Salz mischt; unter Umständen auch nur mit Öl und Salz oder mit saurem Rahm, Zitronensaft und Salz.

9. Tomaten-Salat und Spargel-Salat.

Tomatensalat und Spargelsalat werden zu gleichen Teilen gemischt.

Vierzehnte Abteilung.

Kartoffel-Speisen.

Zu allen Kartoffelspeisen ist es gut, eine mehlige Kartoffel zu verwenden. Hat man keinen Kartoffeldämpfer, so achte man sehr darauf, daß die Kartoffeln recht trocken abgegossen werden, wenn sie gar sind, damit die davon zu bereitenden Speisen nicht mißraten.

1. Kartoffel in der Schale gekocht.

Kartoffeln . . . . 1200 g
Salzwasser . . . . 3000 g

Die gleichmäßig großen Kartoffeln werden gewaschen und mit so viel Wasser aufs Feuer gestellt, bis es fast darüber zusammengeht, dann fügt man Salz zu und kocht sie zugedeckt langsam weich, worauf man das Wasser abgießt und die Kartoffeln noch einige Zeit auf der Herdseite durchdämpfen läßt. Neue Kartoffeln sollen etwas aufspringen. Zum Kochen der Kartoffeln eignen sich die Siebkocher sehr gut, wo die Kartoffeln nur in Dampf weichgekocht werden. Zubereitungszeit neuer Kartoffeln 20—30 Minuten und alter Kartoffeln $3/4$—1 Stunde.

2. Neue Kartoffeln kocht man stets in der Schale, weil sie wässeriger sind. Man rechnet auf 1 Pfund ½ Liter Wasser und 10 g Salz.

3. Kartoffeln in der Schale gebacken.

Die Kartoffeln werden gewaschen und auf einem Blech im Ofen unter häufigem Wenden gebraten.

4. Salzkartoffeln.

Die gereinigten Kartoffeln werden geschält, in Stengelchen oder Würfelchen geschnitten, gewaschen, mit kochendem Salzwasser aufs Feuer gesetzt und langsam weichgekocht. Dann gießt man sie ab und übergießt sie eventuell mit in Butter gelb gedämpften Zwiebeln, oder man bestreut sie mit gehackter Petersilie und gießt heiße Butter darüber.

5. Schwenkkartoffeln oder à la maître d'hôtel.

Neue Kartoffeln werden gewaschen und geschält, wieder gewaschen und mit kochendem Salzwasser aufs Feuer gestellt, weichgekocht und abgegossen. Dann läßt man in einer Pfanne die Butter zergehen, gießt die Kartoffeln hinein und bratet sie darin unter Zugabe von viel feinem Grünen kurze Zeit.

6. Milchkartoffeln.

Kartoffeln, geschält	1250 g	150 g
Butter	50 g	8 g
Mehl	30 g	5 g
Milch	500 g	50 g
Eigelb	4 St.	1 St.
Salz.		

Die Kartoffeln werden in Scheiben oder Würfel geschnitten, mit Salzwasser aufgesetzt, bis zum Kochen gebracht und abgegossen. In einem Geschirr hat man Butter, Milch, Salz und das vorher kalt angerührte Mehl aufgekocht, gießt es nun über die Kartoffeln und läßt sie langsam weichkochen. Das Gericht läßt sich noch verbessern durch Zugabe von 4 Eigelb, welche kurz vor dem Anrichten mit Wasser verquirlt dazukommen.

7. Rahm-Kartoffeln.

Werden bereitet wie voriges Rezept, doch läßt man Butter und Mehl fort und verwendet statt Milch 500 g Rahm. Hierzu sticht man rohe Kartoffeln rund aus, kocht sie in Salzwasser und läßt sie in genügend dicker Mehlsauce weichkochen. Sehr schmackhaft ist es, gekochten, in kleine Würfelchen geschnittenen Schinken darunter zu mischen, wenn die Kartoffeln weich sind.

8. Bouillon-Kartoffeln.

Kartoffeln schälen, schneiden oder dressieren, einmal abkochen, mit kochender Fleischbrühe übergießen, darin weichkochen. Die Fleischbrühe soll dabei etwas einkochen, so daß man eine saftige, kräftige Kartoffel hat.

9. Kartoffelschnee.

Kartoffel in Salzwasser weichkochen, das Wasser abgießen, die Kartoffeln trocknen lassen, durch die Püreepresse auf heiße Platte drücken, sofort servieren.

10. Kartoffelschnee, angebraten.

Wie vorige Nummer, doch in eine Pfanne mit heißer Butter drücken, leicht anbraten, so daß eine gelbliche Rinde entsteht und gestürzt anrichten.

11. Kartoffel-Püree.

Kartoffeln, geschält	2000 g	250 g
Butter	75 g	15 g
Milch	500 g	75 g

Kartoffeln geschält, weichkochen, abgießen, trocknen lassen, passieren und mit der heißen Butter tüchtig rühren auf dem Herd, salzen, dann die kochende Milch dazugießen, rühren und schlagen, daß ein leichtes, lockeres Püree entsteht.

12. Kartoffel-Nudeln, Bällchen-Kotelettes.

Kartoffeln, gekocht und passiert	800 g	100 g
Eigelb	4 St.	1 Eigelb
Butter	20 g	5 g
Mehl	40 g	8 g
Salz.		

Kartoffeln wie zu Kartoffelpüree kochen und vorbereiten, heiß passieren, halberkaltet mit der schaumig gerührten Butter, den Eiern und dem Mehl vermischen, salzen.

I. Aus dieser Masse durch Rollen auf dem Backbrett fingerlange Würstchen oder Nudeln formen, die man schwimmend in Fett schnell garbäckt.

II. Aus der gleichen Masse runde kleine Bällchen drehen und im Fett schwimmend backen.

III. Von der gleichen Masse kleine Kotelettes ausstechen und auf der Pfanne backen.

Alle drei Sorten können vor dem Backen mit Ei und sehr feigeriebenem Stoßbrot paniert werden.

13. Pommes Dauphines.

Kartoffeln, gekocht und passiert	625 g	90 g
Butter	50 g	8 g

Milch . . . . 200 g   25 g
Mehl . . . . 175 g   22 g
Eier . . . . 4 St.   1 Eigelb

Kartoffeln mit Mehl vermischen, in Butter und Milch zu einem Teig abbrennen, Ei und Salz untermischen, den Teig gut schlagen und, wenn erkaltet, durch Dressiersack kleine Kugeln davon in tiefe Pfanne mit heißem Fett spritzen, gelb und gar backen.

14. Pommes Duchesse.

Kartoffeln gekocht, passiert 1000 g   125 g
Butter . . . . 50 g   10 g
Rahm . . . . 50 g   10 g
Eigelb . . . . 3 St.   1 St.
Salz.

Teig wird gemacht wie voriges Rezept, mit Dressiersack oder von Hand werden aus der Kartoffelmasse runde oder längliche Kuchen geformt, mit Butter leicht bestrichen und auf Blech im Ofen gebacken.

15. Kartoffel-Auflauf.

Kartoffeln, gekocht und
passiert . . . . 800 g   100 g
Butter . . . . 75 g   10 g
Milch . . . . 500 g   75 g
Eigelb . . . . 4 St.   1 St.
Eiweiß . . . . 8 St.   1 St.
Käse, gerieben . . . . 80 g   10 g
Salz.

Die Butter wird mit dem Eigelb und etwas Salz schaumig gerührt, dann fügt man die gekochten, durchpassierten Kartoffeln abwechselnd mit Milch und Käse unter stetem Rühren dazu. Dann zieht man den steifen Eierschnee in die Masse und bäckt sie in der bebutterten Auflaufform eine halbe Stunde.

16. Kartoffel-Pudding.

Kartoffeln, gekocht und
passiert . . . . 600 g   80 g
Butter . . . . 100 g   15 g
Eier . . . . 10 St.   2 St.
Milch . . . . 500 g   75 g
Käse, gerieben . . . . 90 g   12 g
Salz.

Zubereitung wie bei Kartoffelauflauf, doch in Puddingform im Wasserbad kochen. Zu beiden Speisen eignet sich Tomaten-Sauce.

Reicht man letztere dazu, so läßt man den Käse im Auflauf bzw. Pudding fehlen.

17. Wiener Kartoffel-Plätzchen.

Kartoffeln gekocht, passiert	300 g	50 g
Milch	125 g	15 g
Mehl	180 g	25 g
Butter	25 g	5 g
Eier	2 St.	1 Eigelb

Kartoffeln mit Salz, Butter, Milch und Ei vermischen, dann mit dem Mehl gut verkneten, ganz dünn ausrollen, runde Platten in beliebiger Größe ausstechen, in heißer Butter schnell backen. Die Plätzchen müssen hoch aufgehen und ganz luftig sein.

18. Kartoffel-Pfannkuchen.

Kartoffel, gekocht und passiert	500 g	80 g
Milch	250 g	30 g
Mehl	100 g	12 g
Eier	5 St.	1 St.
Salz.		

Obenstehende Zutaten mischt man gut untereinander, wobei es vorteilhaft ist, das Eiweiß zu steifem Schnee zu schlagen, damit die Pfannkuchen recht locker werden. In einer Pfanne wird wenig Backbutter heiß gemacht, legt dann mit dem Löffel den Teig fingerdick wie eine halbe Hand groß nebeneinander und backt die Kuchen goldbraun.

19. Pommes frites.

Möglichst gleichmäßig große Kartoffeln schälen, in Scheiben und dann in Stifte schneiden (etwa 1 cm dick), in heißem Fett weichkochen, abtropfen lassen, dann nochmals in heißem Fett schwimmend hellbraun backen, auf ein Tuch legen, mit Salz durchschütteln und anrichten.

20. Pommes Parisiennes.

Geschälte Kartoffeln werden rund ausgestochen, diese in ein flaches Geschirr oder Pfanne mit heißer Butter gegeben, gesalzen und zugedeckt unter häufigem Schütteln sehr weich gebraten. Sie sollen keine harte Kruste bekommen, und lassen sich auch gut im Bratofen bereiten.

21. Nestchen von Kartoffeln.

Man verwendet zu diesem Nestchen einen Nestbacklöffel; man füllt den unteren Löffel des Nestbackeisens mit den mit dem

Juliennehobel roh geschnittenen Kartoffeln, streicht auch die Seiten des Löffels aus, jedoch nicht zu dick. Dann rückt man den obern Löffel darauf, schließt den Griff und bäckt das Nestchen in rauchheißem Fett. Das Nestchen wird vom Eisen sorgfältig abgeschlagen und abgetropft, mit feinem Salz bestreut. Man verwendet die Nestchen zur Garnierung von Fleischplatten, indem man sie mit Gemüse füllt, oder als selbständige Gerichte, wie Ei im Nestchen usw. Man kann diese Nestchen mit Ragout oder mit Spinat oder mit Fleischhaschee füllen.

22. Ei im Nestchen.

Die fertig gebackenen Nestchen werden mit Spinat gefüllt und obenauf ein Ei gelegt und mit Salz bestreut.

23. Gefüllte Kartoffeln.

Kartoffeln	1500 g
Ei	2 St.
Salz.	
Käse	2 Eßl.
Rahm	6 Eßl.
Grünes.	
Butter	2 Eßl.

Die weichgekochten Kartoffeln werden geschält, der Boden flachgeschnitten, gut ausgehöhlt und mit folgender Fülle gefüllt. Die Abfälle vom Aushöhlen werden gestoßen und mit Salz, Käse, Grünem, Rahm und Ei vermischt. Die so gefüllten Kartoffeln werden mit zerlassener Butter in einer Pfanne in den Ofen gestellt und 20 Minuten gebacken.

Fünfzehnte Abteilung.

Eierspeisen.

Zur Bereitung der meisten Eierspeisen wird frische Butter gebraucht. Zum Backen auf der Pfanne und zum Ausbuttern der verschiedenen Formen nehme man ausgekochte Butter.

Eierverwendung ohne Mehl.

1. Ei gebrüht.

Um die Eier ganz zartweich zu haben, übergieße man sie in einer Porzellanschüssel mit kochendem Wasser. Nach einer Minute gießt man wieder ab, überbrüht nochmals und serviert sofort.

2. Ei gekocht I.
Ei mit kaltem Wasser ansetzen, wenn kocht, abnehmen und sofort servieren.

3. Ei gekocht II.
Ei in kochendes Wasser legen, 2—3 Minuten ohne Deckel kochen lassen.

4. Ei wachsweich.
Wie vorige Nummer, doch 6 Minuten kochen lassen.

5. Ei hart.
Ei gekocht wie vorige Nummer, doch 8 Minuten kochen lassen.

6. Spiegelei I.
Ei in Pfanne oder dazu geeignete Porzellanplatte mit heißer Butter schlagen, auf heißem Herd leicht gerinnen lassen, etwas Salz darauf streuen, gleich anrichten, Spiegelei darf nicht braun oder hart werden.

7. Spiegelei II.
In gleicher Weise wie voriges Rezept, doch läßt man das Ei in dem Geschirr, nicht auf der Herdplatte, sondern auf kochendem Wasser gerinnen.

8. Verlorenes Ei.
Siehe S. 42, Nr. 46.

9. Gebackenes Fallei.
Siehe S. 43, Nr. 47.

10. Ei in der Form.
Besonders dazu gehörige kleine Steingutbecher gut mit Butter ausstreichen, das Ei hineinschlagen, mit wenig Salz bestreuen, in kochendem Wasser leicht gerinnen lassen und sofort servieren.

11. Ei im Nest für 1 Person.

Ei . . . . 1 St.
Brot (eine runde geröstete Schnitte) . 20 g
Butter . . . . 3 g
Salz.

Brot mit leichtem Salzwasser anfeuchten, in bebutterte Porzellanplatte legen, Eiweiß zu steifem Schnee schlagen, nestförmig auf dem Brot ordnen, in die Vertiefung das Eigelb geben, wenig Salz darauf streuen und ganz leicht im Ofen backen.

Eierverwendung ohne Mehl. 155

12. **Ei in der Tomate für eine Person.**
    Tomate, eine halbe, große, ausgehöhlt.
    Ei . . . . 1 St.
    Butter . . . . 4 g
    Käse gerieben . . . . 4 g
    Salz.
    Tomate in bebutterte Porzellanform legen, Ei hineinschlagen, wenig Salz und Butter darauf, im Ofen leicht gerinnen lassen. Durch Bestreuen mit geriebenem Käse verändern.

13. **Omelette française.**
    Eier . . . . 15 St.   2 St.
    Butter . . . . 50 g   10 g
    Rahm (süß) . . . . . 100 g   12 g
    Salz.
    Eigelb, Rahm und Salz recht schaumig rühren, Eiweiß zu steifem Schnee schlagen, dann beides vermischen und sofort in der Pfanne mit wenig Butter hellgelb backen. Man backt diese Omelette auf einer Seite, indem man mit der Schaufel darin hin und her rührt, bis die Masse nicht mehr flüssig und unten leicht gelb ist. Die Omelette wird zur Hälfte zusammengelegt und gleich serviert. Diese Omelette kann man durch verschiedene Zutaten verändern: als

14. **Käse-Omelette**
    mit geriebenem Käse . . . . . . 70 g
    Parmesan und Emmenthaler gemischt.

15. **Kräuter-Omelette**
    mit gewiegten Kräutern . . . . . ca. 25 g
    Petersilie, Schnittlauch, Kerbel u. a. m.

16. **Spinat-Omelette**
    mit fertigem Spinat . . . . 150 g

17. **Spargelspitzen-Omelette**
    mit Spargelspitzen . . . . 350 g

18. **Tomaten-Omelette**
    mit Tomatenpüree . . . . 200 g

19. **Fleisch-Omelette**
    mit verschiedenen Fleischmischungen, siehe Rührei, Nr. 36, S. 158.

20. Schaum-Omelette.

Eier	16 St.	2 St.
Zucker	100 g	15 g
Salz.		

Eigelb mit Zucker sehr schaumig rühren, den steifen Eierschnee dazu, in der Pfanne, auf dem Herd oder im Ofen auf einer Seite ganz zart backen und zusammengeklappt servieren.

21. Omelette soufflé I.

Wie vorige Nummer, doch statt auf der Pfanne in bebutterter Auflaufform im Ofen backen.

22. Omelette soufflé II.

Wie Omelette Nr. 20, jedoch mit 15 g Maizena und statt 100 mit 150 g Zucker schaumig rühren.

Omelette 20—22 kann man auch mit Zucker bestreut servieren.

23. Omelette soufflé mit Kruste.

20, 21 und 22. Kann auch mit Zucker bestreut und mit einem glühenden Schäufelchen gebrannt werden.

24. Omelette mit Kaviar.

Eier	16 St.	2 St.
Salz.		

Eigelb mit Salz schaumig rühren, Eierschnee darunterziehen und den Kaviar daruntermischen, 10—40 g.

Statt den Kaviar unter die Masse zu mischen, kann man ihn auch zwischen die fertige Omelette streichen.

25. Eierklößchen

siehe Suppeneinlagen Nr. 37, S. 40.

26. Eierkäse oder Eierstich

siehe Suppeneinlagen Nr. 23, S. 35.

27. Rührei.

Eier	16 St.	2 St.
Milch	225 g	50 g
Butter	50 g	10 g
Salz.		

Ei, Milch und Salz gut verquirlen, in der heißen Butter unter fleißigem Umrühren zu einer breiartigen Masse gerinnen lassen.

Eierverwendung ohne Mehl.

28. Rührei, andere Art.
Wasser . . . . 225 g   30 g
Butter . . . . 50 g   10 g
Eier . . . . 16 St.   2 St.
Salz.

Wie vorige Nummer. Für besondere Fälle ist das Rührei noch durch ein Sieb zu streichen.

29. Rühreipüree (mit Wasser oder Milch).
Eier . . . . 12 St.   2 St.
Flüssigkeit . . . . 220 g   30 g
Butter . . . . 75 g   15 g
Eigelb, hartgekocht . . . 3 St.   1 St.
Rahm, süß . . . . 120 g   20 g
Salz.

Dieses Rührei wie Nr. 27 bereiten, durch das Sieb streichen, mit hartgekochtem und passiertem Eigelb gut verreiben, mit dem Rahm zusammen auf dem Wasserbad nochmals erhitzen.

30. Rührei mit Käse.
Zubereitung wie Nr. 27, doch während des Backens mit 70 g geriebenem oder in Scheiben geschnittenem Käse vermischen. Salz weglassen.

31. Rührei mit Tomaten.
Rührei wie Nr. 27 und 200 g Püree. Das Tomatenpüree mit der Eiermasse zum Rührei rühren.

32. Rührei mit Kräutern.
Gewiegte Kräuter . . . . 25 g
Rührei wie Nr. 27 und die Kräuter mit der Eiermasse zum Rührei rühren.

33. Rührei mit Spinat.
Spinat . . . . 150 g
Rührei wie Nr. 27 und den fertig gekochten Spinat mit der Eiermasse zum Rührei rühren.

34. Rührei mit Spargel.
Spargel . . . . 350 g
Rührei wie Nr. 27 und die weichgekochten, in Scheibchen geschnittenen Spargel| mit der Eiermasse zum Rührei rühren.

35. Rührei mit Braten.
Braten, zerschnittenen . . . . . 200 g
unter das fertige Rührei mischen.

36. Rührei mit Fleischhaschee.
Fleischhaschee . . . . 200 g
Rührei wie Nr. 27 und das Fleischhaschee mit der Eiermasse zum Rührei rühren.

37. Rührei mit Schinken.
Schinken, fein gehackt oder in
Würfeln . . . . 200 g
Wie Nr. 27 und den Schinken mit der Eiermasse zum Rührei rühren.

38. Rührei mit Zunge.
Gekochte Zunge, in Streifen geschnitten . . . . 200 g
unter das fertige Rührei mischen.

39. Rührei mit Hirn und Rührei mit Milken.
Hirn oder Milken gekocht oder gedämpft . . . . 200 g
unter das fertige Rührei mischen.

40. Rührei mit Fisch, gekocht oder geräuchert.
Fisch zerpflückt und entgrätet . . 200 g
und mit der Eiermasse zum Rührei rühren.

41. Rührei mit Kaviar.
Kaviar . . . . 50 g
unter das fertige Rührei mischen.

42. Rührei mit Geflügelleber.
Rührei mit Trüschenleber } Leber weich gedämpft und in Würfel geschnitten 200 g mit dem fertigen Rührei mit Hechtleber } Rührei mischen.

Eier-Käse-Speisen.

43. Eier à la Parma.

Eier	12 St.	2 St.
Käse, geriebener	100 g	18 g
Butter	80 g	15 g
Rahm	120 g	20 g

Gratinplatte gut mit Butter ausstreichen, mit Käse bestreuen, Eier nebeneinander daraufschlagen, Rahm (mit wenig Salz) darüber füllen, nochmals mit Käse bestreuen, Butterstückchen obenaufgeben, vorsichtig backen, so daß die Eier nur gerinnen.

44. Käseplatten-Müesli.

Käse	400 g	50 g
Butter	120 g	15 g
Rahm oder Milch	1200 g	150 g
Eier	8 St.	1 St.

Käse gerieben, Butter und Rahm zusammen aufkochen, halbverkühlt mit den Eiern verschlagen, in gebutterter Platte backen.

45. Kleine Käsepuddings.

Käse, gerieben	210 g	60 g
Eier	8 St.	2 St.
Rahm	750 g	175 g

Käse, Eigelb und Rahm und zuletzt der steife Eierschnee darunter gemischt, in gebutterte Törtchenformen gefüllt, im Ofen hellgelb gebacken und heiß serviert.

46. Käsecreme.

Milch	1500 g	300 g
Käse	250 g	50 g
Eier	10 St.	2 St.

Milch und Eier gut verschlagen und unter Rühren zum Kochen bringen, den geriebenen Käse hinzugeben und, nochmals aufgekocht, möglichst schnell anrichten. (Als Beigabe zu verschiedenen Kartoffelspeisen sehr geeignet.)

Eierspeisen mit Mehl.

47. Heidelberger Eierhaber (Kußmaul).

Mehl	100 g	12 g
Milch	600 g	75 g
Eier	15 St.	2 St.
Salz.		

Mehl, Milch und Eigelb gut verrühren, salzen und den steifen Eierschnee hinzugeben, gut mischen, auf der Pfanne von beiden Seiten ganz hell backen, mit der Backschaufel zerreißen, sobald durchgebacken, anrichten.

48. Eierfladen, siehe Suppeneinlagen Nr. 28, S. 37.

49. Pfannkuchen I.

Eier	15 St.	2 St.
Mehl	50 g	6 g
Milch oder Wasser	300 g	40 g
Salz.		

Mehl, Milch, Eigelb und Salz gut verschlagen, Eierschnee, dazu, Pfannkuchen in beliebiger Dicke davon machen.

50. Pfannkuchen II (Schweizer Omelette).
Eier	10 St.	2 St.
Mehl	150 g	30 g
Milch	150 g	30 g
Rahm, sauer	300 g	60 g
Salz.		

Zubereitung wie Nr. 49.

51. Pfannkuchen III.
Eier	10 St.	2 St.
Mehl	200 g	40 g
Milch	450 g	90 g
Salz.		

Zubereitung wie Nr. 49.

52. Pfannkuchen III a, wie Pfannkuchen Nr. III, doch ist an Stelle der Milch Wasser oder Fleischsuppe zu nehmen.

53. Pfannkuchen IV oder gebrühter Pfannkuchen.
Eier	10 St.	2 St.
Mehl	250 g	50 g
Wasser	600 g	120 g
Salz.		

Mehl gesiebt, mit dem kochenden Wasser ganz glatt rühren, Salz, Eigelb dazu und kurz vor dem Backen den steifen Eierschnee.

54. Pfannkuchen V (Kraftpfannkuchen).
Eier	10 St.	2 St.
Mehl	115 g	22 g
Bouillon	180 g	40 g
Salz (evtl. Petersilie und Schnittlauch).		

Mehl, Eier, Bouillon und Salz gut vermischen (noch besser ist Eiweiß zu Schnee), nicht zu dünne Kuchen davon backen. Diese Pfannkuchen mit etwas Sauce (Kraftsauce) füllen, zusammenrollen und mit der gleichen Sauce übergießen oder dieselbe nebenher reichen.

55. Eierkrokettes.
Eier	15 St.	2 St.
Mehl	125 g	25 g
Butter	45 g	8 g

Rahm . . . . 60 g   12 g
Evtl. gehackte Petersilie und Schnittlauch.
Salz.

Die Eier werden hartgekocht, wenn erkaltet, geschält und fein gewiegt. Butter schaumigrühren, Mehl, Rahm, Eier und Salz dazu und längliche Krokettes davon formen, in Eigelb und Stoßbrot wenden und auf der Pfanne oder schwimmend in Fett backen. Statt 60 g Rahm kann man auch 75 g dicke Bechamelsauce nehmen. In diesem Fall ist die Butter wegzulassen.

Sechzehnte Abteilung.

Mehlspeisen.

Gutes trockenes Mehl ist notwendig zur Herstellung von Mehlspeisen. Von Teigwaren kaufe man stets die besten Sorten. Diese sollen für Patienten recht weich gekocht werden, und zwar in der Weise, daß man sie in kochendem Wasser ansetzt, gut aufkochen läßt und an der Herdstelle langsam weichkocht. Bei Aufläufen, Puddings usw. hat man häufig statt Milch Wasser zu verwenden oder jedes zur Hälfte.

Zeitdauer für Backen von Aufläufen und Kochen von Puddings kommt auf die Größe der Formen an. Einen Pudding für 2 Personen 30 Minuten, einen solchen für 8 Personen $1\frac{1}{4}$—$1\frac{1}{2}$ Stunden.

Um bei Aufläufen die Krustenbildung zu verhindern, deckt man ein mit Butter bestrichenes Pergamentpapier darüber, welches man, sobald es sich stark bräunen sollte, erneuern muß. Einen Auflauf für 1—2 Personen läßt man 15—20 Minuten im Ofen, für 8—10 Personen 30—45 Minuten.

Mehlspeisen, welche im Fett schwimmend gebacken werden, soll man heiß auf Fließpapier legen oder auf ein Sieb, bevor sie angerichtet werden, damit so viel als möglich von dem daran haftenden Fett entfernt wird.

Bei den Grießspeisen muß man Sorge tragen, daß der Grieß gut aufquillt. Dies braucht nicht durch heftiges Kochen zu geschehen, sondern, nachdem gut aufgekocht, durch längeres Stehen und Ziehen der Grießmasse an heißer Herdstelle, wobei man hin und wieder umzurühren hat.

Teigwaren-Mehlspeisen.

1. Fideli (Fadennudeln), naturell.
Salzwasser.
Fideli . . . . 500 g   60 g

Die auf einem Sieb mit kaltem Wasser gewaschenen Fideli in kochendem Salzwasser langsam weichkochen, dann gut abtropfen lassen. Zeitdauer ½—1 Stunde.

2. Fideli gedämpft.
Fideli . . . . 500 g   60 g
Butter . . . . 80 g   10 g
Salz.

Fideli kochen wie in voriger Nummer, nach dem Abtropfen mit zerlassener Butter durchschwenken, auf dem Herd noch 15 Minuten dämpfen.

3. Fideli geschmelzt.
Fideli . . . . 500 g   60 g
Butter . . . .   80 g   10 g

Fideli wie Nr. 1 kochen, anrichten, mit der gebräunten Butter übergießen und, wenn erlaubt, etwas in Butter geröstetes Stoßbrot darüber streuen.

4. Fideli mit Butter und Käse.
Fideli . . . . 500 g   60 g
Butter . . . .   80 g   15 g
Käse gerieben . . . .   80 g   10 g
Salz.

Fideli kochen wie Nr. 1, mit der zerlassenen Butter und dem Käse durchschwenken oder mit Käse auf der Platte anrichten und mit der Butter übergießen.

5. Schinkenfideli.
Fideli wie Nr. 1, 2, 3 oder 4 bereiten. Außerdem noch mit 150 g gekochtem feingehackten Schinken vermischen.

6. Fideli angebraten.
Fideli . . . . 400 g   50 g
Butter . . . .   50 g   10 g
Rahm . . . .   200 g   25 g
Käse . . . .   80 g   10 g
Eigelb . . . .   5 St.   1 St.
Salz.

Fideli kochen wie 1, wenn abgetropft und erkaltet, die Mischung von Rahm, Eigelb und geriebenem Käse in heißer Butter umwenden und leicht anbraten.

7. Fideli-Omelette.

Fideli.	200 g	25 g
Mehl	100 g	12 g
Milch	600 g	75 g
Eier	10 St.	2 St.
Salz.		

Fideli kochen wie Nr. 1, mit Omeletteteig (von den Eigelb, Mehl, Milch und Salz und Eierschnee) leicht vermischen, Omeletten davon backen.

8. Fideli au gratin.

Fideli.	350 g	50 g
Milch oder Rahm	500 g	60 g
Eigelb	4 St.	1 St.
Eier	2 St.	1 St.
Käse	50 g	10 g
Butter	50 g	10 g
Salz.		

Fideli kochen wie Nr. 1, in bebutterte Gratinplatte geben, Milch, Rahm, Eier und Salz gut verschlagen, darüber geben, mit Käse bestreuen, mit Butterstückchen belegen und leicht backen.

9. Fideli au gratin mit Schinken.

Fideli.	300 g	35 g
Bechamelsauce	800 g	100 g
Schinken, gewiegt	200 g	25 g
Käse, gerieben	50 g	10 g
Butter	40 g	8 g
Salz.		

Wie vorige Nummer, doch statt des Rahmgusses die fertige Bechamelsauce über die mit Schinken gemischten Fideli gießen.

10. Fideli-Auflauf I.

Fideli.	200 g	30 g
Milch	1300 g	180 g
Butter	50 g	20 g
Eier	6 St.	2 St.
Salz.		

Fideli in gesalzener Milch weichkochen, Butter und Eigelb schaumigrühren, die verkühlten Fideli dazugeben, Eierschnee daruntermischen und in der Auflaufform garbacken.

11. Fideli-Auflauf II.

Fideli	200 g	30 g
Milch	500 g	60 g
Butter	150 g	20 g
Eier	6 St.	1 St.
Salz.		

Von Butter, Mehl, Milch und Eigelb kocht man eine Bechamelsauce, vermischt damit die nach Nr. 1 gekochten Fideli, salzt und gibt den Eierschnee dazu und bäckt in der Auflaufform.

12. Fidelipudding I.

Fideli in Milch gekocht	625 g	80 g
oder Fideli roh	140 g	18 g
Butter	150 g	20 g
Eier	10 St.	2 St.
Salz.		

Butter und Eigelb schaumigrühren, Salz und die gekochten kalten Fideli dazugeben, dann den steifen Eierschnee, vermischen, in gebutterte und mit Stoßbrot ausgestreute Puddingform füllen, ¾ voll, und im Wasserbade eine Stunde kochen. Die gekochten abgetropften Fideli, auch andere Teigwaren, kann man der Vorsicht halber für Pudding und Aufläufe mit wenig feinem Mehl bestreuen, damit die etwa noch vorhandene Feuchtigkeit aufgesogen wird.

13. Fidelipudding II.

Fideli	150 g	25 g
Milch	500 g	70 g
Butter	40 g	15 g
Mehl	70 g	15 g
Eier	8 St.	2 St.
Salz.		

Von Milch, Butter und Mehl bereitet man einen gebrühten Teig, mischt die Eigelb, Salz, die gekochten Fideli und den steifen Eierschnee dazu und kocht die Masse, wie in voriger Nummer angegeben.

14. Fidelipudding mit Kalbfleisch oder mit Schinken.

Kalbfleisch	1000 g	125 g
Fideli	125 g	15 g

Rahm	200 g	25 g
Eier	6 St.	1 St.
Salz.		

Das Kalbfleisch in wenig Wasser weichkochen, durch die Maschine treiben, Eigelb und Rahm schaumigrühren, Fleisch, Salz, die gekochten Fideli und den Eierschnee dazugeben und in Puddingform kochen oder in Auflaufform backen. Statt Kalbfleisch kann man auch gekochten Schinken durch die Maschine treiben, davon jedoch nur 850 g. Man muß aber berechnen, daß der Schinken schon gesalzen ist.

15. **Spaghetti, Makkaroni, Hörnli, Gräupli, Strübli und Bandnudeln** werden in gleicher Weise wie Fideli verwendet. Man richtet sich nach den vorstehenden Rezepten. Kochdauer dieser Teigwaren etwas länger als bei Fideli.

Eier-Mehl-Speisen.

16. **Arrowrootauflauf.**

Arrowroot	120 g	20 g
Milch	1200 g	200 g
Eier	12 St.	2 St.
Salz.		

Arrowroot mit etwas Milch sorgfältig verrühren, unter fleißigem Quirlen in die übrige kochende Milch gießen, gut durchkochen lassen, salzen, die Eigelb beimischen und, wenn erkaltet, den steifen Eierschnee dazugeben und in gebutterter Auflaufform backen.

17. **Weizenmehlauflauf.**

Milch	750 g	120 g
Mehl	125 g	22 g
Butter	65 g	15 g
Eier	7 St.	2 St.
Salz.		

Von Milch, Mehl und Salz einen gebrühten Teig kochen, Butter und Eigelb schaumigrühren, den verkühlten Teig und den steifen Eierschnee daruntermischen und in gebutterter Auflaufform backen.

18. **Mondaminauflauf.**

Mondamin	120 g	20 g
Milch	1200 g	200 g
Eier	8 St.	2 St.
Salz.		

Zubereitung wie Nr. 16. Auf andere Art kann man den Mondamin- und Maizenaauflauf machen, indem man die Butter mit dem gebrühten Teig verwendet; wenn dieser etwas abgekühlt ist, dann mischt man langsam die Eigelb damit und fügt den Eierschnee hinzu und bäckt in der Auflaufform oder kocht in der Puddingform.

19. Mondaminpudding.

Mondamin	160 g	25 g
Milch	1000 g	175 g
Butter	50 g	10 g
Eigelb	8 St.	2 St.
Eiweiß	6 St.	1 St.
Salz.		

Zubereitung wie Nr. 16, doch in Puddingform im Wasserbad kochen.

20. Maizenaauflauf.

Maizena	120 g	20 g
Milch	1200 g	200 g
Eier	6 St.	1 St.
Eiweiß	2 St.	1 St.
Salz.		

Zubereitung wie Nr. 16 oder Nr. 17. Dann noch 65 oder 15 g Butter.

21. Schwamm'auflauf.

Mehl	100 g	20 g
Milch	600 g	140 g
Butter	75 g	15 g
Eier	9 St.	2 St.
Salz.		

Zubereitung wie Weizenmehlauflauf, Nr. 17.

22. Schwammpudding.

Genau wie Schwammauflauf, nur in Puddingform im Wasserbade 1 Stunde kochen.

23. Schwammklößchen.

Genau wie Nr. 37, S. 40, bei Suppeneinlagen; nur formt man sie hier etwas größer.

24. Spätzli.

Mehl	500 g	125 g
Eier	4 St.	1 St.

Eier-Mehl-Speisen.

Milch, oder Milch und
  Wasser . . . . 400 g   100 g
  (Es kann auch etwas saure
  Milch dabei sein.)
Salz.

Mehl, Eier, Milch und Salz gut schlagen, den Teig tüchtig mit dem Holzlöffel verarbeiten bis er Blasen wirft. 1 Stunde stehen lassen, dann in bekannter Weise den Teig vom Brett ins kochende Wasser schneiden. Je feiner man die Spätzli schneidet, desto besser werden sie. Sobald sie obenauf schwimmen, müssen sie herausgenommen werden. Man legt sie in ziemlich heißes Wasser, bis alle Spätzli fertig sind. Dann kommen sie zum Abtropfen auf ein Sieb und werden beliebig angerichtet. Die Spätzli kann man ebenso verschiedenartig bereiten wie die Fideli.

25. Wasserstrauben.
    Mehl . . . . 500 g   100 g
    Eier . . . . 5 St.   1 St.
    Milch, sauer und süße ge-
      mischt . . . . 600 g   120 g
    Butter . . . . 25 g
    Salz.

Teig wird bereitet wie zu den Spätzli. Dann gibt man durch einen Trichterlöffel in flaches Geschirr in schwach kochendes Salzwasser den Teig, so daß sich ein runder Strang bildet; wenn sie obenauf schwimmen, mit dem Schaumlöffel herausnehmen und mit zerlassener oder brauner Butter übergießen.

Bei den Milchbrotspeisen kann man zum Einweichen des Brotes statt Milch, Wasser oder beides gemischt nehmen.

26. Weckpudding I.
    Feines Milchbrot (ca. 4 Tage
      alt) . . . . 400 g   100 g
    Milch . . . . 1000 g   250 g
    Eier . . . . 8 St.   2 St.
    Salz.

Weißbrot in dünne Scheiben schneiden, in bebutterte, mit geriebenem Stoßbrot ausgestreute Form legen, Milch, Eier und Salz (gut verquirlt) darübergießen, 2 Stunden stehen lassen und im Wasserbade eine Stunde kochen.

27. Weckpudding II.
    Milchbrot, altbacken . . . 350 g   70 g
    Milch . . . . 1000 g   200 g

Mehlspeisen.

Eier	10 St.	2 St.
Butter	150 g	30 g
Salz.		

Brot zerschneiden, mit Milch übergießen, ganz aufweichen lassen, dann ausdrücken, Butter, Salz und Eigelb zu Schaum rühren, Brot dazu, den Eierschnee beimischen, in Puddingform füllen und etwa 1 Stunde im Wasserbad kochen.

28. Weckauflauf.

Brot	400 g	100 g
Milch	1000 g	250 g
Butter	50 g	15 g
Eigelb	7 St.	1 St.
Eiweiß	9 St.	2 St.
Salz.		

Zubereitung wie Weckpuddings Nr. 26 und 27, doch in Auflaufform backen.

29. Weckklöße.

Wasserweck (5 St.)	250 g	50 g
Butter	100 g	20 g
Eigelb	5 St.	1 St.
Eiweiß	2 St.	1 St.
Mehl	40 g	10 g
Salz.		

Brot abreiben, einweichen, ausdrücken, in der Butter dämpfen, etwas erkalten lassen, mit den Eiern und Mehl gut verrühren, salzen, mit dem Löffel Klöße formen und in leichtem Salzwasser kochen, 10—15 Minuten, mit zerlassener Butter übergießen oder in Bouillon servieren.

30. Brotfarce I.

Zum Füllen von Geflügel oder Kalbfleisch oder Kraut und Spinat.

Weißbrot, gerieben	200 g
Milch oder Brot	200 g
Butter	70 g
Eier	3 St.
Salz.	

Zubereitung wie zu Weckklößen Nr. 29. Sehr gut ist es, Herz und Leber des zu füllenden Geflügels (fein gehackt) oder auch gekochten feingewiegten Schinken (125 g) dazuzunehmen.

Eier-Mehl-Speisen.

31. Brotfarce II.

Weißbrot in Würfeln	100 g
Bouillon	100 g
Butter	60 g
Eier	2 St.

Salz.
Evtl. gehackte Petersilie.

Bouillon über das Brot gießen, wenn aufgesaugt, mit Butter dämpfen, salzen und, wenn verkühlt, Eier dazurühren und zum Füllen verwenden.

32. Grahammehlauflauf. (Schrotmehlauflauf.)

Grahammehl	180 g	45 g
Milch	1000 g	250 g
Butter	40 g	8 g
Eigelb	6 St.	2 St.
Eiweiß	8 St.	2 St.

Salz.

¾ der Milch kocht man mit Salz, gibt das mit der übrigen Milch gut verrührte Mehl hinein und läßt unter Rühren 5 Minuten kochen und noch 5 Minuten auf der Herdseite aufquellen. Butter und Eigelb werden schaumig gerührt, der verkühlte Grahammehlteig dazugegeben, tüchtig gerührt und zuletzt der steife Eierschnee daruntergezogen. Die Masse wird in bebutterter Auflaufform etwa 30 Minuten gebacken.

33. Grahammehlpudding.

Grahammehl	200 g	40 g
Milch	1000 g	250 g
Butter	100 g	8 g
Eier	10 St.	2 St.

Zubereitung der Masse wie bei vorigem Rezept, aber in bebutterter und mit Stoßbrot ausbestreuter Form im Wasserbad eine Stunde kochen.

34. Diätspeise (Dr. Bircher).

Haferflocken	40 g
Wasser	80 g
Mandeln, ungeschält gerieben	25 g
Kondensierte Milch oder Bienenhonig	25 g
Zitronensaft	15 g
Fruchtmasse	150 g

Haferflocken am Abend vor Gebrauch in 80 g Wasser einweichen, am anderen Morgen mit den übrigen Zutaten mischen. Fruchtmasse kann bestehen aus frischen zerdrückten Erdbeeren, Heidelbeeren, Himbeeren, Pfirsichen, Kirschen, Reineclauden, Mirabellen, grobgeschabten Äpfeln oder Birnen. Beim Anrichten mit etwas geriebenen Mandeln bestreuen, welche man von dem oben angegebenen Quantum zurückgelassen hat.

Diätetische Fruchtspeisen nach Dr. Dr. Fischer.

Für eine Person.

1. Hafergrütze . . . . 40 g
   Mandelmilch . . . . 80 g
   Äpfel . . . . 1 St.
   Orange . . . . 1 St.
   Feigen . . . . 2 St.
   Geriebene Mandeln . . . . 10 g

Hafergrütze wird abends mit Mandelmilch eingeweicht, früh das grob geschnittene Obst dazu gemischt, etwas Salz mit den geriebenen Mandeln bestreut und serviert.

2. Grahamschrotbrot . . . . 40 g
   Himbeer- oder Johannisbeersaft . . 80 g
   Wasser . . . . 80 g
   Äpfel . . . . 2 St.
   Geriebene Mandeln . . . . 15 g
   Orange . . . . 1 St.

Schrotbrot reiben, mit Fruchtsaft und Wasser 1 bis 2 Stunden anfeuchten (kann auch Fruchtgelee genommen werden), Obst grob schneiden, dazumischen, mit Mandeln bestreuen und servieren.

3. Reisflocken . . . . 40 g
   Wasser . . . . 80 g
   Geriebene Mandeln . . . . 15 g
   Honig . . . . 1 Eßl.
   Backpflaumen, geweicht . . . . . 5 St.
   Feigen . . . . 2 St.
   Äpfel . . . . 2 St.
   Prise Salz.

Reisflocken, abends im Wasser einweichen, morgens Obst grob schneiden, mit Honig der Reismasse untermischen, mit Mandeln bestreuen und servieren.

Mehlspeisen von präparierten Cerealien.

Grießpeisen kann man gut ohne Milch herstellen, indem man den Grieß statt in Milch in Fleischbrühe kocht. Feiner Kindergrieß ist für Patienten besonders geeignet.

35. Grießklöße I, gekocht.

Grieß	350 g	130 g
Milch	1300 g	500 g
Butter	50 g	18 g
Eier	5 St.	1 St.
Salz.		

Milch, Butter und Salz aufkochen, den Grieß einrühren und garkochen. Wenn etwas verkühlt, die Eier einmischen, den Teig auf einem flachen Geschirr völlig erkalten lassen, durch den Dressiersack in kochendes Salzwasser schneiden oder mit dem Löffel Klöße abstechen und einlegen. 5—8 Minuten kochen lassen. Dann anrichten und mit zerlassener Butter schmelzen.

36. Grießklöße II, gekocht.

Grieß	250 g	30 g
Milch	1000 g	125 g
Butter	120 g	15 g
Eier	8 St.	1 St.
Salz.		

Zubereitung wie obiges Rezept.

37. Grießklöße gebacken. (Grießkroketten.)

Man bereitet einen Grießteig wie Nr. 35 oder 36. Derselbe muß sehr zeitig gekocht werden, damit er gut erkaltet. Dann werden mit einem Löffel, der in heißes Fett getaucht war, Klöße von dem Grieß abgestochen und werden schwimmend in Fett langsam gelb und gargebacken.

38. Grießschnitten.

Grieß, fein	250 g	125 g
halb Milch, halb Wasser gemischt	700—800 g	100 g
Butter	40 g	20 g
Eier	2 St.	1 St.
Salz.		

Zum Panieren Käse, Eier.

Milch und Wasser mit Butter und Salz aufkochen, Grieß einsäen, 20—30 Minuten kochen und mit der kochenden Masse gut verrühren, den Teig dann auf ein nasses Brett aufstreichen (fingerdick), wenn erkaltet, kleine Vierecke schneiden, in mit geriebenem Käse zerschlagenem Ei wenden und auf der Pfanne in Butter hellgelb backen.

39. Grießnockerl au gratin.

Grieß	200 g	50 g
Milch	1200 g	300 g
Butter	25 g	10 g
Salz.		

Grießbrei kochen und behandeln wie im vorigen Rezept. Die Vierecke hübsch auf Gratinplatten ordnen, mit Milch und Eiern (gut verquirlt) übergießen, Butterstückchen und geriebenen Käse daraufgeben, im Ofen gelb backen.

40. Rahmguß zu Nr. 39.

Milch oder Rahm	400 g	100 g
Eier	4 St.	1 St.
Butter	40 g	10 g
Käse, gerieben	40 g	10 g

41. Grießauflauf (von Kindergrieß).

Grieß	200 g	25 g
Eier	6 St.	1 St.
Milch	1200 g	175 g
Butter	40 g	10 g
Salz.		

Grieß in Milch und Butter kochen, salzen, nach dem Verkühlen Eigelb dazugeben, dann den sehr steifen Eierschnee daruntermischen, in Auflaufform backen; oder Grieß in Milch mit Salz kochen, Butter und Eigelb schaumigrühren, Grießmasse dazu, dann Eierschnee darunterziehen und in Auflaufform $3/4$—1 Stunde backen.

42. Grieß-Pudding.

Grieß	200 g	30 g
Milch	1000 g	140 g
Eigelb	8 St.	2 St.
Butter	125 g	20 g
Eiweiß	7 St.	1 St.
Salz.		

Zubereitung wie Grieß-Auflauf Nr. 41. Die Masse wird in bebutterte, mit Stoßbrot bestreute Form eingefüllt und 1 Stunde im Wasserbad gekocht.

Mehlspeisen von präparierten Cerealien. 173

43. Grieß-Pfannkuchen.

Milch	1500 g	200 g
Grieß (mittelfein od. grob)	240 g	30 g
Eier	8 St.	1 St.
Salz.		

Grieß kochen wie zu Klößchen Nr. 35 (Grieß aber gut ausquellen lassen). Eiweiß zu steifem Schnee schlagen und kleine Pfannkuchen davon backen.

44. Mais-Grieß-Krokettes.

Milch	1000 g	170 g
Mais	210 g	70 g
Mehl	40 g	8 g
Butter	40 g	10 g
Eier	6 St.	1 St.

Mais und Mehl mischen, in Milch, Butter und Salz aufkochen, an der Herdseite 1 Stunde ausquellen lassen, öfters umrühren, Eier einmischen, wenn erkaltet, mit Löffel längliche Krokettes in heißes Fett geben und schwimmend langsam backen.

45. Haferflocken-Pfannkuchen.

Milch	1000 g	200 g
Haferflocken	250 g	50 g
Eier	5 St.	1 St.
Salz.		

Haferflocken in der kochenden Milch ausquellen lassen, salzen, wenn wenig verkühlt, Eigelb dazu, dann den steifen Eierschnee und von der Masse kleine Pfannkuchen backen.

46. Gerstenflocken-Pfannkuchen.

Wie vorige Nummer.

47. Reis in Wasser.

Reis	400 g	40 g
Event. Butter	80 g	10 g
Event. Käse gerieben	80 g	10 g
Salz.		

Reis einmal aufkochen, abgießen, in Wasser weichkochen, 2—3 Stunden, salzen und, wenn gewünscht, vor dem Anrichten mit Butter und Käse mischen.

48. Reis in Bouillon.

Reis	400 g	40 g
Fleischbrühe	2000 g	200 g

Reis mit Wasser einmal aufkochen, abgießen, mit kochender Fleischbrühe übergießen, langsam weichwerden lassen, während 2—3 Stunden.

49. **Bouillon-Reis mit Käse** wie vorige Nummer und vor dem Anrichten 100 g geriebenen Käse dazumischen.

50. **Reis in Milch.**

Reis	350 g	50 g
Milch	2500 g	315 g
Event. Butter	60 g	10 g
Salz.		

Der Reis wird blanchiert und mit Milch und einer Prise Salz weichgekocht. Die Butter mischt man vor dem Anrichten in den Reis, oder man bräunt sie leicht, und gießt sie über den angerichteten Reis.

51. **Reis-Pfannkuchen.**

Milch	1800 g	450 g
Reis	250 g	75 g
Eier	5 St.	1 St.
Butter	25 g	10 g
Salz.		

Reis wird blanchiert und in der Milch ca. 2 Stunden gekocht, gesalzen, die Butter dazugegeben, dann die Eigelb gut damit vermischt. Zuletzt gibt man den steifen Eierschnee dazu und bäckt, ohne den Teig lange stehen zu lassen, in heißer Butter fingerdicke Kuchen von beliebiger Größe schön gelb.

52. **Reis à la Anglaise.**

Masse wie zu Reis-Pfannkuchen, doch ohne Eierschnee, in Soufflèform gefüllt, Butter darauf geträufelt und im Ofen gebacken.

53. **Reis au Gratin.**

Gleich wie Anglaise, nur noch geriebenen Käse daraufstreuen. Ebenso gut kann man diese Speise von Bouillonreis bereiten, indem man 4 Eigelb untermischt und den Käse, auch etwas Butter, vor dem Gratinieren auf den Reis gibt.

54. **Reis-Pudding I.**

Reis	150 g	30 g
Milch	1200 g	300 g
Butter	60 g	20 g
Eier	8 St.	2 St.
Salz.		

Mehlspeisen von präparierten Cerealien. 175

Reis blanchieren, mit Salz und Milch weichkochen, Butter und Eigelb schaumigrühren, den verkühlten Reis dazumischen und den Eierschnee darunterziehen in bebutterter und mit Stoßbrot ausgestreuter Form im Wasserbad ½ Stunde kochen.

55. Reis-Pudding II.

Reis	125 g	25 g
Milch	700 g	140 g
Butter	100 g	20 g
Eier	10 St.	2 St.
Salz.		

Zubereitung wie voriges Rezept.

56. Reis-Auflauf I.

Reis	160 g	32 g
Milch	1040 g	240 g
Butter	40 g	10 g
Eier	5 St.	1 St.
Eiweiß	2 St.	1 St.
Salz. Zucker nach Geschmack.		

Zubereitung wie Grieß-Auflauf, nachdem man einen guten Milchreis gekocht hat. Die fertige Masse in bebutterter Auflaufform ca. 40 Minuten backen.

57. Reis-Auflauf II, gesalzen.

Reis	200 g	40 g
Wasser oder Bouillon	1400 g	180 g
Butter	40 g	10 g
Eigelb	5 St.	1 St.
Eiweiß	7 St.	2 St.
Salz.		

Zubereitung wie voriges Rezept. Alle diese Aufläufe können süß als Nachtisch gegeben werden, daher Zucker nach Geschmack.

58. Reisauflauf.

Milch	1200 g	150 g
Reismehl	125 g	15 g
Arrowroot	40 g	5 g
Eier	8 St.	1 St.
Eiweiß	2 St.	1 St.
Salz.		

Zubereitung wie Arrowroot-Auflauf, Nr. 16, S. 165.

59. Reisflockenauflauf.

Wie Reismehlauflauf, doch Arrowroot fortlassen.

60. Reisflockenklöße.

Milch	900 g	225 g
Reisflocken	150 g	40 g
Butter	30 g	10 g
Eier	4 St.	1 St.
Eigelb	1 St.	1 St.
Salz		

Milch und Butter bringt man zum Kochen, die Reisflocken werden hineingestreut und unter fleißigem Rühren 15—20 Minuten gekocht. Dann werden die Eier, die man vorher gequirlt hat, dazugemischt und, wenn der Teig erkaltet, werden mit dem Löffel Klöße davon abgestochen, die man in kochendes Salzwasser gleiten läßt und 8—10 Minuten langsam kocht.

61. Reisflocken-Pfannkuchen.

Wie Haferflocken-Pfannkuchen, Nr. 45, S. 173.

62. Tapiokaauflauf.

Tapioka	200 g	25 g
Milch	1200 g	150 g
Butter	40 g	10 g
Eier	8 St.	1 St.
Sojaextrakt	15 g	2 g
Salz.		

Tapioka in Milch ca. 20—30 Minuten kochen (bis er klar ist), salzen, Butter und Eigelb schaumigrühren, die noch warme Tapiokamasse hinzurühren, Sojaextrakt und den steifen Eierschnee daruntermischen, in eine Auflaufform geben und ca. 15 bis 20 Minuten backen.

63. Tapiokapudding.

Tapioka	225 g	25 g
Milch	800 g	100 g
Butter	50 g	10 g
Eier	8 St.	1 St.
Salz.		

Herstellung der Puddingmasse wie in voriger Nummer, in bebutterte, mit Stoßbrot ausgestreute Puddingform füllen und im Wasserbad ¾ Stunden kochen.

64. Tapioka à l'Anglaise.

Tapioka	150 g	20 g
Milch	2000 g	210 g
Butter	60 g	10 g
Eigelb	6 St.	1 St.
Salz.		

Tapioka in Milch weichkochen, Eigelb verquirlen und die Hälfte der Butter dazumischen. In Gratin- oder Souffléform füllen, Butter darauftäufeln und langsam backen.

65. Tapioka au gratin.

Tapioka	150 g	20 g
Milch	2000 g	210 g
Butter	60 g	10 g
Käse, gerieben	80 g	10 g
Eigelb	6 St.	1 St.
Salz.		

Wie Tapioka à l'Anglaise, doch außer der zerlassenen Butter vor dem Backen noch geriebenen Käse daraufstreuen.

Käse-Mehl-Speisen.

In den meisten Fällen ist es ratsam, den geriebenen Käse von zwei Sorten, Parmesan und Emmenthaler, gemischt zu verwenden. Salz ist mit Vorsicht zu gebrauchen, da der Käse gewöhnlich Salz genug enthält.

66. Käseschnitten I.

Weißbrotschnitten (kann 2—3 Tage alt sein), ca. 8 cm lang, 5 cm breit und 1 cm dick, wenig mit Milch anfeuchten, so daß die Schnitten nicht zerfallen.

Mehl	50 g	12 g
Rahm	75 g	20 g
Käse, gerieben	120 g	30 g
Eier	4 St.	1 St.

Von diesen Zutaten mischt man einen Brei, welchen man auf einer Seite der obengenannten Schnitten 1 cm dick streicht und diese in recht heißer Butter schwimmend goldbraun bäckt.

67. Käseschnitten II.

Mehl	60 g	12 g
Milch	400 g	80 g
Käse	175 g	35 g
Eier	5 St.	1 St.

Die Hälfte der Milch wird kochend gemacht, mit 100 g kalter Milch rührt man das Mehl an, gibt es zu der kochenden Milch, läßt 5 Minuten kochen, wobei man fleißig rührt. Die Eier schlägt man gut mit den übrigen 100 g Milch, fügt sie dem Teig bei und läßt noch einmal aufkochen. Dann wird die Masse vom Feuer genommen, der Käse sofort hineingerührt und nach dem Erkalten verwendet wie in voriger Nummer.

68. Käsetörtchen (Käsepastetchen) I.

Teig zu den Törtchen siehe Pastetenteig S. 181, Nr. 5.

Käse, gerieben	140 g	20 g
Rahm	400 g	80 g
Eier	5 St.	1 St.

Mit Butter ausgestrichene und mit Teig ausgelegte Tortenförmchen werden mit obenstehenden Zutaten, welche gut verrührt sind, ¾ voll gefüllt. Langsam gar- und goldgelbgebacken. Heiß servieren. Als Beilage für Gemüse und kaltes Fleisch sehr geeignet.

69. Käsetörtchen II.

Mehl	60 g	10 g
Milch	60 g	10 g
Rahm	400 g	70 g
Käse	250 g	40 g
Eier	6 St.	1 St.

Zutaten kalt sehr sorgsam vermischen und wie vorige Nummer als Füllung verwenden.

70. Käsestengel.

Käse, gerieben	200 g	35 g
Butter	150 g	35 g
Mehl	240 g	40 g
Eier	6 St.	1 St.

Eventuell etwas Rahm.

Butter und Eigelb schaumigrühren, salzen, Mehl und steifen Eierschnee untermischen sowie den Käse und, wenn nötig, noch etwas Rahm dazu, durch Dressiersack schmale Stengel auf mit Butter bestrichenes Backbrett spritzen und gelb und garbacken.

71. Käsesoufflé I.

Mehl	150 g	25 g
Milch	600 g	100 g
Butter	50 g	10 g
Käse	125 g	20 g
Eier	6 St.	1 St.

Von Milch, Butter und Mehl bereitet man einen gebrühten Teig, gibt die Butter dazu und den geriebenen Käse und zuletzt den Eierschnee. Die Masse wird in Auflaufform 25—30 Minuten gebacken.

72. Käsesoufflé II.

Mehl	60 g	10 g
Rahm oder Milch	650 g	110 g
Käse	250 g	60 g
Eier	4 St.	1 St.

Eigelb, Rahm und Käse werden sehr gut verrührt, dann der Eierschnee beigefügt und in Auflaufform gebacken.

73. Käsesoufflé III.

Käse	200 g	50 g
Milch	375 g	100 g
Kartoffelmehl	15 g	4 g
Eier	8 St.	2 St.

Käse gerieben mit Milch gut verrühren, Eigelb und Kartoffelmehl dazurühren, den steifen Eierschnee darunterziehen und in Souffléform backen.

74. Käsesoufflé IV für Diabetiker.

Käse	150 g	25 g
Eier	6 St.	2 St.

Käse, Eigelb und Milch gut verrühren, Eierschnee dazu und backen wie Nr. III.

75. Käseküchlein.

Man schneidet fetten Käse in ganz feine Scheiben, taucht diese in guten Pfannkuchenteig und bäckt sie schwimmend in Fett braun.

76. Käseküchlein anderer Art.

Man schneidet fetten Käse in ganz feine Scheiben wickelt sie in Halbblätterteig und bäckt diese eingewickelten Käsescheibchen, in Fett schwimmend, braun.

Siebzehnte Abteilung.

Teige.

1. Der Blätterteig oder Spanischer Brotteig.

Mehl	500 g
Butter	500 g
Eigelb	1 St.
Salz	7 g
Essig oder Rum	1 Kaffel.
Wasser	250 g

Teige.

Das Mehl wird aufs Brett gesiebt und das Salz dazugegeben. Wasser, Eigelb, Essig oder Rum verquirlt man, die Butter, welche sehr wohlschmeckend sein muß, weil auch davon das Gelingen des Gebäckes abhängt, wird in eine länglich-viereckige Form gedrückt und auf Eis oder laufendes Wasser gelegt, bis sie recht steif ist. Mit der Flüssigkeit rührt man das Mehl an und verarbeitet alles leicht zu einem glatten, sehr weichen elastischen Teig. Wenn der Vorteig nur etwas zu fest angeknetet ist, muß man beim Aufrollen zu stark auf das Rollholz drücken, und der Teig geht beim Ausbacken nicht in die Höhe; ist er aber zu weich, so wird der fertige Blätterteig warm und geht nicht auf. Man formt den Teig halbkugelförmig, macht auf der runden Seite einen 1½ cm tiefen Kreuzquerschnitt ⊕, zieht die vier aus diesem Schnitt entstandenen Ecken gegenseitig auseinander, so daß das Teigstück eine viereckige Gestalt annimmt, und läßt den Teig in ein Tuch eingeschlagen oder gut zugedeckt auf bemehltem Teller stehen (damit er keine Kruste bekommt). Nach dem Ruhen wird der Teig auf dem trockenen, leicht mit Mehl bestäubtem Teigbrett zu einem fast viereckigen Stück, jedoch etwas breiter als lang, und schwach halbfingerdick ausgerollt (die Mitte des Teiges soll etwas dicker sein als der Rand). Auf die Mitte des Teiges lege man die vorher mit einem Tuch flachgedrückte halbfingerdicke Butter, und zwar auf diese Weise, daß oben und unten ein fingerbreiter Rand und zu beiden Seiten rechts und links so viel Teig freibleibt, daß dieser über die Butter zusammengeschlagen werden kann, und beide Teigteile noch etwa fingerbreit übereinandergehen, so daß die Butter vollständig vom Teig umhüllt ist, drücke den Teig oben und unten etwas zusammen, rolle dann den Teig rasch und leicht zu einer länglichen, rechteckigen, schwach halbfingerdicken Platte aus, schlage diesen Teig von unten nach oben dreiteilig ganz gleichmäßig übereinander zusammen und lasse den Teig 15 Minuten an möglichst kühlem Ort und zugedeckt ruhen. Nach Verlauf dieser Zeit wird der Teig wieder auf das leicht mit Mehlstaub bestreute Teigbrett gehoben (Zerren, Drücken, Klemmen verdirbt den Teig), in entgegengesetzter Weise wie das erstemal ausgerollt und zusammengelegt, wieder zu einer länglichen, rechteckigen und schwach halbfingerdicken Platte ausgerollt, wie vorher dreiteilig zusammengeschlagen und zugedeckt 10—15 Minuten ruhen gelassen. Dieses Ausrollen, Zusammenschlagen und Ausruhenlassen des Teiges nennt man: demselben eine Tour geben, und solche Touren hat man dem Blätterteig 6—8 zu geben. Nach der letzten Tour läßt man den Teig wieder ruhen und rollt ihn dann je nach Bedarf auf. Wenn er richtig ausgeführt ist, so soll er während des Backens wenigstens um das drei- bis vierfache aufgehen und recht leicht und schön blätterig werden.

Man merke sich gut, daß ein richtiger Vorteig und ein rasches, leichtes Ausrollen, mit möglichst wenig Mehl, Hauptbedingungen zu einem richtigen Blätterteig sind. Das Ausstechen des Blätterteiges geschieht, indem man energisch ausschlägt, während man beim Schneiden das Messer nicht ziehen darf, sondern kurz und scharf durchdrückt. Man legt allen Blätterteig auf mit Wasser gespültes Blech und legt den Teig stets umgekehrt, d. h. untere Seite nach oben, auf das Blech. Wird der Teig mit Eigelb bestrichen, so hat man darauf zu achten, daß kein Eigelb am Rand hinunterläuft, da sonst der Teig an dieser Stelle verklebt und nicht aufgeht. Der Blätterteig wird weniger hoch und gut, wenn man die abfallenden Reste knetet und wieder formt, da die Lagen in Unordnung kommen. Deshalb verwendet man die abfallenden Reste zu Prussiens oder Teigböden zu Obstkuchen.

2. **Halbblätterteig.**

Zu diesem Teig wird nur die Hälfte Butter wie Mehl verwendet. Also 500 g Mehl und 250 g Butter. Sonst sind die Zutaten gleich wie erstes Rezept. Man kann dem Teig auch nur 4 Touren geben, derselbe wird zum Auslegen von Torteletteförmchen, Obstkuchen, Apfelschneggli und Fettgebackenem usw. verwendet.

3. **Süßer Blätterteig.**

Wird gleich gemacht wie erstes Rezept, nur verwendet man bei der letzten Tour Zucker statt Mehl zum Bestreuen vom Teigbrett.

4. **Blätterteig auffrischen.**

Um Blätterteig, den man nicht sogleich, nachdem er gemacht ist, gebraucht, wieder blätterig zu machen, weil er ganz oder zusammengewirkt, nehme man zu einem Pfund Teig 60 g in Wasser ausgewirkte Butter, lege sie in ganz kleinen Stückchen auf den mittleren Teil des länglich ausgerollten Teiges, schlage die beiden leeren Teile so darüber, daß der Teig dreifach liegt, und gebe noch vier Touren.

5. **Teig für Käsetörtchen, Fruchttörtchen, auch für ganze Kuchen.**

Mehl	190 g
Butter	90 g
Rahm	150 g
Salz	

Alle Zutaten zu einem geschmeidigen, glatten Teig verarbeiten, indem man Mehl aufs Brett siebt, Butter in Stückchen dazu pflückt, Salz untermischt und mit dem Rahm verarbeitet.

6. Geriebener Teig.

Mehl	250 g
Salz	¼ Eßl.
Butter	80—100 g
Ei	1 St.
Milch	¼—½ Tasse

Geriebener Teig. Mehl aufs Brett sieben, Butter in Stückchen dazupflücken, Salz zumischen und mit dem mit Milch verrührten Ei zum Teig kneten, eine halbe Stunde zugedeckt stehen lassen und zum Auslegen von Kuchen und Törtchen verwenden.

7. Geriebener Teig anderer Art.

Mehl	150 g
Butter	125 g
Grießzucker	60 g
Ei	1 St.
Kognak	1 Löffel
Salz	

Geriebener Teig, eine halbe Stunde ruhen lassen. Zubereitung wie voriges Rezept.

8. Geriebener Teig, feiner.

Zucker	90 g
hartgekochte Eigelb	6 St.
Butter	250 g
Mehl	500 g
Ei zum Bestreichen. Salz.	

Die hartgekochten Eigelb werden durch das Sieb gedrückt, das Mehl aufs Brett gesiebt, die Butter in Stückchen dazugepflückt, gerieben, Zucker, Salz, Eigelb zugefügt und zum Teig geknetet und eine halbe Stunde ruhen lassen. Diesen Teig verwendet man zum Auslegen von feinen Törtchen und Torten.

9. Gebrühter Teig oder Brandteig.

Milch oder Wasser	300 g
Butter	70 g
Mehl	250 g
Eier	6—7 St.
Zucker	1—2 Eßl.

1 Prise Salz.
Eventuell etwas Zitronenschale.

In einer passenden, nicht zu hohen Pfanne läßt man Milch oder Wasser oder von beiden die Hälfte mit Butter und Salz aufkochen. Ziehe die Pfanne vom Feuer zurück und gebe in einem Sturz das gesiebte Mehl dazu. Rühre tüchtig, so daß ein ziemlich fester Teig entsteht, gebe die Pfanne wieder aufs Feuer und schwitze den Teig noch einen Augenblick ab, indem man ihn kräftig abrührt, so daß er sich ganz von der Pfanne löst, und lasse ihn in einer Schüssel kalt werden, füge dann die Eier, je eines um das andere, unter beständigem starken Abschlagen des Teiges dazu. Man achte gut darauf, daß jedes einzelne Ei gut mit der Masse verarbeitet und vermischt sei, bevor man das folgende hineingibt. Wenn der Teig fertig ist, soll er schön glänzend und so fest sein, daß er kaum und nur schwach von dem Löffel abfällt. Wenn das Mehl kräftig und gut trocken ist, so kann man ca. 25 g weniger nehmen. Soll dieser Teig zu süßen Speisen verwendet werden, so gebe man 1—2 Eßlöffel voll gestoßenen Zuckers und nach Belieben etwas abgeriebene Zitronenschale in das Wasser zum Aufkochen.

10. **Pastetenteig (Pâté à pâté).**

Mehl . . . . 500 g
Butter . . . . 150 g
Wasser . . . . 150 g
1 ganzes Ei.
1 Prise Salz.
1 Eigelb.

Geriebener Teig. Zubereitung wie Nr. 6.

11. **Nudelteig (Pâté à nouilles).**

Mehl . . . . 250 g
Eier . . . . 3—4 St.
Salz.

Das Mehl wird aufs Brett gesiebt, Salz dazugegeben und nach und nach die Eier dazugerührt und möglichst rasch zu einem festen, elastischen Teig geknetet. Dann schlage man ihn in ein Tuch ein und lasse ihn zugedeckt eine halbe Stunde ruhen. Sollte der Teig etwas zu fest ausgefallen sein, so mache man das Tuch, worin er eingeschlagen wird, feucht.

Achtzehnte Abteilung.

Breie.

Breie aus den verschiedenen Mehlen und Präparaten und präparierten Cerealien stellt man mit Wasser, mit Milch und Rahm, mit verdünntem Fruchtsaft oder auch mit Wein und Wasser her. Zu allen Arten von Breien ist ein Butterzusatz wünschenswert, besonders zu den mit Wasser gekochten. Versüßt werden die Breie nach Geschmack und Bedarf mit Zucker oder Kristallose; jedoch werden sie auch ohne Süßstoff gegeben, also nur gesalzen. Würzen kann man die Breie, indem man Zimt, Vanille oder ähnliches in der zum Brei bestimmten Flüssigkeit aufkocht und entfernt, bevor Mehl, Grieß oder dergleichen dazukommt. Da Brei leicht anbrennt, so soll man ihn durch fleißiges Umrühren und durch Unterlegen einer Asbestplatte schützen.

Tipp-topp-Kochtopf ist sehr gut geeignet für Brei, da er die Masse weniger leicht anbrennen läßt.

1. **Brei von Schrot-, Roggen-, Weizenmehl oder Weizenpuder.**

Mehl	225 g	25 g
Wasser	2750 g	300 g
Butter	80 g	10 g
Salz.		

Zwei Drittel der Flüssigkeit werden kochendgemacht, das in der übrigen Flüssigkeit glatt gerührte Mehl dazugetan, nachher die Butter und Salz und ca. 15 Minuten gekocht.

2. **Brei von Mondamin, Maizena, Arrowroot, Hafer-, Gersten- oder Reismehl.**

Mondamin oder eines der anderen Mehle	150 g	15 g
Wasser oder Milch . . .	2750 g	300 g
Butter	80 g	10 g
Zucker	50 g	5 g
Salz		

Zubereitung wie Nr. 1, doch 10 Minuten kochen. Brei von Hafer-, Gersten- oder Reismehl 15 Minuten kochen.

3. **Reisbrei.**

Reis	250 g	25 g
Wasser, Milch oder Rahm	3000 g	300 g
Salz. Event. Butter und Zucker nach Geschmack.		

Reis mit kaltem Wasser ansetzen und, wenn es kocht, abgießen. Die bestimmte Menge Flüssigkeit kochend darüber gießen, eventuell Butter, und den Reis darin recht weichkochen, was je nach der Menge 1—2 Stunden dauert (eignet sich für die Kochkiste). Dann wird der Brei gesalzen und nach Wunsch versüßt.

4. Reis-Grieß-Brei.

Wie Reisbrei, Nr. 3, doch wird dieser Grieß nur gewaschen, nicht gekocht.

5. Grießbrei von Weizengrieß, Kindergrieß oder französischem Grieß.

Grieß	180 g	18 g
Milch oder Wasser	3000 g	300 g
Eventuell Butter	60 g	8 g
Zucker	50 g	5 g
Salz.		

Flüssigkeit mit eventl. Butter, Zucker und Salz kochen lassen. Grieß unter Rühren hineingießen und weichkochen lassen. Kindergrieß 15 Minuten, Weizengrieß 20 Minuten, franz. Grieß 30 Minuten.

6. Brei von Reisflocken, Haferflocken oder Gerstenflocken.

Flocken	200 g	20 g
Wasser	3000 g	300 g
Butter	80 g	10 g
Salz.		

Die Flocken werden in die kochende Flüssigkeit eingerührt und weichgekocht. Reisflocken 15 Minuten, Hafer- und Gerstenflocken 30 Minuten.

7. Brei von Buchweizen-, Hafer- oder Gerstengrütze.

Grütze	250 g	25 g
Wasser	400 g	400 g
Butter	125 g	15 g
Salz.		

Die Grütze wird kalt gespült, 8—10 Stunden eingeweicht, kalt angesetzt und langsam zum Kochen gebracht, dann in 2—3 Stunden weichgekocht; Buchweizengrütze wird in 2 Stunden weich. Verwendet man die Kochkiste Tipp-topp oder Grudeherd, so braucht die Grütze darin ca. 4 Stunden.

8. Tapioka- oder Sagobrei I, mit Milch.

Tapioka oder Sago	200 g	20 g
Milch	3000 g	300 g
Butter	80 g	10 g
Salz		
Zucker.		

Zubereitung wie vorige Nummer, 20—25 Minuten kochen.

9. Tapioka- oder Sagobrei II, mit Fruchtsaft.

Tapioka oder Sago	200 g	20 g
Fruchtsaft, fertig gesüßt	1500 g	150 g
Wasser	1500 g	150 g
Butter	40 g	5 g
Salz 1 Prise.		

Zubereitung wie Nr. 7.

10. Tapioka- oder Sagobrei III.

Tapioka oder Sago	200 g	20 g
Wein	1500 g	150 g
Wasser	1500 g	150 g
Zucker	150 g	15 g
Salz.		

Zubereitung wie Nr. 7.

11. Schokoladebrei.

Milch oder Rahm oder jedes zur Hälfte	3000 g	300 g
Schokolade	200 g	20 g
Mondamin	120 g	12 g

Schokolade feinschneiden, in 50 g von der Flüssigkeit an warmer Herdstelle erweichen, Mondamin in 100 g Milch kalt auflösen, dies in die Schokolade, in die übrige kochende Flüssigkeit geben, 10 Minuten kochen lassen.

12. Kakaobrei.

Milch od. Rahm u. Wasser	3000 g	300 g
Mondamin	150 g	15 g
Besten Kakao	100 g	10 g
Zucker	200 g	20 g

Kakao, Mondamin und Zucker in einem Teil der bestimmten Flüssigkeit auflösen, in die übrige kochende Flüssigkeit gießen und 10 Minuten unter Rühren kochen lassen.

13. Schaumbrei. Durch Zusatz von steifschaumig geschlagenem Eiweißschnee kann man sämtliche Arten von Brei nahrhafter und lockerer gestalten. Der Eierschnee wird kurz vor dem Anrichten in die nicht mehr kochende Breimasse leicht eingerührt, und zwar rechnet man pro Person 1—2 Eiweiß.

Neunzehnte Abteilung.

Sauermilch, Buttermilch, Joghurt, Kefir und Quarkspeisen.

1. **Sauermilch von roher Milch** erzielt man, wenn man dieselbe in gleichmäßig warmem Raum aufstellt, am besten in Gläsern oder Schalen, um sie darin zu servieren, bis die Milch gleichmäßig dick ist.

2. **Sauermilch von roher Milch** durch Zusatz von 125 g Sauermilch oder saurem Rahm auf 1000 g süße Vollmilch.

3. **Sauermilch von gekochter Milch.** Sauermilch von gekochter Milch erzielt man, indem man zu 1000 g gekochter und fast verkühlter süßer Milch 80—100 g guten sauren Rahm mischt; in Gläsern oder Schalen zum Gerinnen aufstellen.

4. **Herstellung von Sauermilch mit Laktobazillin in Pulverform.**

Nach dem Prospekt von „Le fermant".

Die Gerinnung der mit Laktobazillin versetzten Milch muß bei einer Temperatur vor sich gehen, die konstant etwa 40° C aufweist. Diese Temperatur läßt sich leicht durch Verwendung fertiger Wärmeschränke erreichen. Für solche, welche diese nicht besitzen, genügt es, die Gefäße in der Nähe einer Wärmequelle, z. B. eines warmen Ofens, auf einen Herd oder in ein Wasserbad von 40—45° zu stellen. Zu diesem Behufe nehme man:

1. Gefäße, welche ungefähr $\frac{1}{3}$ Liter fassen, wasche sie mit warmem gekochten Wasser und lasse sie, ohne sie auszutrocknen, abtropfen.
2. Man koche von frischer Milch so viel, als nötig ist, um die Gefäße zu füllen, einige Augenblicke. Man schüttle, um das wenige Wasser, das darin enthalten ist, zur Verdampfung zu bringen, und lasse so rasch wie möglich die Milch auf ungefähr 40° erkalten. Um die Milch auf 40° Celsius abzu-

kühlen, genügt es, das Gefäß, das die kochende Milch enthält, in kaltes Wasser zu tauchen. Man entferne die Haut, die sich auf der Oberfläche bildet.

3. Man rühre für jedes Gefäß $\frac{1}{3}$ des Inhaltes einer Tubedes Laktobazillins mit einigen Eßlöffeln gekochter Milch an, vermische diese Mischung gut mit der übrigen Milch, die beim Füllen in die Gefäße auf ungefähr 40^0 abgekühlt sein muß, und bedecke hierauf die Gefäße.

4. Man stelle die Gefäße in den Wärmeschrank, nach 8—10 Stunden ist die Gerinnung eingetreten. Man nehme die Milch aus dem Wärmeschrank und stelle sie einige Stunden vor dem Genuß kalt. Hier und da steht etwas Flüssigkeit über zu stark geronnener Milch; man schöpfe vor dem Kaltstellen diese Flüssigkeit ab. Unter diesen Bedingungen hält sich die Milch ungefähr 2 Tage. Nach dieser Zeit wird sie zu sauer. Die geronnene Sauermilch kann ein mehr oder weniger fettes Aussehen bieten je nachdem die Gärung mehr oder weniger lang gedauert hat, doch hat die Konsistenz auf den Heilwert keinen Einfluß.

Man kann zur Herstellung von saurer Milch mittels Laktobazillins in Ermangelung von frischer Milch sterilisierte, konzentrierte und pasteurisierte Milch verwenden.

Konzentrierter Milch füge man 2 Teile gekochten oder kochenden Wassers in einem Teil Milch hinzu und behandle sie dann wie gewöhnliche Milch.

Sterilisierte und konzentrierte Milch zu kochen ist nicht nötig, man braucht sie nur auf ungefähr 40^0 zu erhitzen.

Bei pasteurisierter Milch ist es besser, sie zu kochen und dann auf ungefähr 40^0, die zum Ansetzen geeignetste Temperatur, erkalten zu lassen.

Wichtige Bemerkung:

In einigen Fällen nehme man, wenn man keine geronnene Sauermilch zur Hand hat, einfach in gezuckerter und auf 40^0 erwärmter Milch die gewünschte Menge Laktobazillin, zum mindestens eine Tube von 5 g auf den Liter. Die Milch ist dann zum Genuß bereit.

5. Bereitung von Sauermilch mit flüssigem Laktobazillin (Axelrod).

Zur Bereitung von Sauermilch mit flüssigem Laktobazillin verfahre man wie bei der Herstellung von Laktobazillin in Tuben und achte nur auf folgende Unterschiede:

1. Man lasse die Temperatur auf ungefähr 30^0 statt auf 40^0 erkalten.

2. Gieße in jedes Gefäß von einem Drittel Liter Inhalt etwa ein Flakon mit flüssigem Laktobazillin, fülle es mit auf 30⁰ erkalteter Milch auf und bedecke die Gefäße. Flüssiges Laktobazillin erhält eine Gärkraft nur einen Monat vom Tage des Versandes ab gerechnet; vorzuziehen ist Laktobazillinpulver dessen Haltbarkeit unbeschränkt ist.

6. **Buttermilch** kauft man fertig in Molkereien. Man kann sie jedoch selbst herstellen, indem man frischen süßen oder sauren Rahm (500 g in einer Weinflasche) schüttelt, bis sich Butter gebildet hat. Die abgeseihte Flüssigkeit ist Buttermilch.

7. **Sauermilch- und Buttermilchgelee.**
Siehe unter Nr. 18 u. 19, S. 196.

8. **Buttermilchkaltschale.**

Buttermilch	1700 g	200 g
Rahm	300 g	50 g
Zucker	100 g	15 g
Grahambrot, gerieben	125 g	15 g
Korinthen	100 g	10 g
Eventuell Zitronenschale.		

Brot, Zucker und Rahm rührt man recht schaumig, verrührt Korinthen und Buttermilch darin und serviert kalt.

9. **Joghurtmilch.**
Die Milch wird in offenem Gefäß während 15—20 Minuten gekocht und dann auf ca. 44⁰ C abgekühlt. Auf $1/3$ Liter dieser abgekochten, durchgesiebten, auf ca. 44⁰ C abgekühlten Milch wird $1/3$ Teelöffel (also ca. 2—3 g) von Axelrods flüssigem Ferment beigefügt. Es ist ratsam, das Ferment erst in wenig Milch zu verrühren und dann mit der übrigen vorbereiteten Milch zu vermischen. Dann wird diese zubereitete Milch in Trinkgläser in 40⁰ warmes Wasserbad gestellt. Das Wasserbad wird mit einem Deckel oder sauberen Tuch zugedeckt, die einzelnen Gläser brauchen nicht gedeckt zu werden. Nach ca. 2—3 Stunden muß das Wasser wiederum durch frisches, ca. 40⁰ C warmes Wasser ersetzt werden. Nach weiteren 1—2 Stunden wird die Masse dick werden. Man nimmt dann dieselbe aus dem Wasser heraus und läßt sie langsam in kaltem Wasser verkühlen.

Sollte eine Kochkiste oder ein Thermostat, Thermoflasche usw. vorhanden sein, so ist die Herstellung von Joghurt einfacher. Man stellt die mit dem Ferment versetzte Milch bei ca. 40⁰ C etwa 6 Stunden in diesen Apparat, bei Anwendung der Kochkiste in ein Wasserbad wie oben. Der Joghurt ist dann eßfertig. In diesem Zustand darf er 1—2 Tage stehen gelassen werden, wenn er nicht angebrochen wird. Wir machen noch speziell darauf aufmerksam, daß die Temperatur der Milch beim Mischen mit dem Ferment unter keinen Umständen 44^0 C und die des Wasser 45^0 C übersteigen darf. Es empfiehlt sich auch, die fermentierte Milch in kleinere Portionen zu verteilen, so daß jeweilen auf einmal eine solche Portion genossen wird. Ferner sollte die fermentierte Milch, besonders nach der dritten Stunde, möglichst ruhig stehen bleiben. Der Säuregehalt des Joghurt läßt sich bei einiger Übung leicht regulieren. Je länger die Milch in warmem Wasser stehen gelassen wird und je langsamer die Abkühlung der dickgewordenen Milch vor sich geht, um so saurer wird der Joghurt. Der fertige Joghurt soll dick sein wie eine gutgestockte Milch. Wenn man genau nach Vorschrift handelt, erhält man mit diesem Ferment einen ausgezeichneten Joghurt.

10. Kefirbereitung mit Dr. Thrainers Kefirpastillen.

Eine gut mit Sodawasser ausgespülte Flasche wird, nachdem eine Dr. Thrainersche Pastille hineingetan, zu ¾ mit gut abgekochter aber abgekühlter Milch gefüllt, 5 Minuten geschüttelt und dann 12 Stunden an einem warmen Ort bei 30^0 C gelagert, dann wieder 5 Minuten geschüttelt und kühl aufbewahrt.

11. Kefirbereitung mit Heubergers Pastillen.

Milch kochen, bis 30^0 C abkühlen, in Bierflasche auf eine Kefirpastille gießen, umschütteln, in Raum mit etwa 15—20^0 Wärme legen, nach 6 Stunden nochmals schütteln, dann trinkfertig.

12. Saure Molken.

Erhält man bei Bereitung von Quark. Desgleichen durch Zusatz von Zitronensaft oder Weißwein zur Sauermilch; Zitronensaft 75 g auf 1000 g Milch (30^0 C), Weißwein 100 g auf 1000 g Milch bei 30^0 C.

12a. Molkengelee, siehe Nr. 20, S. 196.

13. Quark.

Guten schmackhaften Quark erhält man von Milch, welche ohne Zusatz schnell geronnen ist und dann an einem warmen Ort gestanden hat bis sich Käse von Molken scheidet. Auch kann man von dicker Milch Quark herstellen, indem man sie mit kochendem Wasser ein- oder mehrere Male überbrüht. Man schüttet den Quark auf ein mit einem Passiertuch belegtes Sieb und läßt die Molke unter leichtem Druck ablaufen. Der so gewonnene Quark wird passiert, gesalzen, mit süßem oder saurem Rahm vermischt, eventuell mit gehacktem Schnittlauch serviert.

14. Quark, andere Art.
Auch mit Salz, Rahm und Eigelb vermischt.

15. Quark III.
Mit Butter, Eigelb, auch mit Eiweiß, für 500 g Quark rühre man 50 g Butter und 4 Eigelb schaumig und gebe den passierten Quark und dann den Eierschnee dazu. Leicht salzen.

16. Quark, IV.
Quark, auch mit Schlagrahm vermischt, gesalzen oder versüßt.

17. Quarkfüllung für Torten, Nr. 6, S. 208.
Süße Molken.

18. Gervais - Présure.
Auf 1 Liter rohe Milch rechnet man 12—15 Tropfen Labgärung, im Winter vielleicht etwas mehr, im Sommer weniger. Man mischt die Milch mit der Gärung und stellt sie an gelinde Wärme oder in ein Gefäß mit warmem Wasser, bis der Gerinnungsprozeß sichtbar wird. Dann warten, bis sich ein wenig Flüssigkeit über der sulzigen, schon etwas festen Masse gebildet hat (etwa nach 24 Stunden), dann läßt man die Masse durch einen groben Leinenbeutel abtropfen und, gut glatt gerührt, kann die Masse entweder mit Zucker oder Salz vermischt oder mit süßem Rahm vermischt werden (was dem Gervais entsprechen würde).

Zwanzigste Abteilung.

Süß-Speisen.

In manchen Fällen ist man gezwungen, beim Versüßen der Speisen statt des Zuckers Ersatzmittel anzuwenden, entweder Saccharin oder Kristallose. Hat man Kristallose in Stückchen eingekauft (etwa 40 mal süßer als Zucker) und löst dieselben in Wasser wie 10 : 100 auf, also 10 g Kristallose und 100 g Wasser, so gibt ein Tropfen dieser Lösung die Süßigkeit von $2\frac{1}{2}$ g Zucker. Aus Tropffläschchen ist diese Lösung am sichersten und genauesten zu gebrauchen. Leider ersetzt Kristallose aber nicht den angenehm vollen Geschmack des Zuckers, darum verwende man, wenn gestattet, neben der Kristallose etwa $\frac{1}{3}$ Zucker und ersetze die andern ⅔ mit Kristallose. Z. B.: Bei einem Bedarf von 150 g Zucker nehme man 50 g Zucker und (vorausgesetzt, daß die Lösung wie oben angegeben, vorhanden ist) 40 Tropfen Kristallose.

Um Gelee, Creme oder Flammerie stürzen zu können, spült man die zu verwendenden Formen mit kaltem Wasser oder man reibt sie sehr dünn mit feinem Öl aus, Auflaufformen werden mit gutgekochter Butter bestrichen. Puddingformen reichlich mit Butter bestrichen und dann mit feinem Stoßbrot ausbestreut.

Formen für Backwerk und Backbleche bestreiche man mit ausgekochter Butter.

Einundzwanzigste Abteilung.

Gelee.

Gelees werden, je nach Vorschrift, mit bester Gelatine oder mit Agar (pflanzlicher Stoff) bereitet. Gelatine wird durchschnittlich 10 Blatt = 15 g auf 1 Liter Flüssigkeit gebraucht. Von Agar nur 5 g. Will man die Gelees bequem stürzen können, so nimmt man Gelatine 18—20 g und Agar 6—7 g, für 1000 g = ein Liter Flüssigkeit.

Gelatine bereite man nach Nr. 21, siehe S. 18 vor.

Agar muß ca. 10 Minuten kalt geweicht werden, dann mit Wasser 30—40 Minuten kochen. Beide Gallertstoffe sind der Vorsicht halber durch ein Sieb zu passieren.

Tee, Frucht- und Milchgelee sind hier nur für eine Person berechnet.

An Stelle der angeführten 3 g Gelatine hätte man 1 g Agar zu nehmen. Agar muß stets mit der heißen Flüssigkeit vermischt werden, Gelatine dagegen läßt sich auch mit lauwarmen und fast ganz kalten Flüssigkeiten mischen.

1. **Teegelee von Schwarztee.**

    Tee von 5 g . . . . 200 g
    Gelatine . . . . 3 g
    Zucker oder Kristallose.

Gelatine vorbereiten, mit dem frischen heißen Tee übergießen, wenn aufgelöst, versüßen und durch ein Teesieb in das dazu bestimmte Glas geben und erstarren lassen.

2. Heidelbeerteegelee.

Heidelbeeren (getrocknete) 6—8 Stunden in Wasser (oder nach besonderer Vorschrift auch in Rotwein) einweichen, dann 30 Minuten kochen und wie Nr. 1 fertigmachen. Bereitet man diese Gelees mit Agar, so verfahre man, besonders bei kleinen Mengen, wie folgt: Von dem benötigten Tee stelle man statt 200 g nur 125 g her aus ca. 5 g Tee. Die fehlenden 75 g nehme man in Form von Wasser zum Klarkochen des Agar, wobei man das Kochgeschirr zu ersetzen hat.

3. Teegelees sind von allen erdenklichen Teesorten zu machen, von Schwarztee, Matétee, Kamillen-, Pfeffermünz-, Hagebutten-, Kernen- und Schalen-, Orangenblätter- oder Orangenblütentee, Kakaoschalen-, Äpfel-, Fenchel-, Kümmel-, Anis-, Brombeer-, Erdbeerblätter-, Heidelbeer-, Wermuth-, Wachholderbeerentee usw.

Teegelees werden auch verlangt mit Zusatz von Wein, Arak, Maraskino, Kognak oder Vanille, auch mit Zitronen- oder anderem Fruchtsaft. Man nehme in solchem Fall 15—20 g Teeflüssigkeit weniger als angegeben und ersetze diese durch die gewünschte Beigabe. Von Kognak, Arrak rechnet man 4—5 g, also ungefähr einen Teelöffel.

Sämtliche Teegelees sind nicht nur kalt, sondern auf Verordnung auch heiß oder warm zu reichen. Hagenbuttenkerne müssen ca. 1 Stunde gekocht werden, um einen guten Tee zu liefern.

4. Kaffeegelee.

Kaffee trinkfertig, 200 g Gelatine, 3 g Zucker oder Kristallose.

5. Kakaogelee.

(Diverse Sorten siehe Getränke.) Kakao trinkfertig, 200 g Gelatine, 3 g Zucker oder Kristallose.

6. Schokoladengelee.

Zubereitung wie Nr. 1. Bei Kakaogelee und Schokoladengelee empfiehlt es sich, die Gelees bis zum Beginn des Erstarrens öfters umzurühren, da sich die Masse gern teilt.

7. Kakaogelee mit Mandelmilch.

30 g Kakao mit 50 g Wasser aufkochen, 3 g eingeweichte Gelatine darin auflösen, etwas versüßen, 125 g Mandelmilch dazu geben, in geeignetes Glas füllen und kaltstellen, bis zum Erstarren öfters umrühren.

8. Eiweiß-Wasser-Gelee, Reiswassergelee, siehe Nr. 26, S. 245. Zubereitung dieser Gelees wie Nr. 1.

Fruchtgelee.

Fruchtgelees lassen sich von allen vorkommenden Früchten herstellen. Die Menge der zu verwendenden Fruchtsäfte festzuegen, ist schwierig, da dieselben je nach der Qualität der Früchte verschieden kräftig und verschieden süß sind. Man wähle den Saft nicht zu matt, doch auch nicht zu streng. Zucker oder Kristallose ist mäßig zu verwenden, damit das Aroma nicht leidet. Gelees von frischen Früchten sind die besten, dann folgen in fast gleicher Qualität Gelees von sterilisierten Früchten und Fruchtsäften, dann Gelees von gedörrten Früchten. Aushilfsweise verwendbar sind Gelees von eingekochten Fruchtsirups.

1. **Apfelgelee.**
   Apfelsaft gekocht von 300 g Äpfel
   mit Wasser . . . . 200 g
   Gelatine . . . . 3 g
   Zucker oder Kristallose.

Äpfel, ungeschält zerschnitten, weichkochen, so daß aufs Sieb gegeben 200 g Saft abfließen; die eingeweichte und ausgedrückte Gelatine mit dem heißen Fruchtsaft übergießen, den nötigen Süßstoff zusetzen, wenn Gelatine aufgelöst, durch ein feines Sieb oder Tuch gießen, am besten gleich in das zum Servieren bestimmte Geschirr. In dieser Weise stellt man sämtliche Fruchtgelees her, weiches Beerenobst kocht man nur einmal auf. Kernobst kocht man mit Wasser auf, doch kann man viele Früchte, wenn erlaubt, roh verwenden und dadurch ein besseres Aroma erhalten, z. B. bei Erdbeeren, Kirschen, Ananas, Bananen, Heidelbeeren, Pfirsichen, Orangen, Weintrauben. Preßt man den Saft aus den rohen Früchten, so mischt man denselben mit der Gelatine folgendermaßen:

Gelatine vorbereiten, mit einem kleinen Teil des Saftes an heißer Herdstelle auflösen, Zucker hierin lösen, mit dem übrigen Saft vermischen, passieren.

2. **Erdbeergelee.**
   Zu Erdbeergelee braucht man für ein Gelee von ca. 200 g 150—170 g Beeren.

3. Zu **Kirschengelee** 125 g Kirschen.
4. Zu **Ananasgelee** 125 g geschälte Frucht.
5. Zu **Birnengelee** 300 g Birnen.
6. Zu **Heidelbeergelee** 150 g Beeren.
7. Zu **Pfirsichgelee** 200 g Pfirsiche.
8. Zu **Orangelee** 1½ Orange.
9. Zu **Traubengelee** 150 g Trauben.

10. **Gelee von gedörrten Früchten** stellt man her, indem man die Früchte wäscht, 8—10 Stunden in kaltem Wasser weicht (vorher tüchtig waschen), mit etwas Kristallose oder Zucker weichkocht und dann den Saft ablaufen läßt. Dann weiter behandeln wie Gelee von frischen Früchten. Man braucht für 200 g Gelee etwa 2 gedörrte Bananen, oder 3 Feigen oder 4 Pfirsiche usw. Es kommt auch hier auf die Qualität der Früchte an und muß ausprobiert und abgeschmeckt werden.

11. **Weingelee.**

    Wein . . . . 100 g
    Wasser . . . . 100 g
    Gelatine . . . . 3 g
    Zucker . . . . 30 g

12. **Arrakgelee.**

    Arrak . . . . 30 g
    Wasser . . . . 175 g
    Gelatine . . . . 3 g
    Zucker . . . . 12 g

In gleicher Weise Gelees von allen möglichen Weinen, von Schaumwein und von Likören, wie Maraschino, Chartreuse, Benediktiner usw. Gelees von Likören brauchen 50—60 g Likör, 150 g Wasser und 3 g Gelatine.

Mandel- und Nußgelee.

13. **Mandelgelee.**

    Mandeln . . . . 30 g
    Milch . . . . 200 g
    Gelatine . . . . 3 g
    Zucker oder Kristallose.

Mandeln schälen, reiben, fein stoßen, in der Milch kochen, durch das Tuch passieren, heiß über die vorbereitete Gelatine gießen, versüßen, wenn aufgelöst, anrichten. Für Patienten, welche Kuhmilch nicht haben wollen, bereitet man die Mandel- oder Nußspeisen mit Wasser oder mit Milch und Wasser gemischt. Milch ist immer vorzuziehen, da sie der Speise einen bedeutend volleren Geschmack verleiht. Für die Bereitung mit Wasser braucht man etwas mehr Nüsse oder Mandeln.

14. **Mandelgelee mit Wasser.**

    Mandeln . . . . 50 g
    Wasser . . . . 200 g

Gelatine . . . . 3 g
Zucker oder Kristallose.
Zubereitung wie Mandelgelee; mit Milch.

15. Haselnuß-, Pistazien-, Paranuß- und Kokosnußgelee.

Wie Mandelgelee, Kokosnuß soll man nur reiben, nicht stoßen. Auch die Milch der Kokosnuß kann zum Gelee verwendet werden.

16. Pinienkerne und Kernelskerne sind zweckmäßigerweise zu gleichen Teilen mit Mandeln gemischt für Gelee zu verwenden.

17. Rahmgelee.

Rahm, süß . . . . 200 g
Gelatine . . . . 3 g
Kristallose . . . . 3 Tropfen
(einer 10 proz. Lösung).

Wenig Rahm zum Auflösen der gewaschenen Gelatine erhitzen, den übrigen leicht schaumig aber nicht steif schlagen, versüßen, mit der Gelatine mischen.

18. Sauermilchgelee.

Sauermilch . . . . 175 g
Zucker . . . . 12 g
Gelatine . . . . 2 g
Wasser . . . . 25 g

19. Buttermilchgelee.

Buttermilch . . . . 175 g
Zucker . . . . 12 g
Gelatine . . . . 3 g
Wasser . . . . 25 g

Bei diesen beiden Gelees dient das Wasser zum Auflösen der Gelatine, ein Zusatz von 15 g Zitronen- oder Orangensaft macht das Gelee bedeutend erfrischender. Statt Fruchtsaft kann man auch Arrak, statt Zucker Vanillezucker, Zitronenzucker oder Orangenzucker verwenden.

20. Molkengelee.

Molken . . . . 200 g
Zucker . . . . 25 g
Gelatine . . . . 3 g

Wenig von der Molke wird erhitzt zum Auflösen der gewaschenen Gelatine.

Zweiundzwanzigste Abteilung.

Sulzen.

Sulzen bestehen aus Gelee und Schaummasse in Form von Eiweißschnee oder Schlagrahm. Man stellt verschiedene Arten von Sulzen her.
1. Sulzen mit Eiweißschnee.
2. Sulzen mit Schlagrahm.
3. Sulzen mit Eiweißschnee und Schlagrahm.

Die hier angeführten Sulzen kann man auch, um Abwechselung zu schaffen, mit roter Gelatine bereiten.

1. Teesulz I.

Tee von 25 g	800 g	115 g
Gelatine	12 g	2 g
Eiweiß	7 St.	1 St.
Zucker oder Kristallose.		

2. Teesulz II.

Tee von 25 g	500 g	100 g
Gelatine	10 g	2 g
Schlagrahm	500 g	100 g
Zucker oder Kristallose.		

3. Teesulz III.

Tee von 25 g	500 g	100 g
Gelatine	10 g	2 g
Rahm	300 g	80 g
Eiweiß	4 St.	1 St.
Zucker oder Kristallose.		

Die gewaschene Gelatine mit dem heißen Tee überbrühen, wenn aufgelöst, passieren. Sobald das Gelee abgekühlt ist, mischt man den steifen Eierschnee, oder Schlagrahm, oder beides darunter, schmeckt nach Süßigkeit ab, füllt die Sulz in Glasschalen und läßt völlig erstarren.

4. Kaffee-, Schokolade- und Kakaosulz.

In gleicher Weise zu bereiten wie Teesulz. Wünscht man statt Gelatine Agar zu brauchen, so nimmt man davon 5 g an Stelle der Gelatine.

5. Karamelsulz mit Agar.

      Eiweiß . . . . 9 St.
      Agar . . . . 5 g
      Wasser . . . . 200 g
      Zucker zur Bereitung der Karamel 100 g

Agar nach Vorschrift mit dem Wasser auflösen, Karamel damit verkochen, den steifen Eierschnee mit dieser Masse vermischen, in kaltgespühlte Formen füllen, wenn erstarrt, gestürzt mit Karamelsauce servieren.

Obst-Sulzen.

6. Erdbeersulz I.

Erdbeersaft von 100 g

      Beeren . . . . 800 g   110 g
      Gelatine . . . . 12 g   2 g
      Eiweiß . . . .   7 St.   1 St.
      Zucker.

Die Erdbeeren werden roh ausgepreßt oder mit Zucker einmal aufgekocht und der Saft ausgedrückt. Mit ein wenig Saft löst man die vorher eingeweichte Gelatine auf, gibt sie durch ein Sieb zu dem andern Saft, schmeckt mit Zucker ab und stellt kalt; sobald die Masse anfängt zu erstarren, mischt man den kurz zuvor steif geschlagenen Eierschnee oder Schlagrahm oder beides darunter und füllt die Sulz in beliebige Schalen.

7. Erdbeersulz II.

Erdbeersaft von 1000 g

      Beeren . . . . 1000 g   110 g
      Gelatine . . . .   12 g   2 g
      Schlagrahm . . . . . . 500 g   100 g
      Zucker.

Zubereitung wie Erdbeersulz Nr. 6.

8. Erdbeersulz III.

Erdbeersaft von 1000 g

      Beeren . . . . 500 g   100 g
      Gelatine . . . .   12 g   2 g
      Schlagrahm . . . . . . 300 g   50 g
      Eiweiß . . . .   4 St.   1 St.
      Zucker.

Zubereitung wie Nr. 6.

9. **Ananassulz, gestürzt.**

Hawai-Ananasmark oder feingeriebene Ananas	240 g	40 g
Ananassaft	100 g	15 g
Gelatine	12 g	2 g
Schlagrahm	600 g	100 g
Zucker.		

Von Saft und Gelatine, Gelee bereiten, Ananasmark dazu und vor Beginn des Erstarrens mit dem Schlagrahm vermischen, in der Form erkalten lassen, stürzen und eventuell noch mit Schlagrahm verzieren.

Mandel- und Nuß-Sulzen.

10. **Mandelsulz I (Blanc manger).**

Mandeln	200 g	25 g
Milch	800 g	100 g
Gelatine	12 g	2 g
Eiweiß	7 St.	1 St.
Zucker.		

11. **Mandelsulz II (Blanc manger).**

Mandeln	200 g	25 g
Milch	500 g	60 g
Gelatine	12 g	2 g
Schlagrahm	500 g	80 g
Zucker.		

12. **Mandelsulz III (Blanc manger).**

Mandeln	200 g	25 g
Milch	500 g	60 g
Gelatine	12 g	2 g
Eiweiß	4 St.	1 St.
Schlagrahm	300 g	80 g
Zucker.		

Die Mandeln werden gebrüht, geschält, gerieben und mit wenig Wasser in Steinmörser fein gestoßen. Diesen Mandelbrei gießt man in die inzwischen erhitzte Milch und läßt einmal aufkochen. Danach wird diese Mandelmilch durch ein feines Sieb oder Tuch gegossen, mit der in etwas von der Milch aufgelösten Gelatine und Zucker vermischt, kaltgestellt und bei Beginn des Erstarrens mit dem Eierschnee bzw. mit dem Schlagrahm gut verbunden.

Mandel- oder Nußsulzen mit Wasser statt Milch brauchen 250 g Frucht.

13. **Pistaziensulz.** Wie Mandelsulz.
14. **Sulzen von anderen Nußarten ebenso.**
15. **Vanillesulz.**

Milch	800 g	100 g
Vanille	1 Stange	$^1/_8$ Stange
Gelatine	12 g	2 g
Eiweiß	7 St.	1 St.
Zucker.		

Milch, Vanille und Zucker kochen, passieren, die in etwas von der Milch gelöste Gelatine dazugeben und nach dem Abkühlen mit dem Eierschnee mischen.

Dieselbe Sulz statt mit 7 Eierschnee mit 500 g Schlagrahm zu bereiten, dann nur 500 g Milch verwenden.

Dreiundzwanzigste Abteilung.

Cremes.

Die Cremes gehören zu den erfrischendsten und zugleich auch nahrhaftesten Süßspeisen. Man kann zu ihrer Zubereitung gute, ungekochte Milch oder auch Rahm verwenden; um Eier zu sparen, kann man etwas Maizenamehl beigeben; es ist aber absolut notwendig, daß dasselbe zuerst mit der Milch glatt angerührt, hernach unter beständigem Rühren gut aufgekocht und erst darauf mit dem Zucker und den Eiern angerührt und abgeschlagen wird.

Zum Aufkochen soll die Creme beständig mit einem Schneebesen abgeschlagen werden. Sobald der großblasige Schaum auf der Oberfläche feiner wird und man beim Abschlagen verspürt, daß die Creme sich verdickt und aufsteigen will, so sei man auf der Hut und ziehe vor dem ersten Aufkochen sofort die Pfanne oder den Kessel vom Feuer, schütte die Creme schnellstens in eine bereitgehaltene Schüssel und schlage sie ab, bis sie die größte Hitze verloren hat. Auf diese Weise aufgekocht, wird die Creme niemals gerinnen. Wenn nach dem Erkalten oben auf der Creme ein großblasiger Schaum stehen bleibt, und die Creme darunter noch dünnflüssig ist, so wurde dieselbe zu wenig auf dem Feuer geschlagen und muß noch einmal aufs Feuer gesetzt und abgeschlagen werden.

Das Stürzen aus den Formen muß immer mit größter Vorsicht geschehen. Man stelle zuerst eine entsprechend tiefe Schüssel, in welche die betreffende Form bis zum obern Rand hineingetaucht werden kann, in ein weites Geschirr, damit das allfällig überlaufende Wasser hineinlaufen kann, fülle sie bis $3/4$ mit gut heißem, aber nicht kochendem Wasser.

Fahre dann mit der Spitze eines kleinen Messers nur etwa zentimetertief vorsichtig, dem Innenrand der Form und dem Inhalt nachfolgend, herum, tauche die Form, je nachdem sie dickwandig oder dünn ist, nur einen Augenblick, ca. 3—5 Sekunden, rasch in das heiße Wasser, und zwar so tief wie möglich, aber ohne daß das Wasser in die Form hineinlaufen kann, ziehe sie sofort wieder heraus, neige sie ein wenig auf die Seite, damit die Luft zwischen die Form und den Inhalt eindringen kann, stürze sie sofort auf eine schon vorher bereitgehaltene Platte und versuche die Form vorsichtig unter leisem Rütteln nach und nach abzuziehen. Sollte der Inhalt nicht herauskommen, so stürze die Platte mitsamt der Form wieder zurück, schüttele sie nur leicht, drehe sie wieder um und versuche nochmals zu stürzen, indem man nötigenfalls noch mit einer Fingerspitze von unten herauf zwischen der Form und dem Inhalt hinauffährt und gleichzeitig die Form vorsichtig abzieht. Wenn immer möglich, vermeide man ein zweites Eintauchen in das heiße Wasser, weil man dadurch riskiert, daß der Inhalt zu stark schmilzt; sondern man sorge dafür, daß die Luft zwischen denselben und die Form eindringen kann, indem man die Form gegen die Platte aufdrückt und beide ein wenig rüttelt.

Die ganze Manipulation muß möglichst rasch, aber ruhig ausgeführt werden. Sehr oft wird ein mit aller Sorgfalt richtig ausgeführtes Gericht durch unvorsichtiges Stürzen verdorben.

Für Kranke, welche Kuhmilch nicht vertragen, bereitet man die Creme aus Milch und Wasser zu gleichen Teilen. Noch besser ist es, Mandelmilch nach Nr. 24, S. 245, zu verwenden.

Werden Fettcreme verlangt, so ist statt Milch süßer Rahm zu nehmen.

1. **Vanille-Creme.**

Milch . . . . 750 g
Kartoffelmehl (oder Maizena) . . . ½ Kaffeel.
Zucker . . . . 100 g
Eier . . . . 2 St.
Eigelb . . . . 2 St.
Vanille.

Die Milch wird mit dem Kartoffelmehl glatt angerührt und mit einem halben der Länge nach gespaltenen Stengel Vanille auf dem Feuer abgeschlagen, bis sie kocht. Man schlägt Zucker, Eier und Eigelb mit dem Schneebesen tüchtig, gieße nach und nach unter beständigem Rühren die aufgekochte Milch dazu, gieße diese Creme wieder zurück in die Pfanne und schlage sie auf dem Feuer ab, bis sie dicklich wird, ziehe sie sofort zurück, schlage sie noch eine Weile ab, bis sie die größte Hitze verloren hat, richte sie in eine passende, etwas tiefe Platte an und lasse sie erkalten, indem man hie und da rührt. Während des Abrührens auf dem Feuer achte man sorgfältig darauf, daß die Creme nicht zum Aufkochen komme, da sie sonst gerinnen würde. Nach Belieben kann man die fertige angerichtete Creme mit geschlagenem Rahm garnieren oder vor dem Anrichten darunterziehen.

2. Vanillecreme anderer Art.

Eigelb	14 St.	2 St.
Zucker	125 g	18 g
Milch bzw. Wasser	275 g	40 g
Vanille	1 Stange	$1/8$ Stange

Zubereitung wie Nr. 1.

3. Zitronencreme.

Diese Creme wird wie Vanillecreme zubereitet, man lasse jedoch die Vanille weg und verrühre statt derselben mit dem Zucker und den Eiern das abgeschabte Gelbe einer Zitrone und drücke, nachdem die Creme gekocht ist, etwas Zitronenjus dazu.

4. Kaffeecreme.

Man gebe 100 g frischgerösteten und gemahlenen Kaffee in eine Schüssel, mache eine Vanillecreme nach Nr. 1, jedoch ohne Vanille, fertig und rühre dieselbe, sobald man sie vom Feuer wegzieht, über den gerösteten Kaffee; man rührt sie ab, bis sie die größte Hitze verloren hat, und passiert sie durch ein Tuch oder feines Sieb.

5. Schokoladencreme.

100—150 g Schokolade werden gerieben oder fein geschnitten mit $3/4$ Liter Milch und einer Stange Vanille auf dem Feuer glatt angerührt und aufgekocht. Verarbeitet dann 50—100 g feingestoßenen Zucker, je nachdem man süße Schokolade verwendet, mit 3 ganzen Eiern und 2 Eigelb, gieße nach und nach unter beständigem Rühren die aufgekochte Schokolade dazu und mache die Creme fertig wie Vanillecreme. Bei Schokoladencreme kann man das Kartoffelmehl weglassen.

6. Erdbeercreme.

Hierzu wird vorerst eine etwas dicke Zitronencreme wie Nr. 3 fertig gemacht, streiche dann 2—3 Tassen voll gute, reife und erlesene Erdbeeren durch ein feines Sieb, ziehe diese Püree unter die kalte Creme. Nach Belieben kann man etwas Schlagrahm darunter rühren oder die angerichtete Creme damit verzieren.

7. Himbeercreme.

Wird mit Himbeeren zubereitet wie oben bei Erdbeercreme angegeben, wenn nötig wird der geschlagene Rahm mit Zucker noch etwas versüßt.

8. Haselnußcreme.

1—2 Tassen voll ausgeschälte Haselnußkerne werden auf einem Backblech in heißem Ofen geröstet, dann die braune Oberhaut abgerieben. Reibe diese Haselnußkerne sehr fein, lasse eine Creme aufkochen wie Vanillecreme Nr. 1, und gebe sie über die geriebenen Haselnüsse. Nach Belieben kann diese Creme vor dem Servieren passiert werden.

9. Mandelcreme.

Auf gleiche Weise wird von geschälten Mandeln eine Mandelcreme zubereitet.

10. Arrakcreme.

Eidotter	16 St.	2 St.
Arrak	60 g	8 g
Zucker	80 g	10 g
Milch oder Wasser	125 g	15 g

Zubereitung wie Nr. 1. In gleicher Weise lassen sich noch andere Cremes herstellen, z. B. Creme mit Waldmeisterzucker, mit Orangensaft, mit Wein usw.

Zur Verzierung dieser Creme ist Eiweißschnee oder Schlagrahm beliebt. Zu Eiweißschnee schlägt man 6 Eiweiß zu steifem Schnee, versüßt denselben, brüht ihn mit kochender Milch oder Wasser und gibt ihn kurz vor dem Anrichten löffelweise auf die Creme.

11. Weincreme.

Weißwein	750 g	120 g
Zucker	250 g	40 g
Eier	6 St.	1 St.
Eigelb	4 St.	1 St.
Zitronensaft	75 g	12 g
Mondamin	30 g	5 g

Mondamin mit dem Weißwein verrühren und fertigmachen wie Nr. 1.

12. Karamelcreme.

Zucker	150 g
Wasser, warmes	50 g
Eigelb	5 St.
Kartoffelmehl, 1 Teelöffel.	
Milch	400 g
1 Prise Salz.	
Vanillezucker.	

Der Zucker wird braungeröstet und langsam mit dem warmen Wasser abgelöscht und etwas eingekocht. Das Kartoffelmehl wird mit etwas kalter Milch aufgelöst, die Eigelb dazu geschlagen, sowie Salz und übrige Milch und Vanillezucker. Die etwas eingekochte, abgekühlte Karamelmasse wird dazugegeben und auf dem Feuer zu einer dicklichen glatten Creme geschlagen und unter öfterem Rühren erkaltet.

13. Creme in Tassen.

Die Cremes Nr. 1—12 kann man auch in kleinen Tassen geben (Mokkatäßchen), indem man sie ¾ voll füllt; diese Täßchen gibt man in eine Pfanne mit kochendem Wasser, sodaß sie bis ¾ ihrer Höhe darin stehen. Diese Pfanne wird fest zugedeckt auf heißer Herdstelle oder im Ofen so lange stehen gelassen, bis die Creme leicht erstarrt ist. Das Wasserbad darf nicht kochen, sondern nur ziehen. Auch ist es gut, auf den Boden des Wasserbades eine mehrfach zusammengelegte Zeitung oder Tuch zu legen, damit die Creme nicht von unten zu viel Hitze bekommt. Um sich zu überzeugen, ob die Creme gar ist, sticht man mit einer Nadel mitten hinein, ist sie beim Herausziehen heiß und hängt nichts mehr daran, so ist die Creme fertig. Anstatt in Bechern, kann man sie auch auf dieselbe Weise in einer Ringform garmachen, die vor dem Füllen mit zerlassener Butter ausgestrichen und nach dem vollständigen Erkalten gestürzt wird. Die Cremebecher werden hoch herauf mit Schlagrahm besprizt mit silbernem Löffel dazu, bei Damenkaffee serviert und sind auch eine angenehme Krankenkost. Man kann diese Becherchen auch stürzen und verziert sie dann mit Schlagrahm und serviert sie mit einer Vanille- oder Schokoladensauce.

Gestürzte oder Gelatine-Cremes.

14. Die meisten Cremes mit Gelatine werden nach dem Erkalten gestürzt. Beim Stürzen achte man auf die Seite 201 angegebenen Regeln. Man bereitet eine Creme von 1—12 und löst

für eine Portion 6—8 Blatt Gelatine auf und mischt diese Gelatine in die fast fertige Creme und rührt bis zum Erkalten. Dann zieht man 4 Deziliter festgeschlagenen Rahm darunter, füllt die Masse in eine Form und läßt sie während 2 Stunden an einem möglichst kühlen Orte stehen. Dann wird die Form gestürzt. Will man die gestürzte Creme in 2 Farben machen, z. B. braun und weiß haben, so teilt man die Creme, nachdem sie auf dem Feuer abgeschlagen und mit Gelatine vermischt ist, in zwei Teile, rührt mit einem derselben einige Eßlöffel voll feingeriebene mit etwas Wasser aufgelöste Schokolade glatt an, zieht, nachdem die Creme erkaltet ist, wie oben angegeben in jede Hälfte einen Teil des geschlagenen Rahmes. Nachdem die Creme gestürzt ist, kann man sie nach Belieben mit Schlagrahm garnieren.

Bei warmer Witterung, und besonders im Sommer, sollte man möglichst die fertige Bavaroise auf Eis stellen. Hat man kein Eis zur Hand, so gebe man 1—2 Gelatine in Blättern mehr dazu. Mit dieser Creme können eine Anzahl süßer Speisen ausgeführt werden, z. B. kann man gleichzeitig mit dem Rahm gekochten Milchreis oder gekochte abgetropfte Früchte, wie Ananas, Aprikosen oder auch rohe Erdbeeren, Himbeeren oder Früchtenpüree darunterziehen und die Creme darnach benennen.

15. Charlotte Russe.

Es wird in einer entsprechend großen Papierkapsel oder auf einem Backblech mit aufgebogenen Rändern eine schwach fingerdicke Biskuitplatte gebacken, schneidet einen Teil derselben in dreieckige Stücke, legt mit diesen den Boden einer Charlottenform aus, schneidet aus dem übrigen Biskuit der Höhe der Form entsprechend, lange 2 Finger breite Stengel, stelle diese rings am innern Rand der Form herum gut aneinanderschließend auf, so daß diese am Boden und an der Wandung ganz mit Biskuit ausgelegt ist, fülle die Höhlung mit einer fertigen, aber noch nicht fest gewordenen Bavaroisemasse nach Nr. 14 und stelle die Form während 2 Stunden an einen möglichst kühlen Ort. Zum Anrichten wird die Charlotte auf eine Platte gestürzt und eine Vanille- oder Schokoladensauce extra serviert. Anstatt des oben angegebenen Biskuits kann man auch Löffelbiskuits, sogenannte Maultäschchen zuschneiden und zum Auslegen der Form verwenden.

16. Paranußcreme.

Milch oder Rahm	1000 g	100 g
Geschälte Nüsse	160 g	16 g
Eigelb	10 St.	1 St.

Cremes.

Gelatine	10 g	2 g
Zucker	100 g	10 g

Mandeln, bzw. Nüsse schälen, reiben, stoßen, in der Milch kochen, diese passieren, mit Eigelb abziehen, aufgelöste Gelatine und Zucker dazu und auf schwachem Feuer bis zum Siedepunkt schlagen.

17. Apfelcreme.

Eigelb	10 St.
Zucker	250 g
Apfelpüree	200 g
Gelatine	14 g
Eiweiß	10 St.

Die Eigelb werden mit dem Zucker schaumig gerührt, dazu das kalte Apfelpüree (welches aus Äpfeln hergestellt ist, die ungeschält in der Röhre weichgebacken und passiert wurden). Dann fügt man diesem Apfeleierschaum 14 g aufgelöste Gelatine bei und rührt öfters um, bis die Masse anfängt zu erstarren. Es kommt nun der steife Eierschnee dazu und die Creme kann zu völligem Erstarren aufs Eis oder in einen kalten Raum gestellt werden.

18. Kastanien-Creme, I.

Kastanien	500 g	100 g
Milch	750 g	150 g
Eier	10 St.	2 St.
Zucker	100 g	20 g
Gelatine	10 g	2 g

19. Kastaniencreme, II.

Wie Kastaniencreme I, doch mit 50 g Maraschino. Kastanien schälen, abkochen und nochmals schälen, dann in Milch weichkochen, abtropfen lassen, durch das Sieb passieren, mit Milch, Zucker, Ei und Gelatine zu einer Creme kochen und nach dem Erkalten mit dem steifen Eierschnee vermischen oder auch statt dessen mit 500 g Schlagrahm.

20. Teecreme.

Tee von 30 g	500 g	100 g
Milch oder Rahm	500 g	100 g
Eier	10 St.	1 St.
Gelatine	12 g	2 g
Zucker oder Kristallose	120 g	12 g

Tee, Zucker, Eigelb und Gelatine zu einer Creme schlagen. Wenn sie zu erstarren beginnt, den steifen Eierschnee darunter mischen. Diese Creme kann auch nur mit Tee ohne Milch oder Rahm bereitet werden. Man nimmt dann 1000 g Tee. Statt Eierschnee kann man auch 500 g Schlagrahm darunterziehen.

21. Waldmeistercreme.

Milch	400 g	40 g
Rahm	400 g	40 g
Eigelb	10 St.	1 St.
Waldmeisterzucker	60 g	6 g
Gelatine	12 g	2 g
Schlagrahm	400 g	50 g

Von Milch, Rahm, Zucker, Eigelb und Gelatine wird auf dem Feuer eine Creme abgeschlagen. In einer Schüssel kaltgestellt, indem man viel rührt und nach dem Abkühlen mit Schlagrahm untermischt.

22. Bayrische Orangencreme.

Schale von 4 Orangen wird mit einem kleinen Stückchen Vanille in ¼ Liter Milch aufgekocht und zugedeckt erkalten gelassen. Mit dieser durch ein Sieb gegossenen Milch 6 Eigelb und 150 g Zucker schlägt man eine dickliche Creme auf dem Feuer und fügt 10—12 Blatt vorbereitete Gelatine hinzu, schlägt auf dem Feuer noch etwas weiter, damit sich die Gelatine auflöst, gibt noch den Saft von 2 Orangen hinzu, färbt sie mit einigen Tropfen Kochenille zart rosa und läßt sie in einer Schüssel unter öfterem Rühren erkalten. Eine glatte Stürzform streicht man mit Öl oder zerlassener Butter aus, belegt den Boden mit einer weißen Papierscheibe und legt die ganze Form, den Boden sowie die Seitenwände, mit sehr dünn geschnittenen Scheiben von sauber geschälten Orangen aus, so daß eine Scheibe ein wenig auf die andere zu liegen kommt. Das etwa in der letzten Reihe überstehende läßt man zuletzt nach außen hängen. Nun zieht man die inzwischen fast erkaltete Creme, den festen Schaum von ½ Liter Rahm locker, füllt damit schnell die ausgelegte Form und läßt sie auf Eis erstarren. Dann schlägt man das etwa überhängende der Orangenscheiben auf die Creme, stürzt die Speise auf eine flache Glasschüssel und reicht feines Backwerk dazu. Man kann die Speise auch mit einem Orangenkörbchen und Schlagrahm verzieren.

Vierundzwanzigste Abteilung.
Eier-, Süß-Speisen und Diverse.

1. **Omelette.**
Siehe unter Eierspeisen Nr. 14 bis Nr. 24, S. 155 u. 156. Mit Zucker bestreut oder auch den Zucker mit glühendem Eisen gebrannt.

2. **Als Omelette gebrannt.**

3. **Pfannkuchen, diverse.**
Siehe Eierspeisen Nr. 49 bis Nr. 54, S. 159 u. 160. Mit frischen gekochten oder konservierten Früchten gefüllt oder mit solchen serviert. Orangensauce Nr. 11, S. 133 vorzüglich dazu geeignet.

4. **Flädli**, I siehe Nr. 28, S. 37 unter Suppeneinlagen. Gefüllt mit Obst, Mandel oder Nußpüree, Nr. 23 und 24, S. 211 oder mit Quarkfüllung Nr. 6, S. 208.

5. **Eierflädli, II.**
Eier . . . . 3 St.
Mehl . . . . 60 g
Milch . . . . 250 g
Salz.

Eigelb, Mehl, Milch und das nötige Salz werden glatt gerührt. Der steife Eierschnee darunter gezogen und dünne Flädchen goldgelb gebacken. Diese werden mit Obst- oder mit Quarkfüllung serviert (wie folgende Nummer), eventuell mit Zucker und Zimt bestreut.

6. **Quarkfüllung für Quarktörtchen, Kuchen und Flädli usw.**
Butter . . . . 60 g
Quark . . . . 750 g
Eier . . . . 4 St.
Zucker . . . . 100 g
Salz.

Butter, Zucker und Eigelb zu Schaum rühren, Quark und Eierschnee dazu.

7. **Eierflaum.**
Milch . . . . ı . . . . 1000 g   125 g
Eier . . . .   8 St.   1 St.
Zucker . . . .   65 g   8 g

Eier-, Süß-Speisen und Diverse.

Eier, Milch und Zucker und eine Prise Salz tüchtig schlagen, in gebutterte Auflaufform oder Puddingform ohne Kamin im Wasserbad festwerden lassen und stürzen. In der Auflaufform selbst servieren.

8. Eierflaum mit Schokolade.

Milch	1000 g	112 g
Schokolade	125 g	15 g
Eier	8 St.	1 St.
Zucker	30 g	4 g

Schokolade in Milch verkochen und wenn erkaltet, fertig machen wie voriges Rezept.

9. Eierflaum mit Kakao.

Milch	1000 g	120 g
Kakao	75 g	10 g
Zucker	80 g	10 g
Eier	8 St.	1 St.

Zubereitung wie Nr. 7.

10. Eierflaum mit Vanille.

1 Stange Vanille in der Milch gekocht. Zubereitung wie Nr. 7.

11. Eierflaum mit Zitronen.

Mit Zusatz von Zitronenschale (auf Zucker abgerieben) und mit 30 g Zitronensaft. Sonst wie Nr. 7.

12. Eierflaum gestürzt.

Milch	1000 g	250 g
Eier	8 St.	2 St.
Zucker	80 g	15 g

Oder:

Milch	1000 g	125 g
Eigelb	14 St.	2 St.
Zucker	75 g	10 g

Zutaten gut verschlagen, in gebutterte Form gießen, im Wasserbad gerinnen lassen, warm oder kalt gestürzt, event. mit Fruchtsaft servieren.

13. Plattenmüsli, I.

Milch	1600 g	200 g
Eier	8 St.	1 St.
Mondamin oder Maizena	40 g	5 g
Zucker	60 g	8 g
Salz.		

Fischer, Diät. Küche.

Mondamin mit wenig kalter Milch anrühren, in die andere kochende Milch geben, einmal aufkochen lassen, wenn verkühlt, Eier und Zucker gut darin verschlagen, in gebutterte Platte füllen, im Ofen leicht backen.

14. Plattenmüsli, II.
Wie vorige Nummer, doch noch 8 mürbe, mittelgroße Äpfel, geschält in kleine Scheiben geschnitten, und mit der Butter gut durchgeschüttelt, in die Masse gegeben und dann gebacken.

15. Eiweißschnitten.
Teig	250 g
Eiweiß	10 St.
Zucker	150 g
Vanillezucker	10 g

Ein 10 cm breiter Streifen von Blätterteig Nr. 1, S. 179 dünn ausgewallt wird auf ein Backblech gelegt, steifer Eierschnee (mit Vanillezucker versüßt und nochmals steif geschlagen). Brotförmig und hoch darauf dressiert, mit wenig feinem Zucker bestreut, gebacken, so daß er eine goldbraune feine Rinde bekommt. Wenn etwas verkühlt, in 2 cm dicke Scheiben geschnitten, zu Kompott serviert.

16. Schnee-Eier mit Vanillesauce.
Eiweiß	10 St.
Zucker	80 g

Steifen Eierschnee zuckern, nochmals steifschlagen, Klößchen auf kochender Milch oder Wasser kochen, anrichten, mit Vanillesauce Nr. 3, S. 130 reichlich übergießen.

17. Schnee-Eier mit Schokoladen-Sauce.
Wie vorige Nummer, doch mit Schokoladen-Sauce anrichten.

18. Kastanienschnee, I.
Kastanien	500 g	75 g
Rahm, geschlagen	500 g	75 g
Zucker oder Kristallose	100 g	15 g

19. Kastanienschnee, II.
Kastanien	500 g	75 g
Schlagrahm	500 g	75 g
Mandeln, geriebene	75 g	10 g
Zucker oder Kristallose	100 g	15 g

Kastanien, welche vorher zweimal geschält sind, in Milch weichkochen, ablaufen lassen, passieren, versüßen und mit dem Schlagrahm vermischen, bzw. auch mit den Mandeln.

Eier-, Süß-Speisen und Diverse.

20. Mandelschnee.

Mandeln	250 g	60 g
Schlagrahm	250 g	60 g
Eiweiß	3 St.	1 St.
Zucker	140 g	15 g

Die Mandeln werden geschält, gerieben, mit wenig Wasser im Mörser feingestoßen, durch ein feines Sieb passiert. Der steifgeschlagene Rahm wird mit den Mandeln und mit dem Eierschnee vermengt, mit Zucker oder Kristallose versüßt und serviert.

21. Nußschnee von Haselnüssen.

Wie vorige Nummer, doch 250 g Nüsse.

22. Mandelpüree. I.

Mandeln	250 g	50 g
Zucker	50 g	10 g
Wasser	50—60 g	10 g

Mandeln schälen (bzw. Nüsse), reiben, feinstoßen oder passieren mit Zucker und Wasser vermischt anrichten.

23. Mandelpüree, II.

Wie vorige Nummer, doch von ungeschälten Mandeln.

24. Nußpüree.

Von Haselnüssen, wie Mandelpüree II.

25. Kastaniennest.

Kastanien	1000 g	125 g
Rahm	500 g	70 g
Vanillezucker	60 g	8 g

Die geschälten Kastanien werden in halb Milch, halb Wasser weichgekocht, durch das Sieb passiert, eventuell noch mit etwas Rahm verrührt (so daß die Masse wie ein dicker Brei ist) und nun mit einer Spritze in Form eines Nestes auf runde Platten dressiert in die Mitte kommt der steifgeschlagene Rahm mit Vanillezucker gesüßt.

26. Erdbeerschaum.

Erdbeeren	1000 g	200 g
Schlagrahm	500 g	100 g
Zucker nach Bedarf.		

Frische Erdbeeren durch das Sieb streichen, mit Zucker und Schlagrahm mischen, in Gläser füllen, auf Eis stellen und zu feinem Gebäck servieren.

27. Schokoladenschaum.

Schlagrahm	500 g	100 g
Schokolade	250 g	50 g
Wasser	250 g	50 g
Mondamin	10 g	2 g

Schokolade mit Wasser glattkochen, Mondamin (in wenig Wasser glatt verrührt) dazugeben, aufkochen lassen und, wenn erkaltet, mit dem Schlagrahm vermischen. Man rührt die Schokolade während des Erkaltens um, damit sie keine Haut bekommt.

28. Götterspeise.

Schlagrahm	1000 g	125 g
Zucker	120 g	15 g
Grahambrot	400 g	50 g
Schokolade, gerieben	150 g	20 g
Arrak	100 g	13 g
Fruchtgelee oder Früchte	600 g	75 g

Grahambrot gerieben, mit Schokolade und Arrak vermischt, dazu Früchte und gezuckerten Schlagrahm in Glasschalen einfüllen, obenauf Rahm. Eine halbe Stunde vor dem Gebrauch anrichten und kaltstellen.

29. Reis mit Äpfeln, I.

Wasserreis Nr. 47, S. 174, mit in Zucker gedämpften Apfelschnitten schichtweise anrichten, braune Butter darüber gießen. Auch läßt man zuweilen die Apfelscheiben in Reis weichkochen und mischt dann den Schnee von 6 Eiweiß darunter.

30. Reis mit Äpfeln, II.

Milchreis nach Nr. 50, S. 174. Wie vorige Nummer anrichten, mit gedörrten gekochten Pflaumen in gleicher Weise, mit Schnee von 6 Eiweiß mischen.

31. Errötendes Mädchen.

Eiweiß	8 St.	2 St.
Agar	6 g	1½ g
Himbeergelee	60 g	8 g
Wasser	30 g	4 g
Kinderbiskuit, gerieben	60 g	8 g
Feiner Zwieback	40 g	5 g

Agar mit wenig Wasser auflösen, dazu Himbeergelee mit Wasser, dann den steifen Eierschnee, geriebenen Zwieback und Biskuits schnell beimischen, in Schalen füllen (bei Verwendung von rohem Himbeersaft noch 50 g Zucker).

32. Feigenberg.

Feigen, gedörrte	750 g	25 g
Schlagrahm	500 g	100 g
Zucker	50 g	10 g
Vanillezucker	15 g	3 g

Feigen 10 Stunden wässern, dann weichkochen, den Saft gut einkochen, über die Feigen gießen, wenn erkaltet, mit dem steifen bezuckerten Schlagrahm ganz bedecken.

Fünfundzwanzigste Abteilung.

Flammeri.

Flammeris in Milch.

Zu allen Flammeris sind Gewürze beliebt; wo gestattet, verwende man Vanille, Zitronenschale oder Mandeln in mäßiger Weise. In vielen Fällen ist statt Kuhmilch Mandelmilch zu verwenden oder eine Mischung von Milch und Wasser.

1. Kakao-Flammeri.

Milch	1250 g	200 g
Kartoffelmehl	65 g	12 g
Kakao	60 g	10 g
Zucker	60 g	10 g

Kakao mit Mehl in ⅓ der Milch gut verrühren, in die andere mit Zucker kochende Milch gießen, gut durchkochen lassen, in mit kaltem Wasser bespülte Form gießen, kalt stürzen, mit süßem Schlagrahm oder mit Vanille-Sauce servieren.

2. Schokoladen-Flammeri.

Wie vorige Nummer, doch 150 g Schokolade mit nur 60 g Zucker.

3. Kartoffelmehl-Flammeri.

Milch	1000 g	200 g
Butter	35 g	7 g
Eier	6 St.	1 St.
Kartoffelmehl	151 g	23 g
Zucker	100 g	20 g
Salz		

Ganze Eier mit ⅓ Liter Milch verschlagen. Sonst wie Nr. 1. Dieser Flammeri ist sehr zart.

4. Mondamin-Flammeri.

Milch	1500 g	200 g
Mondamin	100 g	12 g
Zucker	50 g	8 g
Eier	3 St.	1 St.

Mondamin wird mit 300 g Milch glatt gerührt, zu 1000 g mit dem Zucker kochender Milch gegeben und unter Rühren einige Male aufkochen lassen. Die Eier werden mit 200 g Milch mit dem Schneebesen schaumig geschlagen, dem Mondaminbrei beigefügt und unter Rühren tüchtig aufgekocht; die Masse in kaltgestellte Form gießen und wenn fest, stürzen und mit Fruchtsaft servieren.

5. Maizena-Flammeri.

Genau wie vorige Nummer, statt Mondamin die gleiche Menge Maizena nehmen.

6. Tapioka- oder Sagoflammeri.

Milch	1500 g	250 g
Tapioka oder Sago	100 g	18 g
Eigelb	6 St.	1 St.
Zucker	75 g	12 g

Milch kochen, den Tapioka ca. 25 Minuten lang kochen, bis er klar ist, dann die mit ganz wenig kalter Milch verrührten Eigelb dazugeben, aufkochen (einmal) lassen und wie Nr. 1 fertig machen.

7. Reismehl-Flammeri.

Milch	1500 g	200 g
Reismehl	100 g	15 g
Eigelb	6 St.	1 St.
Zucker	80 g	10 g
Salz.		

Zubereitung wie Tapioka-Flammeri.

8. Mandelflammeri (Blanc manger).

Milch	75 g	150 g
Rahm	500 g	100 g
Zucker	125 g	25 g
Mandeln	160 g	32 g
Maizena	80 g	16 g
Eiweiß	6 St.	1 St.

Mandeln (gerieben), mit Milch aufkochen, passieren, mit Rahm und Zucker nochmals zum Kochen bringen, das mit etwas von dem Rahm aufgelöste Maizena hineingießen, unter Rühren gut durchkochen lassen, zurückziehen, steifen Eierschnee beimischen, in

Frucht-Flammeris.

kaltgespülte Formen schütten, kalt gestürzt servieren, eventuell mit Fruchtsaft.

9. **Schokoladen-Flammeri.**
Wie Nr. 1, S. 213 und in die heiße Masse noch den Schnee von 6 Eiweiß geben.

10. **Grießflammeri.**

Milch	1400 g	230 g
Grieß, fein oder Kindergrieß	175 g	30 g
Eier	6 St.	1 St.
Zucker	50 g	10 g

1200 g Milch kochen, Grieß darin 15—20 Minuten kochen, dann die mit 200 g Milch verquirlten Eigelb dazu, aufkochen lassen, vom Feuer nehmen, den steifen Eierschnee leicht durchwirken, weiter behandeln wie Nr. 4, S. 214.

11. **Schokoladen-Flammeri und Kakao-Flammeri.**
Wie Mondamin Flammeri Nr. 2, S. 213, doch 80 g Mondamin und 160 g Schokolade und nur 25 g Zucker, bzw. 125 g Kakao und 200 g Zucker und statt 3 Eiern 6 Stück davon, das Weiße zu Schnee.

12. **Schokoladen-Grießköpfchen** (6—8 Personen).

Schokolade	160 g
Zucker	125 g
Grieß	125 g
Milch	1000 g
Vanillezucker.	
Salz.	

Schokolade, Zucker, Vanillezucker und Salz werden mit etwas Milch zu einer glatten Masse auf dem Feuer gerührt, die übrige Milch nach und nach dazugetan und wenn die Masse kocht, den Grieß sorgfältig unter stetem Rühren hineingestreut und so lange gekocht, bis die Masse dick ist. In eine mit Wasser ausgespülte Form gefüllt und erkaltet gestürzt mit Vanillesauce servieren.

Frucht-Flammeris.

Zubereitung ist die gleiche wie bei den Milch-Flammeris. Doch macht man die Fruchtflammeris meist ohne Eier, häufig mit Eiweißschnee, mit Eigelb nur selten.

Rhabarber, Stachelbeeren, Erdbeeren, Himbeeren, Brombeeren, Kirschen, Pflaumen aller Art, Äpfel, Aprikosen, Ananas, Pfirsiche, Orangen, Zitronen, auch gedörrte Früchte lassen sich sämtliche zu Fruchtflammeris (auch „Grütze" genannt) verwenden. Vielfach wird statt Fruchtsaft Fruchtpüree gebraucht. Ein wenig Butter, etwa 15 g auf 1 Liter Flüssigkeit macht den Flammeri mürbe. Man reicht zu den Fruchtflammeris süße, frische Milch, süßen Rahm, Schlagrahm oder Vanillesauce.

13. Fruchtflammeri, I.
(Mit Mondamin, Maizena oder Kartoffelmehl.)

Fruchtsaft nach Bedarf versüßt und mit Wasser verdünnt	1500 g	250 g
Mondamin	80 g	15 g

Das Mondamin, mit etwas von dem Fruchtsaft oder auch mit Wasser verrührt, gibt man bei fleißigem Rühren in den übrigen Saft, läßt es einige Minuten kochen, schüttet die Masse in kaltgespülte Formen und serviert in einer von den oben angeführten Weisen, event. mischt man unter die recht heiße, aber nicht mehr kochende Masse den heißen Schnee von 4—6 Eiweiß, wodurch die Speise lockerer wird.

14. Fruchtflammeri mit Sago oder Sagomehl.

Fruchtsaft nach Wahl z. B. Himbeersaft versüßt und verdünnt	1500 g	250 g
Sago oder Sagomehl	100 g	16 g

1000—1500 g frische Himbeeren kocht man mit wenig Wasser auf, schüttet die Fruchtmasse auf ein Sieb und läßt den Saft abtropfen, diesem setzt man nun so viel Wasser zu, daß man 1500 g erhält, fügt etwa 250 g Zucker hinzu und läßt nochmals kochen. 100 g Sago wird abgespült, dann in den kochenden Fruchtsaft geschüttet und unter häufigem Rühren klar gekocht, etwa 25 bis 30 Minuten. Nun füllt man die Masse in kalt gespülte Formen und verwendet nach Belieben.

Sagomehl löst man in etwas von dem Fruchtsaft auf und gibt es zu dem übrigen kochenden.

15. Fruchtflammeri mit Weizengrieß, Reisgrieß oder Kindergrieß.

175 g Grieß und 1500 g Flüssigkeit, Zubereitung wie Grießflammeri Nr. 10, S. 215, eventuell zum Schluß den steifen Schnee von 4—5 Eiweiß durchgerührt.

16. Orangenflammeri.

Saft von 10 Orangen und einer Zitrone mit Wasser verdünnt; 1400 g und versüßt, mit 110 g Mondamin (oder 70 g Tapioka) gekocht nach Nr. 14.

17. **Erdbeerflammeri** (Wald- oder Gartenerdbeeren).

Erdbeeren . . . . 1200 g
Mondamin . . . . 10 g
Zucker.

Erdbeeren mit dem nötigen Zucker aufkochen, abtrocknen lassen, den Saft mit 1400 g verdünnen, diesen mit Mondamin aufkochen wie Nr. 14. (Erdbeeren lasse man, da Farbe und Aroma sehr empfindlich sind, nur so lange wie dringend nötig auf dem Feuer.)

18. **Fruchtflammeri** von gemischten Früchten (rote Grütze).

Kirschen, Johannisbeer- und Himbeersaft versüßt und verdünnt . 1400 g
Gries . . . . 175 g
Eiweiß . . . . 4 St.

Zubereitung wie Grießflammeri Nr. 10, S. 215.

19. **Fruchtflammeri** von Äpfeln (genannt Apfelgrütze).

Äpfel	1500 g	250 g
Wasser	1250 g	200 g
Zucker	100 g	20 g
Zitronensaft	30 g	5 g
Reisgrieß	200 g	25 g

Die Äpfel mit etwas Zimtstengel etwas kochen.

Äpfel ungeschält, zerschnitten mit Wasser etwas gekocht, passiert, nochmals gekocht, mit Zucker und dem Reisgrieß (1 Stunde an der Herdseite ziehen lassen), dann in Formen füllen, kalt gestürzt servieren.

20. **Fruchtflammeri** von Rhabarber (Rhabarber-Grütze).

Wie vorige Nummer, von 3 Pfund Rhabarber, 1 Liter Wasser, Zucker usw. Zu allen diesen Fruchtflammeris kann auf Wunsch Eiweißschnee verwendet werden und zwar, indem man denselben (4—6 Eiweiß auf vorstehende Portion), wenn die Flammerimasse ganz wenig verkühlt, vorsichtig darunter zieht.

Sechsundzwanzigste Abteilung.

Soufflés und Aufläufe.

Die Soufflés werden immer in den Kochschüsseln oder Formen, in denen sie gebacken werden, serviert. Gewöhnlich sind diese Schüsseln aus feuerfestem Geschirr hergestellt. Die Soufflés müssen sofort aus dem Ofen gleich auf den Tisch kommen, weil sie sonst ihr schönes Aussehen verlieren und zusammenfallen. Es ist eine Hauptsache, sie erst im richtigen Moment fertig zu machen. Der Ofen soll gut mittelheiß sein und man muß sich mit dem Feuer so einrichten, daß die Hitze gegen das Ausbacken hin nicht abnimmt, sonst fallen die Soufflés zusammen. Man unterscheidet hauptsächlich 4 verschiedene Arten von Soufflés. Bei allen Arten ist ein fest geschlagener Schnee eine Hauptbedingung und muß derselbe recht leicht unter die Masse gezogen und nicht eingerührt werden, weil er sonst zusammensinkt.

Bei der ersten Art kommt der Schnee unter eine nur kalt abgerührte Masse. Diese sind am schnellsten gemacht, fallen aber auch rasch zusammen. Bei der zweiten Art, zu welcher eine möglichst dicke Fruchtpüree verwendet wird, rührt man dieselbe zuerst bis zum Kochen ab und mischt hernach den Schnee darunter.

Für die dritte Art wird eine Soufflémasse aus weißer Mehlschwitze und Milch zuerst auf dem Feuer abgekocht und für die vierte Art wird eine mehr cremeähnliche Masse aus Butter, Zucker und Eigelb bis fast zum Aufkochen auf dem Feuer abgerührt und bei allen der Schnee zunächst beigegeben. Jede Art kann mit verschiedenen Zutaten, wie Orangen, Zitronen, Vanille, verschiedenen Früchten und Fruchtpürees gewürzt und darnach benannt werden.

1. Arrowroot-Soufflé.

Arrowroot	120 g	20 g
Milch	1200 g	200 g
Eier	12 St.	2 St.
Zucker	100 g	10 g
Salz wenig.		

Arrowroot mit etwas von der Milch glatt rühren, in die übrige mit dem Zucker kochende Milch schütten, gut durchkochen lassen. Die Eigelb sorgfältig beimischen und wenn erkaltet, den steifen Eiweißschnee dazu und in gebutterter Auflaufform ca. 20 Minuten backen.

Soufflés und Aufläufe.

2. Mondamin-Soufflé.
Wie Nr. 1, S. 218.

3. Maizena-Soufflé.
Wie Nr. 1, S. 218.

4. Schwamm-Soufflé.

Mehl	100 g	20 g
Milch	600 g	140 g
Butter	75 g	15 g
Eier	9 St.	2 St.
Zucker	100 g	10 g
Salz wenig.		

Von Milch, Mehl und Zucker wird ein Brandteig gekocht (siehe Nr. 9, S. 182), Butter und Eigelb rührt man schaumig, gibt den fast verkühlten Teig und zuletzt den Eierschnee dazu und bäckt wie oben gesagt.

5. Fidelisoufflé.
Wie Nr. 4, S. 219 und siehe Mehlspeisen, S. 164, Nr. 11.

6. Wecksoufflé.
Wie Nr. 4, S. 219 und siehe Mehlspeisen, S. 168, Nr. 28.

7. Graham-Soufflé.
Wie Nr. 4, S. 219 und siehe Mehlspeisen, S. 169, N. 32.

8. Grießsoufflé von Weizen oder Kindergrieß.

Grieß, fein	200 g	25 g
Milch	1200 g	175 g
Butter	40 g	10 g
Eier	6 St.	1 St.
Zucker	120 g	18 g

Grieß in Milch, Zucker und Butter weich kochen. Nach einigem Verkühlen Eigelb dazu, dann den sehr steifen Eierschnee und in Auflaufform backen oder: Gries in Milch kochen, Butter, Eigelb und Zucker schaumig rühren, die verkühlte Grießmasse dazu, dann den Eierschnee und weiter verfahren wie oben gesagt.

9. Reissoufflé.
Wie Nr. 4, S. 219 und S. 175, Nr. 56.

10. Reismehlsoufflé.
Wie Nr. 4, S. 219 und S. 175, Nr. 58.

11. Reisflockensoufflé.
Wie Nr. 4, S. 219 und S. 175, Nr. 58.

12. Tapiokasoufflé.

Wie Nr. 4, S. 219 und S. 176, Nr. 62. Wie die betreffenden Aufläufe unter Mehlspeisen, nur weniger Salz und 100 g Zucker dazu.

13. Griessoufflé, S. 172, Nr. 41.

Diese Masse eignet sich vorzüglich zum Füllen oder Mischen mit frischen oder sterilisierten Kirschen, als Kirschengrieß-Auflauf. Ebenso mit Äpfeln, in Scheiben, die vorher etwas angedämpft sind oder rohen Scheiben, aber dann nur von sehr mürben Äpfeln.

14. Apfelgrießauflauf.

15. Vanillesoufflé.

Milch	1000 g	120 g
Mehl	90 g	10 g
Zucker	60 g	7 g
Butter	70 g	8 g
Eier	9 St.	1 St.

Butter, Zucker, Vanille und ⅔ der Milch kocht man, nimmt die Vanille heraus, gibt die übrige Milch mit dem darin glatt gerührten Mehl hinzu, läßt 2—3 Minuten kochen, wenn etwas verkühlt, die Eigelb dazu, dann den steifen Eierschnee und in Auflaufform 20—25 Minuten backen.

16. Schokoladensoufflé, I.

Wie vorige Nummer, doch mit 125 g Schokolade und nur 75 g Mehl.

17. Eichelkakao-Soufflé.

Eichelkakao	60 g
Mondamin	100 g
Milch	1500 g
Eier	8 St.
Zucker oder Kristallose	50 g

Mondamin und Kakao mit der Hälfte der Milch gut anrühren, in die andere kochende Milch hineingerührt und etwa 10 Minuten kochen lassen. Mit dem Eigelb gut verrühren und, wenn etwas verkühlt, das zu Schnee geschlagene Eiweiß leicht darunter rühren, in Auflaufform gefüllt, 15—20 Minuten backen.

18. Hygiama-Soufflé.

Milch	1200 g	155 g
Hygiama	175 g	25 g
Grieß	75 g	10 g

Soufflés und Aufläufe.

Eier	8 St.	1 St.
Butter	40 g	5 g
Zucker	40 g	5 g

Das Hygiama-Mehl wird mit etwas kalter Milch verrührt, in die übrige kochende Milch, in welcher schon 5 Minuten der Grieß gekocht war, geschüttet und unter Rühren einige Minuten gekocht. Butter, Eigelb und Zucker rührt man schaumig, gibt die inzwischen verkühlte Hygiamamasse hinzu, dann mischt man den steifen Eierschnee hinein und bäckt in gebutterter Auflaufform ca. 20 Min.

19. Sauerrahmsoufflé.

Sauerrahm	1000 g	180 g
Eier	12 St.	2 St.
Mehl	100 g	16 g
Zucker	140 g	23 g
Vanillezucker	20 g	5 g

Zucker, Eigelb und Rahm werden sehr schaumig gerührt, das Mehl dazu, dann den Eierschnee, in Auflaufform backen, sofort nach dem Backen etwas versüßten Wein oder Arrak darauf träufeln.

20. Schokoladensoufflé.

Butter	70 g	12 g
Eier	6 St.	1 St.
Zucker	80 g	14 g
Schokolade	70 g	12 g
Weißbrot, in Milch geweicht und ausgedrückt	200 g	35 g

Butter, Eigelb und Zucker schaumig rühren, dann geriebene Schokolade, Weißbrot und Eierschnee dazu, ca. ¾ Stunden backen.

21. Apfelsoufflé auf verschiedene Arten.

Mit Vanillesoufflémasse Nr. 15, S. 220 oder Schwamm-Soufflémasse Nr. 4, S. 219 oder Mondamin-Soufflémasse Nr. 2, S. 219. Dazu 1000 g mürbe Äpfel geschält und in feine Scheiben geschnitten, oder die Äpfel mit etwas Zucker halb gar gedämpft, oder die Äpfel geschält, ausgebohrt, mit feinem Fruchtgelee gefüllt, die Soufflémasse mit den Äpfeln gemischt backen oder die Äpfel auf eine Schicht Teig legen und mit Teig decken oder die ganzen Äpfel in die Form stellen und mit Teig gefüllt backen.

Derselbe Auflauf statt mit Äpfeln, mit Kirschen, Pfirsichen oder anderen Früchten.

22. Äpfelsoufflé.

Apfelpüree, festes, süßes	250 g	45 g
Zitronensaft	40 g	8 g
Eiweiß zu steifem Schnee	12 St.	2 St.
Event. geriebene Mandeln	80 g	14 g

Zutaten mischen, garbacken und schnell servieren. Auf diese Art lassen sich von allen möglichen Fruchtpürees, Soufflés herstellen.

23. Ananassoufflé.

Butter	135 g	15 g
Eier	9 St.	1 St.
Zucker	60 g	7 g
Ananas, geschnitten, bzw. andere zerschnittene oder auch konservierte Früchte od. Zitronensaft u. Schale	300 g	35 g

Butter, Zucker und Eigelb im Wasserbad rühren bis dicklich werden, dann die kleingeschnittenen Früchte dazu und wenn verkühlt, den Eierschnee in Auflaufform ca. 20 Minuten backen.

24. Zitronen- und Orangensoufflés in der Weise zu bereiten.

25. Kastaniensoufflé.

Kastanien (mit Schalen)	360 g	43 g
Milch	500 g	62 g
Butter	80 g	10 g
Eier	8 St.	1 St.
Maizena	30 g	4 g
Zucker	100 g	18 g

Zitronenschale wenig auf Zucker abgerieben.

Kastanien (geschält), in Milch weichkochen, passieren, Milch (wobei die Milch vom Kochen der Kastanien sein kann), mit Maizena und Zucker kochen, Butter, Eigelb und Zucker schaumig rühren, dazu die fast verkühlte Maizenamilch, das Kastanienpüree und den Eierschnee in Auflaufform backen.

Siebenundzwanzigste Abteilung.

Puddings.

Die Puddings werden entweder in feuerfesten Schüsseln oder in Metallformen oder in dicht gewobenen Tüchern (Servietten) eingebunden, gekocht oder gebacken und zum Servieren auf eine passende Platte gestürzt. Nach Belieben mit Zucker bestreut und eine Sauce extra dazu serviert. Die Puddingformen werden inwendig recht gut, besonders am Boden, mit kaum zerlassener Butter ausbestrichen und nachher mit Stoßbrot bestreut. Werden die Puddings in Formen im Wasserbad im Ofen gebacken, so wähle man ein Kochgeschirr, welches nicht ganz so hoch ist wie die Puddingform, damit das Wasser nicht hineinkochen kann. Dann gebe man so viel Wasser in dieses Geschirr, daß die Formen ungefähr bis zur Hälfte darin stehen, lasse es zum Kochen kommen und setze die Puddings hinein und schiebe alles in den glutheißen Ofen und sorge dafür, daß das Wasser während der Kochzeit fortkocht. Um zu verhüten, daß der Pudding eine zu starke Kruste bekommt, decke man ein Papier darüber, lasse den Pudding die angegebene Zeit kochen, bevor man ihn heraushebt, stecke man ein kleines Messer hinein, ist der Pudding durchgebacken, so darf am Messer nichts mehr hängen bleiben. Um den Pudding anzurichten, fahre man zuerst mit dem Messer rings zwischen der Form und dem Pudding sorgfältig durch, um denselben abzulösen, stürze dann die Form auf eine passende Platte und ziehe sie ab. Man kann wie bei den Aufläufen etwas Gewürz, Vanille, Zitrone, Orangen, Mandeln, (fein gestoßen) mäßig anwenden.

1. Mondaminpudding.
Wie Nr. 19, S. 166. Mit 100 g Zucker und weniger Salz event. Gewürz.

2. Schwammpudding.
Wie Nr. 22, S. 166. Mit 100 g Zucker und weniger Salz event. Gewürz.

3. Fidelipudding.
Wie Nr. 13, S. 164. Mit 100 g Zucker und weniger Salz event. Gewürz.

4. Weckpudding.
Wie Nr. 26, 27, S. 167. Mit 100 g Zucker und weniger Salz event. Gewürz.

5. Grahammehl-Pudding.
Wie Nr. 33, S. 169. Mit 100 g Zucker und weniger Salz event. Gewürz.

6. Grießpudding.
Wie Nr. 42, S. 172. Mit 100 g Zucker und weniger Salz event. Gewürz. Siehe Mehlspeisen Nr. 42, S. 172. So Grießpudding mit Kirschen oder Äpfeln.

7. Reispudding.
Wie Nr. 54, S. 174. Mit 100 g Zucker und weniger Salz event. Gewürz.

8. Tapiokapudding.
Wie Nr. 63, S. 176. Mit 100 g Zucker und weniger Salz event. Gewürz.

9. Schokoladenpudding, I.

Butter	125 g	22 g
Zucker	150 g	25 g
Eier	12 g	2 St.
Schokolade	200 g	35 g
Mandeln, fein gestoßen	25 g	5 g

Butter, Zucker und Eigelb schaumigrühren, Schokolade und feingestoßene Mandeln dazu, dann den Eierschnee und in Puddingform kochen.

10. Schokoladenpudding, II.

Schwarzbrot, Grahambrot, gerieben	250 g	42 g
Schokolade, gerieben	250 g	42 g
Butter	125 g	20 g
Zucker	150 g	25 g
Eier	6 St.	1 St.

Butter, Zucker und Eigelb schaumig rühren. Das im Ofen vorsichtig geröstete und mit wenig kochender Milch angebrühte geriebene Brot, die Schokolade und den Eierschnee dazugeben und in Puddingform kochen.

11. Schokoladenpudding, III.

Milch	500 g	90 g
Mehl	70 g	12 g
Butter	50 g	10 g
Schokolade	100 g	15 g
Zucker	40 g	7 g
Eier	6 St.	1 St.

Zubereitung wie Nr. 9.

12. Kakaopudding.

Milch	600 g	150 g
Mehl	80 g	20 g
Butter	75 g	20 g
Kakao	75 g	20 g
Zucker	75 g	20 g
Eier	9 St.	2 St.

Milch, Mehl und Schokolade oder Kakao kochen, Zucker und Eigelb zu Schaum rühren, dann den fast verkalteten Teig und Eierschnee beimischen, in Puddingform füllen und kochen.

13. Quarkpudding.

Butter	50 g	12 g
Eier	8 St.	2 St.
Zucker	100 g	25 g
Quark	500 g	125 g
Weißbrot, fein gerieben	75 g	20 g
Salz, Gewürz oder Mandeln.		

Butter, Zucker und Eigelb schaumigrühren, dazu den Quark, welcher fein passiert sein muß, das Brot und zuletzt den steifen Eierschnee, in Puddingform kochen, ca. 1—1½ Stunden.

14. Traubenpudding für 6—8 Personen.

Brot	120 g
Butter	90 g
Zucker	120 g
Mandeln	50 g
Zitronenschale.	
Eigelb	6 St.
Trauben	500 g
Eierschnee	6 St.
Salz.	

Stoßbrot oder eingeweichtes Brot (ausgedrückt oder feingewiegt) rührt man in der geschmolzenen Butter auf dem Feuer ohne es zu rösten, bis es trocken ist, verrühre es in der Schüssel mit dem Zucker, den geriebenen Mandeln, Salz, Zitronenschale und dem nach und nach zugerührten Eigelb. Das Eiweiß schlage man zu steifem Schnee, mische diesen leicht unter die Masse, gebe dann die gewaschenen Traubenbeeren hinzu und fülle die Masse in die bebutterte, mit Stoßbrot ausbestreute Puddingform, und koche den Pudding eine Stunde langsam im Wasserbad. Man serviert eine Weinsauce dazu.

15. Soufflépudding.

Butter	100 g
Zucker	100 g
Mehl	100 g
Milch	300 g
Eigelb	5 St.
Eierschnee	5 St.
Salz.	

Von Butter, Zucker, Milch und Mehl kocht man einen Brandteig, nach dem Auskühlen fügt man Eigelb langsam dazu, zieht den Eierschnee darunter und gibt die Masse in vorbereitete Puddingform und kocht $3/4$—1 Stunde. Mit Weinschaumsauce servieren.

16. Vesuvpudding.

Eine Soufflépuddingmasse nach vorigem Rezept, 200 g Tomaten-Konfiture und 200 g entkernte Malagatrauben. Diese Zutaten werden gemischt und in einer Stunde gargekocht. Den gestürzten Pudding bestreicht man ringsherum mit Aprikosen-Marmelade, in die Öffnung gießt man 1 Deziliter Rum und serviert ihn brennend.

Achtundzwanzigste Abteilung.

Gefrorenes.

Man stellt das Gefrorene am besten mittelst der bekannten Eismaschinen her.

Es kommt dabei darauf an, die Eismaschine richtig zu handhaben. Vor allen Dingen soll die Eisbüchse sachgemäß mit Eis und Salz verpackt werden. Man rechnet ca. 3 Teile Eis (möglichst klein geschlagen) und 1 Teil Salz.

Anweisung dazu bekommt man zu den betreffenden Eismaschinen. Man teilt das Eis in Fruchtglace und Cremeglace ein. Die Cremeglace wird mit einer Creme zubereitet, während Fruchtglace von Fruchtsäften oder Fruchtpüree hergestellt wird. Beide sind mit Zucker bis zu einem gewissen Grad zu versüßen. Werden die zu glacierenden Cremes oder Sirupe zu stark zuckerhaltig, so gefrieren sie nicht mehr, und die Glace wird nicht fest. Gibt man zu wenig Zucker bei, so wird die Glace zu hart und körnig und es bilden sich kleine Eisklümpchen darin.

Creme-Eis.

1. **Vanilleeis.**
   - Milch oder Rahm .... 800 g — 100 g
   - Zucker .... 200 g — 25 g
   - Vanille, eine Stange.
   - Eigelb .... 8 St. — 1 St.
   - Schlagrahm wenn halb gefroren dazu ..... 200 g — 25 g

2. **Vanilleeis, II.**
   - Rahm .... 800 g — 125 g
   - Zucker .... 160 g — 28 g
   - Vanille, 1½ Stengel.
   - Eigelb .... 12 St. — 2 St.
   - Schlagrahm ...... 200 g — 35 g

3. **Mandel- oder Haselnußeis.**
   - Milch oder Rahm .... 800 g — 100 g
   - Mandeln .... 175 g — 25 g
   - Zucker .... 200 g — 25 g
   - Eigelb .... 8 St. — 1 St.
   - Schlagrahm ...... 200 g — 25 g

4. **Pistacieneis.** Wie Mandeleis Nr. 3.

5. **Kaffeecremeeis.**
   - Milch .... 500 g — 65 g
   - Eigelb .... 8 St. — 1 St.
   - Kaffee-Extrakt .... 300 g — 40 g
   - Zucker .... 200 g — 25 g
   - Schlagrahm ...... 300 g — 40 g

6. **Schokoladencremeeis.**
   - Rahm oder Milch .... 800 g — 100 g
   - Zucker .... 100 g — 12 g
   - Schokolade ...... 175 g — 22 g
   - Eigelb .... 8 St. — 1 St.
   - Schlagrahm ...... 200 g — 25 g

Zubereitung wie Creme, siehe S. 202, Nr. 5.

Alle Zutaten mit Ausnahme des Schlagrahmes zusammen auf mäßigem Feuer bis vor den Siedepunkt schlagen, passieren und wenn erkaltet gefrieren lassen. Um Halbeis zu erhalten, gibt man den Schlagrahm dazu, wenn die Masse halbgefroren ist, oder verwendet ihn zur Verzierung der angerichteten Eiscreme. Bei Mandel- und Nußeis richte man sich nach der Mandel- und Nußcreme. Bei Kaffee-Eis ebenfalls.

7. Zitronencremeeis.
Wie Zitronencreme unter Zugabe von noch 100 g Zucker und kein Kartoffelmehl.

8. Praliniertes Eis.
Hierzu wird der Vanillecreme eine Handvoll feingestoßener Nougats beigegeben und gefroren.

9. Tee-Eis.
Eine halbe Tasse voll recht stark angerichteten Tee wird mit der Vanillecreme vermischt und zu Eis gefroren.

Fruchteis.

10. Erdbeereis.

Erdbeeren	1000 g	250 g
Zucker	500 g	125 g
Wasser	500 g	125 g
Eiweiß	4 St.	1 St.
Schlagrahm	300 g	75 g

11. Ananaseis.

Hawai-Ananasmark (Konserven) für Konserven weniger Zucker oder frische Ananas	1000 g	250 g
Zucker	500 g	125 g
Wasser	500 g	125 g
Eiweiß	4 St.	1 St.
Schlagrahm	200 g	50 g

12. Orangeneis.

Orangen	8 St.	2 St.
Zitronensaft	50 g	12 g
Zucker	500 g	125 g
Wasser	500 g	125 g
Eiweiß	3 St.	1 St.

Orangenschale auf Zucker abgerieben.

Schlagrahm	200 g	50 g

13. Meloneneis.

Melone	1500 g	375 g
Zucker	500 g	125 g
Wasser	200 g	50 g
Zitronensaft	50 g	10 g
Eiweiß	4 St.	1 St.
Schlagrahm	200 g	50 g

14. Quitteneis.

Quittenpüree	1000 g	250 g
Zucker	400 g	100 g
Wasser	200 g	50 g
Eiweiß	3 St.	1 St.
Schlagrahm	300 g	75 g

15. Pfirsicheis.

Pfirsiche	1500 g	375 g
Zucker	500 g	125 g
Wasser	200 g	50 g
Rahm	200 g	50 g
Eiweiß	3 St.	1 St.

Fruchtmasse bereitet man, indem man die Früchte durchpassiert oder auch den Saft davon ausdrückt, diesen mit dem in Wasser aufgekochten Zucker vermischt, erkalten läßt, den Eiweißschnee hinzugibt und dann gefrieren läßt. Verwendet man Schlagrahm dazu, so mischt man denselben nach dem Gefrieren zu. Dann erhält man das sogenannte Halbeis von frischen Früchten. Harte Früchte wie z. B. Quitten müssen weichgekocht werden. Von konservierten oder sterilisierten Früchten und Fruchtpürees läßt sich ebenfalls gutes Eis bereiten, siehe Vorbemerkungen zu Eis.

Rahmeis.

16. Vanillerahmeis.

500 g Rahm mit 250 g Zucker und einer Stange Vanille kochen, diese entfernen und, wenn verkühlt, 500 g rohen Rahm dazu geben und gefrieren lassen.

17. Waldmeisterrahmeis.

Wie vorige Nummer 16, doch nur 180 g Zucker und 60 g Waldmeisterextrakt dazu verwenden. Letzteren erst, wenn die Masse kalt ist, dazugeben.

18. Marasquinorahmeis.

Wie Nr. 16, doch statt Vanille zu verwenden, gibt man in die erkaltete Masse 75 g Maraskino.

19. Rahmeis mit Kaffee.

Wie Nr. 16, doch mit 250 g gutem Kaffee-Extrakt von koffeinfreiem Kaffee oder von Roggenkaffee, oder beides gemischt und nur 800 g Rahm. Vanille fortlassen.

20. Karamelrahmeis.
250 g Zucker braun rösten, mit 200 g warmem Wasser verkochen, 300 g Rahm mitaufkochen, 500 g Schlagrahm dazu geben und gefrieren lassen.

21. Pistacieneis.
Pistacienpüree (Konserven) 1000 g, Wasser 2000 g, 10 Eiweiß zu Schnee, 750 g Schlagrahm, alles mischen und gefrieren lassen.

Verschiedene Eisrezepte.

22. Pfirsichmelba.
Vanilleeis wird mit feinem Biskuit portionsweise angerichtet. Bestes Erdbeermark darübergefüllt, mit einem halben Pfirsich (frisch gedämpft oder sterilisiert) belegt und serviert.

23. Römischer Punsch.
$1/8$ Liter Orangensaft, $1/8$ Liter Zitronensaft, 200 g Zucker, 3 Eiweiß, 3 Eßlöffel Arrak, Eis und Salz zum Gefrieren. Der Saft wird mit dem Zucker vermischt und das geschlagene Eiweiß dazugetan. Wenn das Eis gefroren ist, mischt man den Arrak darunter und richtet den Punsch in Gläsern an. Dieser Punsch dient als Zwischengang zwischen zwei großen Braten. Als Dessert spritzt man auf jedes mit Punsch gefüllte Glas Schlagrahm. Statt Orangensaft kann man auch andere Fruchtsäfte verwenden.

24. Parfait.
$1/4$ Liter kalter geläuterter Zucker von 200 g Zucker und $1/8$ Liter Wasser, 8 Eigelb, 1 Eßlöffel Rum, Eis und Salz zum Gefrieren. Man schlägt die Masse im Wasserbade dick und wieder kühl und füllt sie in eine Eisbüchse, worin sie 3 Stunden nach Vorschrift gefriert. Man kann diese Grundform beliebig durch Vanille, Kakao, Likör verändern. Auch durch Einlagen und Vermischen mit Schlagrahm. Man gibt Fruchtsäfte oder mit Kirschwasser verdünnte Marmelade dazu.

25. Glace in Formen.
Die fertige Glace kann entweder einzeln oder gemischt in sogenante Glaceformen von beliebiger Fasson eingefüllt werden. Im letzteren Falle wird sie entweder flach lagenweise eingelegt, oder noch besser vermittels beweglicher Abteilungen senkrecht in verschiedene Gattungen eingefüllt und zieht dann die Abteilungsvorrichtungen wieder heraus. Die gut gefüllte Form wird mit einem entsprechend groß ausgeschnittenen Papier bedeckt, schließt den Deckel gut zu, streicht die Fuge zwischen

Deckel und Form gut sorgfältig aus, damit kein Wasser eindringen kann, gibt dann in einem passenden Holzkübel eine Handvoll gestoßenes Eis mit Salz, so daß sie ganz in Eis eingeschlagen ist, und läßt sie während 1—2 Stunden darin liegen. Zum Anrichten hebt man die Form heraus, spült sie zuerst in kaltem Wasser ab und taucht sie schnell in heißes Wasser, trocknet sie sofort ab, schlägt den Deckel los und stürzt die Glace möglichst schnell auf eine Platte über eine Serviette. Sollte das Eis sich nicht lösen, so stoße man den Rand der Form, indem man dieselbe etwas schief hält, gegen einen Tisch, wodurch die Luft zwischen die Form und die Glace eindringen und diese sich lösen kann.

26. **Pücklereis.**

¾ Liter guter Rahm werden festgeschlagen und mit gestoßenem Zucker nur leicht versüßt. Man teile diesen Rahm in drei Teile, den ersten lasse man weiß und fülle damit eine Glaceform zum Drittel, den zweiten Teil färbe man mit einigen Tropfen Karmin leicht rosa und fülle ihn über den ersten Teil in die Form bis auf ⅔ ihrer Höhe, tauche einige Makrönli in Kirschwasser und stecke sie hinein. Der dritte Teil wird mit einigen Eßlöffeln voll feingeriebener süßer Schokolade vermischt und damit die Form zugefüllt; man setze sie ins Eis. Nach dem Stürzen garniert man mit Schlagrahm.

27. **Bombe von Schlagrahm mit verschiedenem Geschmack** (für 4 Personen).

¼ Liter Schlagrahm, 100—175 g Zucker, Eis und Salz, 1 g Vanille = **Vanille-Bombe**, oder statt Vanille 4 Eßl. Kaffeeextrakt = **Kaffeebombe**, oder 4 Eßlöffel Kognak, Arrak oder Maraskino, oder 1 Eßl. Kirschwasser und 40 g kleingeschnittene Makronen = **Likörbombe**, oder 100 g grob gewiegte, geröstete Haselnußkerne und 2 Eßlöffel Vanillezucker = **Haselnußbombe**. Oder 2 Eßlöffel in 4 Eßlöffel Wasser aufgelösten Kakao und 1 Eßlöffel Vanillezucker = **Schokoladebombe**. Oder 125 g Erdbeer- oder Himbeermarmeladen oder eingemachte ganze Früchte = **Erdbeer- oder Himbeerbombe**. Oder 125 g Ananaspüree oder eingemachte Ananaswürfel = **Ananasbombe**. Oder 125 g gemischte Kompottstücke = **Bunte Bombe**.

Der Rahm wird zu frischem Schnee geschlagen, und sollte er sehr fett sein, so schlägt man ihn mit 2 Eierschnee, dann wird er mit den geschmackgebenden Zutaten und dem Zucker vermischt in die bereitstehende Kugelform gefüllt, mit weißem

Papier überdeckt und fest verschlossen 4 Stunden in Eismischung gestellt.

28. Sorbett von Kirschwasser.

Hierzu wird eine Mischung wie zu Zitronenglaces fertig gemacht, gebe noch ein Glas Champagner dazu und mache die Glace fertig. Zum Anrichten wird unter beständigem Drehen der Eismaschine 1 Glas Champagner und 1—2 Gläschen Kirsch beigegeben, wobei die Glace etwas dünner wird, aber doch immer so fest sein soll, daß man sie mit dem Löffel etwas erhöht anrichten kann; serviere sie sofort in Champagnergläsern.

Auf gleiche Art kann man verschiedene Arten von Sorbetts herstellen, indem man entweder Früchtenglaces oder auch Cremeglaces mit Likör oder auch nur mit parfümiertem Syrup entsprechend verdünnt und sofort serviert, wie die hier nachfolgenden Nummern angeben werden.

29. Sorbett von Erdbeeren.

Die fertige Erdbeerglace wird mit etwas kaltem Vanillesyrup verdünnt und sofort serviert.

30. Sorbett mit Maraskino.

Hierzu kann man entweder Vanilleeis oder Zitroneneis verwenden, dieselbe im letzten Augenblick mit 1—2 Gläschen Maraskino und, wenn gerade zur Hand, ½—1 Glas Champagner rasch zur entsprechenden Dicke abrühren und sofort in Champagnergläser servieren, evtl. mit Schlagrahm verzieren.

Neunundzwanzigste Abteilung.

Gebäck, Kuchen usw.

1. Albert-Biskuits.

Butter	125 g
Eier	4 St.
Zucker	220 g
Vanillezucker	20 g
Mehl	750 g

Butter, Eier, Zucker und Vanillezucker gut verrühren, Mehl dazu, den Teig ausrollen, Rundungen ausstechen, die Stücke mit der Gabel oder mit dem Reibeisen verzieren und gelb backen.

2. Teeplätzchen.

Mehl	750 g
Butter	125 g
Zucker	75 g
Ei	1 St.

1 Prise Salz
Wenn nötig noch 1—2 Löffel Wasser.
Marmelade, Vanillezucker.

Geriebenen Teig eine halbe Stunde ruhen lassen, sehr dünn ausrollen und kleine Plätzchen ausstechen. (Likörgläschen) und in mittelheißem Ofen hellgelb backen. Dann je 2 Plätzchen mit Marmelade zusammenlegen und in Vanillezucker wenden.

3. St. Galler-Möckli.

Zucker	250 g
1 Prise Salz.	
Eier	3 St.
Mehl	250 g

Vanille oder Zitronenzucker.

Eier und Zucker werden schaumig gerührt, nach und nach das gesiebte Mehl dazu gegeben und mit Vanillezucker gewürzt. Mit Kaffeelöffel setzt man kleine Häufchen auf gebuttertes Blech und läßt sie gelb backen.

4. Mandelringe.

Zucker	250 g
Eier	2 St.
Vanille nach Belieben.	
Mandeln	250 g

Zucker und Eier werden schaumig gerührt, Vanille dazugegeben, sowie geriebene Mandeln und so viel Mehl, daß ein fester Teig entsteht. Dann wird er auf bemehltem Blech durchgeknetet, ausgerollt (schwach halbzentimeterdick) Ringe davon ausgestochen und gebacken.

5. Schwabenbrot.

Mandeln	250 g
Butter	250 g
Zucker	250 g
Mehl	250 g
1 Zitronenschale.	
Zimt	10 g
Eier	2 St.

1 Prise Salz.

Geriebenen Teig eine Viertelstunde ruhen lassen, halbzentimeterdick aufrollen, Förmchen ausstechen, mit Eigelb bestreichen und in mittelheißem Ofen backen.

6. **Husarenkrapferl.**

Butter	110 g
Eigelb	2 St.
Zucker	90 g
Saft und Schale einer Viertel Zitrone.	
Mehl (halb Kartoffelmehl, halb and. Mehl)	280 g
Eigelb zum Bestreichen.	
Zucker zum Bestreuen.	

Butter, Eigelb und Zucker werden schaumig gerührt, Zitronensaft und Schale, sowie das gesiebte Mehl dazugegeben und zusammengeknetet, nußgroße Kugeln geformt, in der Mitte mit dem kleinen Finger einen Eindruck gemacht, der Rand mit Ei bestrichen, mit Zucker bestreut und in mäßig heißem Ofen 15—20 Minuten gebacken. In die Vertiefung legt man eine eingekochte Kirsch- oder Aprikosenmarmelade.

7. **Haselnußstangen.**

Haselnußkerne	125 g
Butter	125 g
Zucker	125 g
Eigelb	2 St.
Mehl	150 g
Ei zum Bepinseln.	
Salz 1 Prise.	

Geriebenen Teig 10—15 Minuten ruhen lassen, ausrollen, 10—15 cm lange Stangen ausschneiden, mit Ei bestreichen und 12—15 Minuten backen.

8. **Biskuits, I.**

Eigelb	5 St.
Zucker	120 g
Vanillezucker	20 g
Kartoffelmehl oder Weizenpuder	80 g
Eiweiß	4 St.

Eigelb und Zucker schaumig rühren, 80 g Mehl und den steifen Eierschnee dazu und sorgfältig backen. Diese Masse kann man als Torte (Halbieren und Füllen) ebenso in kleinen Förmchen backen.

Gebäck, Kuchen usw.

9. **Biskuits, II.**

Eier . . . . 5 St.
Zitronenzucker . . . . ½ Eßl.
Zucker . . . . 190 g
Kartoffelmehl . . . . 125 g
Butter zur Form.

Die ganzen Eier werden mit Zitronenzucker und Zucker zusammen gequirlt und im Wasserbad mit dem Schneebesen hoch geschlagen. Nach und nach zieht man das gesiebte Kartoffelmehl unter tüchtigem Schlagen dazu, füllt die Masse in bebutterte Form und bäckt sie auf Wasser stehend in mittelheißem Ofen 1 Stunde. Dieses Biskuit läßt sich einige Wochen aufbewahren.

10. **Blitztorte.**

Eier . . . . 12 St.
Zucker . . . . 660 g
Mehl . . . . 165 g
Butter . . . . 165 g

Eigelb und Zucker eine halbe Stunde schaumigrühren, dann das Mehl und die zerlassene Butter dazu. Dann kommt der steife Eierschnee in die Masse. Dieselbe wird in eine mit Butter gut bestrichene Form gefüllt und ca. ¾ Stunden gebacken.

11. **Meringuetorte oder Wacherin.**

Schlagrahm . . . . 500 g
Vanillezucker.
Eierschnee . . . . 3—4 St.
Meringuesmasse:
Zucker . . . . 500 g
Vanille.
Eiweißschnee . . . . 8 St.

Die Eiweiß werden zu sehr steifem Schnee geschlagen, ziehe sorgfältig den Zucker darunter und fülle die Masse in einen Dressiersack ein, welcher mit einer glatten runden Tülle von fingerdicker Öffnung versehen ist, markiere auf ein nur leicht bebuttertes bemehltes Blech mit Hilfe eines Tellers 2—3 nebeneinander liegende Ringe (mache das Blech dann heiß) und dressiere die Eiweißmasse spiralförmig, indem man in der Mitte des Ringes anfängt, so daß sie eine nicht unterbrochene Platte bildet, bestreue mit Zucker und backe die Platte in einem schwach warmen Ofen langsam. Der dritte Boden, weil er als Deckel dient, kann kleiner gepritzt werden und braucht nicht zusammenhängend zu sein. Kurze Zeit vor dem Anrichten schlägt man den Rahm steif, versüße mit Vanillenzucker, lege davon auf den ersten Vacherinboden, lege den zweiten darauf, gebe wieder Rahm und zuletzt den Deckel, bestreiche denselben nicht mit Rahm und ebne ringsum den Vacherin mit Schlagrahm, verziere ihn oben und an den Seiten mit dem Rest des Rahmes (Spritzsack mit Sternfülle). Man kann diesen Vacherin mit einem Kranz Kastanienwürmer belegen und nestartig garnieren. Man kann auch eine Lage Kastanienpüree in den Vacherin hineingeben.

12. Ananasschaumtorte.

1 Portion Biskuitmasse I, oder II. Fülle: $1/8$ Liter Saft von eingekochter Ananas, 5 Eigelb, Zucker nach Geschmack, 10 g aufgelöste Gelatine, 500 g Schlagrahm, 3—4 Eßl. kleinwürfelig geschnittene Ananas. Den fertigen Biskuitteig in einer großen Springform backen. Zur Creme: Eigelb, Ananassaft, Zucker über dem Feuer zu einer Creme schlagen, die aufgelöste Gelatine durch ein Sieb dazugeben und löffelweise mit dem Schlagrahm und den Ananasstückchen mischen. Den erkalteten Tortenboden mit der Creme bestreichen und erstarren lassen. Nach dem Erstarren ziert man die Oberfläche mit Schlagrahm (der von dem halben Liter zurückbehalten wurde), und Ananasstückchen. Statt Ananas kann man auch Erdbeeren, Himbeeren, Pfirsiche und Aprikosen verwenden. Auch frische Früchte lassen sich verwenden, indem man zur Creme die Früchte durch ein Sieb streicht, mit etwas Wasser verdünnt und mit Eigelb und dem nötigen Zucker zur Creme schlägt.

13. Schokoladencremetorte.

Teig:
Butter . . . . 70 g
Zucker . . . . 140 g
Eigelb . . . . 5—6 St.
Schokolade . . . . 140 g
Eierschnee . . . . 5—6 St.
Mehl . . . . 80 g
1 Prise Salz.

Creme: 70 g Zucker, 150 g Schokolade, 100 g Wasser, 3 Eigelb, 250 g Rahm. Die Zutaten zum Teig werden verrührt. Zuletzt gibt man den Eierschnee in den Teig, füllt die Masse in gutgebutterte, mit Mehl bestäubte Springform, und läßt sie langsam backen. Ausgekühlt schneidet man sie in 2 Blätter und füllt sie mit der Creme. Bestreiche auch die ganze Torte außen damit und spritze etwas Schlagrahm (den man von dem Rahm zurückgelassen hat) auf die Torte. Man kann auch mit Pralinees oder Schokoladenzeltli garnieren. Zur Creme koche man Zucker, Schokolade dicklich ein und rühre diese Masse an die verquirlten Eigelb und schlage über dem Feuer dick, und lasse dann erkalten. Dann mengt man den steifen Schlagrahm dazu.

14. Prinzregententorte.

Teig: 280 g Zucker, 100 g Kartoffelmehl, 200 g Butter, 100 g Mehl, 6 Eigelb, 6 Eierschnee, 1 Prise Salz, 1 Eßlöffel Rum, Fülle: 150 g Schokolade, 150 g Butter. Glasur: 150 g Puderzucker, 4 Eßlöffel Wasser, 1 Eßlöffel Kakao oder 65 g Schokolade. Gerührter Teig; von der Masse 2 Messerrücken dick auf bebuttertes Springbrett streichen und dasselbe einige Minuten bei guter Hitze goldgelb backen und sehr rasch und sorgfältig vom Blech nehmen und auf ein Drahtsieb legen. Solche Blätter bäckt man ungefähr 8—10 Stück. Diese Blätter werden mit der Schokoladenfülle bestrichen und aufeinandergesetzt und zurecht geschnitten. Dann wird die Torte glasiert und evtl. noch weiter garniert. Man kann diese Torte 3—4 Wochen aufbewahren. Zubereitung der Fülle: die Butter wird schaumig gerührt, die feingeriebene aufgelöste Schokolade daruntergemengt und lauwarm gestellt. Zur Glasur wird Schokolade, Zucker und Wasser im irdenen Topf auf dem Herd glatt gerührt, bis sie an der Oberfläche glänzend ist, dann gießt man sie warm über die Torte.

15. Sandtorte.

Teig wie zu Prinzregententorte und 10—15 g Backpulver. Man füllt die Masse in die vorbereitete Form und bäckt sie langsam 1 Stunde. Nach dem Stürzen wird sie mit Puderzucker bestreut oder glasiert.

16. Haselnuß-Torte.

200 g Butter, 6—8 Eigelb, 1 ganzes Ei, 300 g Zucker, 300 g feingeriebene Haselnüsse, Saft einer halben Zitrone, 6—8 Eierschnee, 100 g Mehl, Aprikosenmarmelade oder Haselnußfülle, Vanille- oder Schokoladenglasur. Gerührter Teig, Mehl nach Eierschnee zufügen und 2—3 Tortenblätter backen, die man mit Aprikosenmarmelade oder mit einer Haselnußfülle bestreicht, aufeinanderlegt und mit Schokoladenglasur (siehe Prinzregententorte) überzieht. Haselnußfülle: 75 g geschälte, geriebene Haselnüsse, 2—300 g Rahm, 60 g Zucker, etwas Vanillezucker. Rahm steif schlagen mit Zucker und Haselnüssen mischen. Man kann die Haselnüsse auch, nachdem sie gerieben sind, mit Zucker rösten und nach dem Erkalten zum Schlagrahm geben.

17. Grießtorte.

Zucker	340 g
Vanillezucker	10 g
Eier	8 St.
Kindergrieß	170 g
Mandeln, gerieben und feingestoßen	170 g

Zucker, Vanillezucker und Eigelb schaumigrühren, Mandeln und Grieß dazu, dann Eierschnee und langsam garbacken. Diese Masse ergibt eine mittelgroße Form.

18. Punschring à la Savarin.

Mehl	500 g
Hefe	30 g
Butter	75 g
Zucker	30 g
Eier	2 St.
Salz.	

Mehl (erwärmt) in eine Schüssel geben; in der Mitte des Mehles macht man von wenig lauer Milch und Hefe einen Vorteig und setzt es an einen mäßig warmen Ort. Ist der Teig aufgegangen, so gibt man die anderen Zutaten hinein und so viel laue Milch, bis der Teig die richtige Konsistenz hat. Nun schlägt man ihn tüchtig, füllt ihn in bebutterte Ringformen und bäckt ihn, wenn er an warmem Ort nochmals aufgegangen ist. Ist der Ring gestürzt und etwas verkühlt, so gibt man ihn mit nachstehender Sauce gut begossen zu Tisch und gibt evtl. noch Chaudeau dazu. Zur Sauce I: Zucker 250 g, Wasser 500 g, Rum oder Arrak nach Geschmack, evtl. ohne Rum und nur mit Zitronenschale gewürzt. Wasser und Zucker werden dicklich gekocht und mit den Zutaten gewürzt. Sauce II: Zutaten wie bei Sauce I, doch den Zucker erst braun rösten, mit dem warmen Wasser ablöschen, dicklich kochen und mit dem Gewürz mischen. Evtl. auch statt des Rums alkoholfreien Wein verwenden.

19. Spritzkuchen.

Wasser	125 g
Butter	125 g
Mehl	125 g
Eier	5 St.

Von Wasser, Butter und Mehl einen Brandteig kochen, halb erkaltet langsam mit den Eiern vermischen, in beliebiger Form, am besten durch Dressiersack gespritzt, auf viereckig geschnittene, in Fett getauchte Papierblätter, in Fett schwimmend

Gebäck, Kuchen usw.

oder auch im Ofen gebacken, eignet sich auch zum Füllen mit Creme oder Schlagrahm.

20. **Rahmwaffeln.**

Rahm, saurer	500 g
Eier	8 St.
Mehl	280 g
Butter	200 g

1 Prise Salz.

Rahm und Eigelb schaumigrühren, Salz, zerlassene Butter, Mehl und Eierschnee dazu, im Waffeleisen backen, heiß mit Vanillezucker bestreuen.

21. **Äpfel à la Carmelit.**

8 Äpfel, 500 g Wasser, Zucker nach Bedarf, 1 Eßlöffel Vanillezucker, 2 Eßlöffel Kirschwasser, 250 g Rahm, geriebene Schokolade zum Bestreuen oder gehackte Pistazien. Die Äpfel werden geschält, ausgehöhlt wie zu den Äpfeln im Schlafrock, siehe Nr. 24, S. 240, und der Boden gerade zugeschnitten. Diese Äpfel legt man in den kochenden Zuckersirup, dem man 1 Eßlöffel Vanillezucker zufügte und kocht sie weich, ohne daß sie zerfallen; lasse sie abtropfen und stelle sie kalt. Das Ausgehöhlte der Äpfel gibt man mit gleich viel Zucker und 1 Eßlöffel Vanillezucker in die Pfanne und kocht ein Apfelmus davon, das man durch Sieb streicht, mit dem Kirschwasser mischt und kalt stellt. Man schlägt den Rahm steif und mischt mit dem Vanillezucker. Kurz vor dem Servieren füllt man die Äpfel ab, abwechselnd mit Schichten von Apfelmus und Schlagrahm. Die letzte Schicht muß aus Schlagrahm gebildet werden, die man zu einem kleinen spitzen Berg formt oder spritzt und evtl. mit geriebener Schokolade oder geriebenen, gehackten Pistazien bestreut. Die Äpfel werden auf einer Glasschale oder auf einer Serviette angerichtet.

22. **Aprikosen auf Biskuits-Schnitten.**

Eine Biskuitmasse I oder II, Aprikosenhälften eingemacht, Schlagrahm, Vanillezucker. Die leicht gebackene Biskuitmasse (nach dem Backen ungefähr 2 cm dick) in gleichmäßige Rundungen oder Vierecke geschnitten und, wenn erkaltet, auf jedes Biskuit eine Aprikosenhälfte in die Mitte gelegt. Der versüßte Schlagrahm in den Spritzsack mit gezackter Tülle gefüllt und einen hübschen Rand in etwas ovaler Form um die Aprikosenhälften gespritzt. Saft extra dazu servieren.

23. **Biskuitrand mit Schlagrahm.**

Eine Biskuitmasse, Aprikosenmarmelade, 60 g gehackte, geröstete Mandeln, 500 g Schlagrahm, Zucker. Die fertige Biskuitmasse wird in bebutterte Randform gefüllt und in mittelheißem Ofen 20—25 Minuten gebacken, gestürzt und noch warm mit Aprikosenmarmelade bestrichen. Mit den gerösteten Mandeln oben und an den Seiten bestreut. Erkaltet gibt man in den Biskuitrand hochangerichtet den steifgeschlagenen, gezuckerten Rahm. Verschönert werden kann der Rand, indem man an die Mandeln mit Hilfe von Marmelade ungleich geschnittene Zuckerbrötchen klebt. Oben kann man im Kranz herum Biskuitplätzchen legen.

24. Äpfel im Schlafrock.

Eine Portion Halbblätterteig, 12 Äpfel, 3—4 Eßlöffel Kirsch, 100 g Zucker, 10 g Zimt, Obstmarmelade oder Mandelfülle, Eigelb zum Bestreichen. Die Äpfel werden geschält, sorgfältig von einer Seite ausgehöhlt und mit Zucker, Zimt und Kirsch mariniert. Unterdessen wird ein guter Halbblätterteig gemacht, den man schwach halbzentimeterdick ausrollt; je nach der Größe der Äpfel viereckige Stückchen ausschneiden. Auf jedes Stück Teig legt man einen abgetropften, mit Marmelade oder Mandelfülle gefüllten Apfel und schlägt die vier Teigdecken unter dem Apfel zusammen, bestreicht oben mit Eigelb und bäckt die Äpfel auf Blech in mittelheißem Ofen schön goldbraun.

25. Apfelschneggli.

Für 8—10 Stück. Halbblätterteig von 250 g Mehl. Fülle 6 feingeschnittene Äpfel, 40—50 g Rosinen, Zucker und Zimt zum Bestreuen der Förmchen. Die Tortenförmchen werden reichlich mit Butter ausgestrichen, mit Zucker ausbestreut und mit 2 Messerrücken dickem Blätterteig ausgelegt und mit der Fülle gefüllt. Ein Deckel vom Blätterteig wird darüber gegeben, die Enden gut zusammengedrückt und im heißen Ofen schön gelb gebacken, sofort gestürzt, da sonst der Zucker, der zu Karamel geschmolzen ist, vom Förmchen anzieht, sobald er kalt wird, und man dann das Törtchen nicht mehr stürzen kann.

26. Bananen mit Erdbeeren.

Bananen werden geschält, und halbiert mit Kirsch oder Maraskino übergossen, auf Eis gestellt und auf einer Glasschale turmartig angerichtet und mit frischen oder eingemachten Erdbeeren und Schlagrahm verziert.

27. Anderes Bananengericht.

Die Bananen werden geschält, halbiert und mit kochendem Zuckersirup übergossen, mit Kirsch beträufelt, auf Eis gestellt, bergartig angerichtet und mit Schlagrahm oder mit Vanillecreme, die man mit Schlagrahm vermischt hat, überzogen.

28. **Schaumgebackene Bananen.**
Die Bananen werden geschält und der Länge nach halbiert und mit etwas Kirsch übergossen. Dann stellt man eine Meringuemasse (siehe Vacherin) je nach Anzahl der Bananen her, die Bananenscheiben werden in die Meringuemasse getaucht und in eine feuerfeste bebutterte Schüssel gelegt und mit der übrigen Meringuemasse bespritzt und Zucker darüber gestreut und bei mäßiger Hitze im Ofen hellgelb gebacken.

29. **Mokka-Köpfchen für 4—6 Personen.**
Butter 125 g, Zucker 125 g, Eigelb 2—3 Stück, sehr starker Kaffee, eine halbe Tasse, Zuckerbrötchen. Butter wird schaumig gerührt, Zucker und Eigelb abwechselnd dazugegeben und tropfenweise unter starkem Rühren der erkaltete Kaffee. Eine kleine Schüssel oder Form wird mit Biskuit ausgelegt, runde Seite nach außen, und von der Creme eingefüllt, zwischenhinein einige Biskuits, und die Masse mit Biskuits zugedeckt. Kalt gestellt und vor dem Servieren gestürzt. Evtl. mit Schlagrahm verziert.

Diätgebäcke (spez. für Diabetiker).

1. Biscotto-betic-Rossi (bei J. Baltensberger, Zürich 1, Münstergasse 21).
2. Grissini-betic-Rossi (bei J. Baltensberger, Zürich 1, Münstergasse 21).
3. Zwieback-betic-Rossi (bei J. Baltensberger, Zürich 1, Münstergasse 21).
4. Aleuronat-Zwieback (R. Gericke, Potsdam).
5. Aleuronat-Brot (F. Günther, Frankfurt a. M.).
6. Aleuronat-Biskuits (Ch. Singer, Basel).
7. Roborat-Nähr-Kakes (F. W. Gumpert, Berlin C, Königstraße 22).
8. Michette Pain Glutina (Manuel frères, Lausanne).
9. Pain végétal fibriné (au gluten) baguettes (H. Pellétier, Paris, 84 Rue de Turenne).
10. Régimette Biscuits (Société L'Aliment Essentiel, Paris, 120 Faubourg St. Honoré).
11. Pain Essentiel Biscottes (Société L'Aliment Essentiel, Paris, 120 Faubourg St. Honoré.
12. Pain Fougeron antidiabétique (bâtonnets) (Wenger, Lausanne).
13. Diabetiker-Mandeldessert-Gebäcke (Rademann, Frankfurt a. M.).
14. Nährtoast Dr. Dapper (Rademann, Frankfurt a. M.).
15. Nähr-Biskuits (Rademann, Frankfurt a. M.).

Diverse Diätgebäcke (spez. für Magenkranke).
1. Biscuit hygiénique à l'avoine (Gland, Wallis)
2. Hafer-Biskuits (Anglo-Swiss-Biskuit-Fabrik, Winterthur).
3. Oaten-Hafer-Biskuits (Huntley & Palmers, London).
4. Digestiv-Hafer-Biskuits (Teek, Frean & Co., London).
5. Plasmon-Biskuits (Plasmongesellschaft, Neubrandenburg i. M.).
6. Plasmon-Zwiebacks (Plasmongesellschaft, Neubrandenburg i. M.).
7. Eucasin-Kakes (Dr. Fr. Fehlhaber & Co., Berlin-Weißensee).
8. Zwieback sans sucre (Manuel frères, Lausanne).
9. Zwieback malté (Manuel frères, Lausanne).
10. Holzkohlen-Albert-Biskuits (Gebr. Thiele, Berlin N 4).
11. Holzkohlen-Biskuits Dr. Caros (sine saccharo, Biskuitfabrik, F. Krietsch, Wurzen, Sachsen).
12. Mandelstangen (August Fritz, Wien 1, Naglergasse 13).
13. Maizenakakes (Aug. Fritz, Wien 1, Naglergasse 13).
14. Eiweißkakes (Rademann, Frankfurt a. M.).
15. Gesundheits-Zwieback (Rooschütz, Heuberg i. Ct. Bern).
16. Schwedisches Knäckebrot.
17. Diätet. Zwieback (Model-Herzog, Chur).
18. Simonsbrot.

Dreißigste Abteilung.

Getränke.

Tees, Kaffees, Schokoladen und Kakao lassen sich, wenn erwünscht, durch Zusatz von Eigelb oder ganzen Eiern nahrhafter gestalten. Desgleichen Mandelmilch und Bouillon.

1. Tee.

Man rechnet für Tee durchschnittlich 5 g für eine Tasse. Hagebuchenkerne braucht man mehr, dieselben müssen 1 Stunde gekocht werden. Lindenblütentee kocht man einmal auf. Apfeltee kocht man 1 Stunde. Die übrigen Tees werden nur gebrüht, abgegossen, nochmals gebrüht, wonach man sie 2—6 Minuten ziehen läßt je nach Art des Tees. Frischkochendes Wasser ist nötig zur Bereitung von gutem Tee. Sennes-

Getränke. 243

schotenaufguß kalt, 4—8 Schoten für 150 g Wasser, ca. 8 Stunden stehen lassen. Sennesblätter 1 Teelöffel für 1 Tasse. Baldrian- und Hopfentee 1 Teelöffel für eine Tasse.

2. Kaffee.

Außer den verschiedenen Bohnenkaffees sind zu beachten:
3. Koffeinfreier Kaffee (Hag).
4. Landwirt Messerschmids Roggenkaffee (neues Produkt).
5. Kathreiners Malzkaffee.
6. Feigenkaffee.
7. Eichelkaffee usw.

Für einen mäßig starken Kaffee rechnet man auf einen Liter Wasser 70 g feingemahlenen Kaffee. Zur Bereitung des Kaffees ist frischkochendes Wasser nötig. Man übergieße damit den gemahlenen Kaffee in Trichter oder Kaffeemaschine. Kaffee-Ersatzmittel gießt man gemahlen in das kochende Wasser, läßt aufkochen und dann durch Sieb oder Beutel laufen.

8. Schokolade.

Ist mit Wasser, mit Milch, mit Milch und Wasser oder auch mit Mandelmilch herzustellen, indem man sie gerieben oder feingeschnitten mit der bestimmten Flüssigkeit glatt kocht. Für eine Tasse rechnet man 25—30 g Schokolade, je nach Qualität.

9. Eisschokolade.

Schokolade nach Nr. 8 bereitet gibt man in eine Flasche, diese wird in Eis vergraben; wenig versüßten steifen Schlagrahm stellt man ebenfalls aufs Eis und mischt, wenn beides gut durchgekühlt ist, Schokolade mit Rahm und serviert im Glase oder man gibt von dem Rahm einen reichlichen Löffel voll auf die Schokolade.

10. Eiskaffee.

Ist in derselben Weise zu bereiten wie Eisschokolade.

11. Kakao.

Für 1 Tasse 10 g Kakao, naturell oder versüßt, wie Schokolade zu kochen. Besonders zu erwähnen ist: Van Houtens Kakao (braucht 15—20 g für eine Tasse, evtl. mit wenig Arrowroot zu kochen).

12. Lahmanns Nährsalzkakao.
(15—20 g pro Tasse.)

13. Bananenkakao.

Getränke.

14. **Kasseler Haferkakao.**
15. **Zwieback-Kakao.** Von Merz, Lausanne.
16. **Hygiamakakao.** (15—20 g pro Tasse.)
17. **Hafermehlkakao**

Kakao Sprüngli oder Suchard . . 250 g
oder Hafermehl, bestes englisches. 250 g
Zucker . . . . 125 g

Zutaten mischen, in Blechdose aufbewahren, für eine Tasse Kakao einen Eßlöffel von der Mischung kalt auflösen und in Wasser oder Milch 5 Minuten kochen.

18. **Phosphokakao.**
19. **Eierschaum.**

Eigelb stark verquirlt mit Wasser und Salz
,,   ,,   ,,   ,,   ,,   ,,   und Zucker
,,   ,,   ,,   ,, Milch und Salz
,,   ,,   ,,   ,,   ,,   ,,   und Zucker
,,   ,,   ,,   ,,   ,,   Zucker
,,   ,,   ,,   ,, Mandelmilch
,,   ,,   ,,   ,, Wein, rot oder weiß und Zucker.
,,   ,,   ,,   ,, Kognak.

Zubereitung: 2 Eigelb, 30—60 g Flüssigkeit, Wein und Kognak evtl. verdünnt, sofort nach Bereitung im Glase servieren. Die gleichen Eiermischungen nicht roh, sondern im Wasserbad auf dem Feuer quirlen bis dick wird. Siehe auch Chaudeau, Nr. 10, S. 132.

20. **Rotweinpunsch.**

Bordeaux . . . . 250 g
Zucker . . . . 35 g
Wasser . . . . 500 g
Arrak . . . . 125 g
Zitronensaft.

Wasser und Zucker kochen, den Wein dazugeben, kurz vor dem Kochen vom Feuer nehmen, mit Arrak und Zitronensaft mischen und heiß servieren.

21. **Glühwein.**

(Tiroler, Veldiner, Bordeaux oder Burgunder.)

Rotwein mit Wasser zu gleichen Teilen und wenig Zimt aufkochen, mit Kristallose oder Zucker versüßen.

22. Eierpunsch.

Tee von 10 g	250 g
Zucker	125 g
Weißwein	200 g
Zitronensaft	30 g
Eigelb	4 St.
Arrak	80 g

Zutaten, außer Arrak, auf dem Feuer schlagen bis zum Siedepunkt, zurücknehmen, mit Arrak mischen, heiß servieren.

23. Eierkognak vorrätig zu machen.

Zucker	500 g
Wasser	250 g
Eigelb	10 St.
Kognak	250 g
Spiritus, bester	100 g

Zucker mit Wasser kochen, mit Eigelb vorsichtig abziehen, wenn verkühlt, mit Kognak und Spiritus mischen, in Flaschen verkorkt aufbewahren.

24. Mandelmilch.

250 g süße, mit kochendem Wasser abgebrühte, geschälte, kalt gewaschene und getrocknete Mandeln in der Mandelmühle reiben, im Reibstein mit etwas abgekochtem erkalteten Wasser ganz fein verreiben, bis zu 1 Ltr. Wasser zusetzen in einem Porzellangefäß 2 Stunden stehen lassen und dann durch ein Tuch passieren und kalt stellen (am besten auf Eis) bis zum Gebrauch. Die Milch soll höchstens 24 Stunden aufbewahrt werden.

25. Paranußmilch.

250 g geschälte Paranuß-Kerne, 1000 g Wasser, so wie Mandelmilch bereiten.

26. Eiweißwasser.

1 Hühnereiweiß verquirlen (doch nicht zu Schaum), 200 g Wasser daraufgießen, nach einer Stunde abseihen, dann versüßen oder auch mit Fruchtsaft, Wein oder Kognak würzen.

27. Reiswasser.

Besten Reis, 125 g, brüht man an, gießt 1000 g kochendes Wasser darauf, läßt an heißer Stelle eine Stunde stehen, seiht es ab und reicht es mit sehr wenig Salz oder Zucker.

28. Tassenbouillon (siehe Fleischsuppen).

29. Sekt-Bowle (ohne Alkohol) Marke Bossert, Stuttgart.

30. Limonaden.

Diese werden hergestellt:
1. von frischen Zitronen, 2. von Fruchtsäften.
$\frac{1}{2}$ Zitrone Saft,
$\frac{1}{4}$ L. Wasser,
1 Eßlöffel Zucker,
auf ärztliche Verordnung auch Eisstückchen.

Von Himbeersaft:
2 Eßlöffel Himbeersaft,
$\frac{1}{4}$ L. Wasser.

Himbeersaft stellt man her: Reife Himbeeren verlesen, waschen, zerdrücken, 2—4 Tage der Gärung aussetzen, durch einen Beutel filtrieren, den so gewonnenen klaren Saft 1000 g = 1 L. mit 750 g Zucker in Messingpfanne 10—15 Min. aufkochen lassen, abschäumen und noch warm in reine Flasche füllen, diese sofort verkorken und versiegeln.

Einunddreißigste Abteilung.

Kompott.

Als Kompott für Patienten ist unter Umständen Püree von gekochten Früchten geeignet, je nach Vorschrift mit Zucker oder Kristallose oder gar nicht versüßt.

Äpfel, Birnen süße Kirschen, Mirabellen, Reineclauden, Erdbeeren, Pfirsiche, Ananas, Bananen, Feigen, auch gedörrte Früchte wie Äpfel, Zwetschgen, Pfirsiche, Feigen, Datteln und Bananen sind ebenfalls für den Patiententisch zu verwenden.

Selbstverständlich ist, daß man danach trachten muß, reifes Obst von guten Sorten zu verwenden.

Gravensteiner Äpfel, weiße Calville, Bozener Köstlicher, Borsdorfer, Landsberger Reinetten, Goldreinetten, Goldparenen und Rosenäpfel geben helles zartes Kompott bzw. Püree, wenn es recht schnell gekocht wird.

1. Apfelpüree.
Äpfel, mürbe, süße . . . . 1200 g
Wasser . . . .   600 g
Zucker oder Kristallose nach Geschmack.

Äpfel trocken abreiben oder waschen, ungeschält in Achtel schneiden, nur Blüte und Stiel entfernen, zugedeckt schnell weichkochen, durch feines Sieb treiben, versüßen.

2. **Dörrobst für Püree.**

Wird 8—10 Stunden eingeweicht und, nachdem es im gleichen Wasser recht weichgekocht, durch feines Sieb getrieben und versüßt.

3. **Mandel- und Nußpüree.**

Nach Nr. 23 und Nr. 24 S. 211; kann ebenfalls als Kompott serviert werden.

Fruchtpürees, vermischt durch intensives Rühren mit steifem Eiweißschnee, sind ein angenehmes Kompott, z. B.

4. **Apfelpüree, andere Art.**

1200 g grüne Äpfel im Ofen gebraten, passiert oder mit wenig Wasser gekocht und passiert, mit Schnee von 10 Eiweiß und etwas Zucker gerührt, bis die Masse steifschaumig ist. Desgleichen Püree von Heidelbeeren, Erdbeeren, Aprikosen usw. Auch mit Zusatz von geriebenen oder gestoßenen Mandeln zu bereiten.

5. **Ananaspüree.**

Die Frucht wird gerieben, versüßt, der Saft, wenn zu reichlich, mit wenig Maizena gebunden und mit dem Fruchtmark vermischt.

6. **Pfirsichpüree.**
7. **Aprikosenpüree.**
8. **Kirschenpüree.**

Sanogreß.

In Fällen, wo Zubereitung von Fleisch, Fisch oder anderen Speisen ohne Fett oder Wasser erforderlich ist, bedient man sich der sogenannten Sanogreß-Apparate, einer Sanogreßkasserole oder eines Sanogreßofens. Hat man keinen derartigen Ofen, so stellt man die Sanogreßkasserole auf den Herd, noch besser in die nicht zu heiße Bratröhre.

Diese neueste Zubereitungsart der Speisen geschieht durch langsame, gleichmäßige Wärmeeinwirkung ohne Fett oder Flüssigkeit und wird zweifellos in der Diätküche eine Zukunft haben; selbstverständlich wird diese Methode anfangs auf Schwierigkeiten stoßen, da eine Gewandtheit und Sicherheit darin durch Übung erreicht werden muß.

Das Fleisch bzw. der Fisch (gesalzen, auf Wunsch mit Beigabe von Suppengemüse) wird bei diesem Verfahren in einer Papierhülle durchhitzt, wird gar, doch nicht trocken, und von den in den Speisen befindlichen Stoffen geht weder Saft noch Aroma verloren.

Der wenige Saft, welcher austritt, z. B. bei Fleisch oder Fisch, bleibt mit seinem vollen Duft in der Papierdüte und wird evtl. verdünnt mit der Suppe genossen. Ein besonderer Vorteil ist noch der, daß sich bei der Sanogreßmethode am Fleisch keine Bratkruste bildet, durch welche die Speise für manche Patienten unzuträglich wird.

Sehr geeignet ist diese Methode auch für kleinere oder größere Fleischstücke, welche man kalt verwenden will, ebenso für Fisch, kalt in Aspik anzurichten. Die Zeitdauer der Bereitung hängt von der Größe der Stücke ab und von der Hitze des Ofens. Eine Portion Fisch braucht ca. 30 Minuten, ein Stück Fleisch von 500 g 40—50 g Minuten.

Gutes Zumachen der Düte (Papiersack) durch Kniffen ist erforderlich; Zubinden oder Zunähen ist nicht nötig.

Genaueste Anweisungen erhält man mit den Apparaten.

Sachregister.

Allgemeines über:
Suppen 13.
Fleischspeisen 52.
Rindfleisch 55.
Kochen, Schmoren, Dünsten, Braten 56.
Kalbfleisch 71.
Hammelfleisch 84.
Schweinefleisch 87.
Geflügel 90.
Wild 96.
Fische 99.
Fleischgallerte u. kalte Fleischgerichte 108.
Mayonnaisen 113.
Saucen 125.
Gemüse 133.
Mehlspeisen 161.
Breie 184.
Cremen 200.
Soufflés 218.
Aufläufe 218.
Gefrorenes 226.
Kompotte 246.
Albert-Biskuit 232.
Aleuronat-Brot 241.
— -Biskuit 241.
— -Zwieback 241.
Apfel-Creme 206.
— -Gelee 194.
— -Griesauflauf 220.
— -Kaltschale 49.
— -Kompott 240.
— à la Carmélite 239.
— -Püree 246.
— -Schneggli 240.
— i. Schlafrock 240.
— -Soufflé 221, 222.
— -Suppe 48.
Aprikosen auf Biskuitschnitten 239.
Ananas-Bombe 231.
— -Eis 228.
— -Gelee 194.

Ananas-Püree 247.
— -Schaumtorte 236.
— -Soufflé 222.
— -Sulz 199.
Arrakcreme 203.
Arrakgelee 195.
Arrowroot-Auflauf 165.
— -Soufflé 218.
Artischocken 145.

Bananen, andere Art 240.
— -Kakao 243.
— mit Erdbeeren 240.
— -Püreesuppe 48.
— -Schaum, geb. 241.
— -Würste 140.
Backhähnchen 94.
Bayerische Creme 207.
Beeftea 32.
Beefsteak als Beilagen 64.
— gehackt 66.
— geschabt 67.
— à la Tartare 67.
— von Schweinefilet 89.
Belegte Brötchen 116.
Bereitung von Sauermilch 188.
Bearnaisesauce 127.
Beschamelsauce 129.
Binden der Suppen 15.
Birnengelee 194.
Birkhuhn 95.
Biscuit hygiénique à l'avoine 242.
Biskuittorte I 234.
— II 235.
— -Rand mit Schlagrahm 239.
Biscotto betic Rossi 241.
Böden von Artischocken 145.
Bohnen, grüne und gelbe 136.
— -Püree 136, 146.
— -Salat 147.
Bombe 231.
Bouillon mit Eierstich 35.
— mit Käse 174.

Bouillon-Kartoffeln 149.
— -Reis mit Käse 174.
Blätterteig 179.
— auffrischen 181.
— -Rand 124.
—, süß 181.
Bleichsellerie 145.
Blitztorte 235.
Blumenkohl 134.
— -Auflauf 135.
— au gratin I, II, 135, 136.
— -Püree 136.
— mit Rahmsauce 134.
— -Salat 147.
— -Suppe 26.
Bratensauce 55.
Brätkugelchen 84.
Braune Fischsuppe 22.
— Grundsuppe 18.
Brei von Schrott, Roggen, Weizenmehl oder Weizenpuder 184.
— von Mondamin, Maizena, Arrowroot, Hafer-, Gerste- oder Reismehl 184.
— von Reis,- Hafer- oder Gerstenflocken 185.
— von Buchweizen-, Hafer- oder Gerstengrütze 185.
— von Schokolade, Kakao, Grieß, 186.
Weizengrieß, Kindergrieß 185.
— von franz. Grieß, Reisgrieß, Schaumbreigrieß 185.
— I: Tapioka oder Sago mit Milch 186.
— II: Tapioka oder Sago mit Fruchtsaft 186.
— III: Tapioka oder Sago 186.
Bretoner Garnitur 122.
Brot-Farce I 168.
— -Farce II 168.
— -Kaltschale 50.
— -Suppe 21.
Buchweizengrütze-Schleim 15.
— -Suppe 15.
Butterklößchen I, II, 41.
Buttermilch 189, 196.
— -Gelee 189.
— -Kaltschale 189.
— -Suppe 45.
Buttercremesauce 130.
Buttersauce 125.
—, einfach 128.
— mit Ei 128.

Buttersauce, braun 126.
— zu Schaum gerührt 126.
— mit geschwitztem Mehl 129.
— mit gebräuntem Mehl I 129.
— mit gebräuntem Mehl II 129.
— mit gebräuntem Mehl III 130.
— mit Mehl 128.
—, verschiedene 119.
— zu formen und anzurichten 120.

Carressauce 127.
Champignonbutter 120.
Charlotte russe 205.
Chateaubriand 66.
Chipolata 122.
Consommée au fines herbes 38.
Creme, feste zum Stürzen 204.
— in Tassen 204.
Cremesuppe 24.
Choroggi 137.

Das Braten 53.
Diätgebäcke, spez. für Diabetiker 241.
Diabetiker, Mandeldessertgebäcke 241.
Diätspeise nach Dr. Bircher 169.
Diätetische Fruchtspeise nach Dr. Fischer 170.
—, spez. für Magenkranke 242.
Diätet. Zwieback-Diätgebäcke 242.
Digestiv-Haferbiskuits 242.
Diplomatensauce 127.
Dorsch 114, 106.
Dürrobst 246.

Ei, gebrüht 153.
—, gekocht I, II, 154.
—, hart 154.
—, wachsweich 154.
— in der Form 154.
— im Nest 154.
— im Nestchen 153.
— in der Tomate 155.
—, verlorenes 154, 42.
Eierkognak 245.
Eiercroquettes 160.
Eierfladen 159.
Eierflädli 37, 208.
Eierflaum 208.
— mit Kakao 209.
— mit Schokolade 209.
— mit Zitrone 209.
— mit Vanille 209.

Eierflaum, gestürzt 209.
Eierhaber (nach Kußmaul) 159.
Eierkäse 156.
Eierklößchen 156.
Eier à la Parma 158.
Eierpunsch 244.
Eierstich von Karotten 36.
— von Fisch 36.
Eierschaum 244.
Eierweinsauce 131.
Eiweißschnitten 210.
Eiweißkakes 242.
Eiweißwasser 245.
— -Gelee 193.
Eichel-Kaffee 243.
— -Kakaosoufflé 220.
Einfache Garnituren 64.
— Tomatensuppe 19.
Einlaufsuppe 21.
— mit Milch 45.
Eisschokolade 243.
Eiskaffee 243.
Ente, gebraten und gefüllt 95.
Erbsen 137.
Erdbeer-Creme 203.
— -Eis 228.
— -Flammeri 217.
— -Gelee 194.
— -Kaltschale 49.
— -Schaum 211.
—- Sulz I, II, III, 198.
Errötendes Mädchen 212.
Eukasin-Kakes 242.

Falsche Eiergerstensuppe 20.
— Krebssuppe 21.
Falscher Salm 111.
Fallei, gebacken 43.
Fasan 95.
Feigenkaffee 243.
Feigenberg 213.
Feine Obstkaltschalen 51.
Feines Ragout 84.
— Ragout oder Salpicon 84.
Fideli, naturell 162.
—, gedämpft 162.
—, geschmelzt 162.
— mit Butter und Käse 162.
—, angebraten 162.
— -Omelette 163.
— au gratin 163.
— au gratin mit Schinken 163.
— -Auflauf I, II, 163, 164.
— -Pudding I, II, 164.

Fideli-Pudding mit Kalbfleisch oder Schinken 164.
— -Puddingsoufflé 219, 223.
Filetbraten 62.
Filet à la Jardinière 62.
— à la Piémontaise 63.
— à la Nivernaise 63.
— à la Napolitaine 63.
— à la Française 63.
— à la Dauphin 63.
— à la Nicarde 63.
— Wellington 64.
— -Beefsteak 64.
— -Beefsteak auf dem Rost 65.
— in Papier 65.
Fische 99.
Fisch blau zum Kochen 101.
— -Reste 101.
—, gedämpft I, II, 102.
—, gebraten I, II, III, 102, 103.
—, gebacken 103.
—, geschmort 103.
—, gefüllt 103.
— -Farce 104.
— -Klöße 104.
— -Croquettes 104.
— in Muscheln 104.
—, gespickt 104.
— -Filet mit Sauce 106.
— am Rost 106.
— au gratin 107.
— -Püree 107.
— -Soufflé 107.
— -Pudding 107.
— -Pudding II, 108.
— -Bouillon, weiße 34.
— in Aspik 112.
— -Gallerte 109.
— -Mayonnaise 113, 127, 128.
Forelle 101.
Flädli 208.
Flaschenbouillon nach Uffelmann 31.
— auch als Gelee 31.
Fleisch 1.
Fleischgallerte, braun 109.
Fleisch-Omelette 155.
— -Mayonnaise 155.
Fleischsaft nach Wyl 32.
—, Gefrorenes 32.
Fleischsuppe mit Eigelb 34.
— mit Gemüseeinlagen 35.
Fleischklöße 41.
Französische Reissuppe 22.
Frikassee, braun 77.

Frikassee von Huhn 93.
Frühlingssalat 112.
Fruchtsauce mit Eigelb 132.
Frucht-Schaumsauce 132.
— -Püreesauce 133.
— -Flammeri I 216, 215.
— -Flammeri mit Sago oder Sagomehl 216.
— -Flammeri mit Weizengrieß, Reis- oder Kindergries 216.
— -Flammeri von gemischten Früchten 217.
— -Flammeri von Äpfeln 217.
— -Flammeri von Rhabarber 217.
Fruchteis 228.
Fruchtsuppen, Regeln 47.

Gallerte 108, 109.
Garnituren 121.
— Jardinière 121.
— Macédoine 121.
— à la Française 122.
— Dauphin 122.
— Nicarde 122.
— Piémontaise 123.
— Mailänder 122.
— Napolitaine 122.
— Normande 122.
— Nivernaise 121.
— Provençale 122.
Gebratenes Huhn 94.
Gebackenes Kalbshirn 81.
Gebackene Kartoffelklöschen 42.
Gebackene Schwammklöße 40.
Gebrühter Teig 182.
Gebundene Suppen 14.
Gefüllte Kalbsbrust mit Fleischfülle 73.
— Kalbsbrust mit Brotfülle 74.
— Kalbsbrust mit Reisfülle 74.
— Kalbsbrust mit italienischer Fülle 75.
— Kartoffel 153.
Gefülltes Kalbfleisch 75.
Geflügel 90.
Geflügelbraten 92.
— -Bouillon 33.
— -Gelee 112.
— -Pudding 86.
— -Mayonnaise 114.
Gefrorenes Fleisch, Saft 32
Gelatine 18.
Gelee von gedörrten Früchten 195
Gekochtes Huhn 93.

Geräuchertes Fleisch 90, 87.
Gesalzenes Fleisch 90.
Gespicktes Kalbsfilet 77.
Gemüsewürstchen 84.
Geriebener Teig 182.
— Teig anderer Art 182.
Gersten- oder Graupensuppe 15.
— -Schleimsuppe 16.
— -Grützsuppe 16
— -Flockenpfannenkuchen 173.
Gestürzte Cremen 204.
Gesundheitszwieback 242.
Gervais Pressure 191.
Glace in Formen 230.
Glühwein 244.
Götterspeise 212.
Grahammehl-Auflauf 169.
— -Pudding 224, 169.
— -Soufflé 219.
Grohammehlsuppe 17.
Grieß-Auflauf 172.
— -Klöße I, II, gekocht 39, 171.
— -Klöße, gebacken 171.
— -Flammeri 215.
— -Nockerl au gratin 172.
— -Pudding 224, 172.
— -Pfannenkuchen 173.
— -Schnitten 171.
— -Soufflé I, II 220, 219.
— -Torte 238.
Grissini 241.
Grünkern-Suppe 16.
— -Schleimsuppe 16.
Grundsuppe, weiße 18.
Gurken I, II, III, gefüllt 137, 138.
— -Püree 138.

Halbblätterteig 181.
Halbeis von frischen Früchten 229.
Haferbiskuits 241.
Haferflocken-Schleimsuppe 17.
—, Gerstenflocken usw. 17.
— -Pfannkuchen 173.
Hafergrützsuppe 15.
— mit Milch 43.
Haferschleimsuppe 17.
Hafermehlkakao 243.
Hammelfleisch 84.
Hammelkeule, gebraten 85.
—, gespickt 85.
Hammel-Rücken, gespickt 85.
— -Kotelett 86.
— -Kotelett auf den Rost 86.
— -Kotelett in Papier 86.

Sachregister.

Hammel-Ragout, braunes 86.
— -Klößchen 86.
— oder Lammsoufflé 86.
— oder Lammpudding 86.
— oder Lammhaschee 86.
Hammelspilav 87.
Hasenbraten 98.
Hase, gedämpft 98.
Haselnuß-Creme 203.
— -Eis 227.
— -Gelee 196.
— -Stangen 234.
— -Torte 237.
Hecht, gebacken 106.
—, gefüllt 103.
Herstellung von Sauermilch durch Laktobazillin 188.
Heidelbeer-Kaltschale 50.
— -Gelee 193, 194.
Himbeercreme 203.
Himbeersaft 246.
Hirnsud 81.
Hirn in Muscheln mit Mayonnaise 115.
— au beurre noire 81.
— -Pudding 82.
— -Schnitten 82.
— -Würstchen oder -Cannellons 118.
— -Klößchen 41.
Hohe Pastete 123.
Holländische Sauce, einfach 126.
— Sauce, fette 126.
— Sauce mit Käse 127.
Hollundersuppe 47.
Holzkohlen, Albert-Biskuit 242.
— Biskuit Dr. Caros 242.
Hühnerbrötchen 118.
— -Eierstich 36.
— -Fleischklöße 42, 95.
— -Mayonnaise 114.
— -Fleischsuppe 33.
Huhn mit Reis in Form 93.
— in Reisrand 93.
— en casserole mit feinem Ragout 94.
Husaren-Krapferl 234.
Hygiamakakao 243.
Hygiamasoufflé 220.

Johannisbeerkaltschale 50.
Joghurtmilch 189.
Junge Ente, gebraten 95.
— Taube, gebraten 95.

Kaffee 243.
— -Gelee 193.
— -Creme 202.
— -Cremeeis 227.
— -, Kakao-, Schokoladen-Sulz 197.
Kakao 243.
Kakaobrei 186.
— -Gelee 193.
— -Gelee mit Mandelmilch 193.
— -Flammeri 213, 215.
— -Pudding 225.
— -Sprüngli 244.
— -Suppe 44.
Karamel-Creme 204.
— -Rahmeis 230.
— -Sulz 198.
— -Suppe 46.
Karotten I, II 138.
— -Püree 139.
— -Salat 147.
— -Suppe 26.
Kalbsbraten, einfach 71.
— mit Tomatensauce 72.
— am Spieß mit Kräutern 76.
Kalbsfiletbraten 77.
— im Netz 72.
Kalbskeule, gebraten 73.
Kalbsfricandeau, gespickt 75.
Kalbsnierenbraten am Spieß 76.
Kalbszunge 78.
Kalbszungenpudding 78.
Kalbskotelettes 79.
Kalbsschnitzel 78.
Kalbsfüße 80.
Kalbshirn zum Kochen 81.
— mit Sauce 81.
— als Pastetenfülle 81.
—, paniert 81.
— au gratin 82.
Kalbskopf en Tortue 80.
—, gebacken 80.
Kalbsmilken, gekocht 82.
—, gedämpft 83.
—, gebacken 83.
— mit Käse und Rahm 83.
— au gratin 83.
— -Pudding 83.
— -Gericht, feines 83.
Kalbfleisch 71.
— -Bouillon 33.
— -Gelatine 112.
— und Kalbsfußgallerte 108.
— -Klößchen 79.

Sachregister.

Kalbfleischragout, weiß, braun 77.
— -Soufflé 80.
Kaiserconsommée 37.
Kaiserschnitzel 79.
— mit Champignons 79.
Kaninchen, wildes und zahmes 99.
Karnelskernegelee 196.
Karpfen, gebacken oder gebraten 106.
Kaltes Ragout in Muscheln 115.
Kalte Gallerichpastete 109.
Kartoffel-Auflauf 151.
—, gefüllte 153.
— -Püree 150.
— -Schnee 150.
— -Schnee, angebraten 150.
— in der Schale gekocht 148.
— in der Schale gebacken 148.
— -Nudeln 42, 150.
— -Pudding 151.
— -Pfannenkuchen 152.
— -Püreesalat 147.
— -Consommée 37.
— -Suppe 20.
Kasseler Haferkakao 243.
Kastanien 139.
— -Creme I, II 206.
— -Nest 211.
— -Püree 139.
— -Schnee I, II 210.
— -Soufflé 222.
Kathreiners Malzkaffee 243.
Käse-Auflauf 178.
— -Aspik 109.
— -Butter 120.
— -Creme 159.
— -Cremesuppe 25.
— -Küchlein I, II 179.
— -Omelette 155.
— -Pasteten 178.
— -Platten-Müsli 159.
— -Törtchen 178.
— -Pudding, kleine 159.
— -Schnitten I, II 177.
— -Stengel 178.
— -Soufflé I 178.
— -Soufflé II 179.
— -Soufflé III 179.
— -Soufflé IV 179.
Koffeinfreier Kaffee, Hag 243.
Kokosnußgelee 196.
Konzentrierte Beeftea 33.
Klare Suppe 28.
— Ochsenschwanzsuppe 19.
— Weinsuppe 46.

Klären von trüben Suppen 29.
Klöße, Regeln und Kochen 38.
Knochenmarkklößchen 42.
Kraftsuppe, Bouillon double 31.
Kraftschleimsuppe 31.
Krammetsvogel 95.
Kräuter-Butter 119.
— -Eierstich 36.
— -Omelette 155.
Kleine Blätterteigpasteten 124.
— Käsepuddings 159.
Kefirbereitung mit Dr. Theimers Kefirpastillen 190.
— mit Heubergs Pastillen 190.
Kirschengelee 194.
Kutteln 70.
— oder Kaldaunen, gedämpft 70.
— -Plätze mit Vinigrette 70.
— à la Mode de Cannes 70.
— à la Mode 70.
— au gratin 70.
Kürbissuppe 48.

Lahmanns Nährsalzkakao 243.
Landwirt Messerschmids Roggenkaffee 243.
Lammfleisch 86.
Lauchpüree 140.
Leberconsommée 38.
Linsen-, Bohnen-, Erbsensuppe 22.
Limonaden 245.

Makkaroni-Pasteten 125.
— -Suppe 19.
Mailänder Braten 62.
Mairüben (weiße Rüben) 140.
Maisgrießcroquettes 173.
Maizena-Auflauf 166.
— -Bouillon 34.
— -Flammeri 214.
— -Soufflé 219.
— -Milchsuppe 44.
— -Kakes 242.
Mandel-Creme 203.
— -Eis 227.
— -Gelee 195.
— -Gelee mit Wasser 195.
— -Flammeri 214.
— -Milch 245.
— -Püree 247, 211.
— -Püree I, II 247, 211.
— -Ringe 233.
— -Stangen 242.

Sachregister. 255

Mandel-Schnee 211.
— -Sulz I, II, III 199.
— -Nußsauce 131.
Mangold I, II 140.
— au gratin 140.
Marascino-Rahmeis 229.
Mayonnaisen I, II, III 114, 128, 127.
— von Dorsch, Hecht usw. 114.
Meerrettich 140.
— -Sauce 129.
— -Salat 147.
Meloneneis 228.
Meringue-Torte 235.
Michette Pain Glutina 241.
Milch-Kartoffeln 149.
— -Kaltschale 50.
— -Suppen 43.
— -Suppen, süße 44.
Milken 82.
Mockturtlesuppe 23.
Mokkaköpfchen 241.
Molkengelee 190, 196.
Mondamin-Auflauf 165.
— -Flammeri 214.
— -Pudding 166, 223.
— -Soufflé 219.
Mosaikbrötchen 118.
Mouslinesauce 127.
— mit Käse 127.

Nährbiskuit 241.
Nährtoast Dr. Dapper 241.
Nestchen von Kartoffeln 152.
Neue Kartoffeln 148.
Nudelteig 183.
Nußpüree 247, 211.
Nußschnee von Haselnüssen 211.

Oaten-Haferbiskuits 242.
Obstsuppen 47.
— von getrockneten Früchten 48.
Ochsenschwanzsuppe, braun 19.
Oeufs mollets à la maison 113.
Oeufs pochée à la niçaise 114.
Ölsaucen 127.
Omelette I, 156, 208.
— gebrannt 208.
— française 156.
— Soufflé I, II 156.
— -Soufflé mit Kruste 156.
— -Soufflé mit Kaviar 156.
Orangencreme 207.
— -Grießflammeri 216.
— -Eis 228.

Orangencreme-Gelee 194.
— -Sauce 133.
Pain Fougeron antidiabétique 241.
— végétal fibrine 241.
— Essentiel Biscottes 241.
Panierte Fleischklößchen 67.
— Schnitzel 78.
Paranußmilch 245.
Paranußcreme 205.
Parfait 230.
Pavy Beeftea 32.
Pastetenteig 183.
Pinienkerne und Kernels-Kernegelee 196.
Pfannenkuchen I 159.
— II (Schweizer Omelette) 160.
— III 160.
— IV, gebrühter 160.
— V, Kraftpfannenkuchen 160.
—, diverse 208.
Pfirsich-Eis 229.
— -Gelee 194.
— Melba 230.
Phosphocacao 244.
Pilzsuppe 27.
Pistacien-, Paranuß- und Pinienkerngelee 196.
— -Eis 227, 230.
— -Sulz 200.
Polnischer Braten 72.
Pommes Dauphines 150.
— Duchesse 151.
— Frites 152.
— Parisiennes 152.
Poridge 17.
— als Brei 17.
Poularde 95.
Plasmon-Biskuits 242.
— -Zwieback 242.
Plattenmüsli I, II 210, 209.
Praliniertes Eis 228.
Prinzregententorte 237.
Prinzeßsuppe 25.
Pücklereis 231.
Punschring à la Savarin 238.
Püree von gelben Erbsen 146.
— von jungen Erbsen 137.
— von Linsen 146.

Quark 190.
— anderer Art 191.
— III, IV 191.
— -Füllung für Torten 191.

Quark-Füllung für Törtchen 208.
— -Kaltschale 51.
— -Pudding 225.
Quitteneis 229.

Rahmeis 229.
— gelee 196.
— mit Kaffee 229.
Rahmguß 130.
— zu Nr. 39 172.
Rahmkartoffeln 149.
Rahmwaffeln 239.
Regeln über gebundene Suppen 14.
— über klare Suppen 28.
Regimette-Biskuits 241.
Reis mit Äpfeln I, II 212
— -Auflauf I, II 175.
— à l'anglaise 174
Reisbrei 184.
— au gratin 174.
— -Grießbrei 185.
— -Pudding I, II 174, 175.
— -Pudding 224.
— -Soufflé 219.
— -Blanchieren 16.
— in Bouillon 173.
— in Milch 174.
— in Wasser 173.
— -Pfannenkuchen 174.
— -Kaltschale 51.
— -Suppe 16.
— -Schleimsuppe 17.
— -Flockenauflauf 175.
— -Flockenklöße 176.
— -Flockenpfannenkuchen 176.
— -Flockensoufflé 219.
Reismehl-Auflauf 219.
— -Flammeri 214.
— -Soufflé 219.
Reiswasser 245.
— -Gelee 193.
Rebhuhn 95.
Rehrücken, gebraten 97.
Rehkotelett I, II 97.
Rehkeule 97.
Rehschnitzel 97.
Resteverwendung 59.
Rindfleisch-Rezepte 56.
—, gekocht, gedämpft 57.
—, geschmort mit Sauermilch oder Rahm 57, 58.
—, gebraten 58.
— -Haschee I, II 68.
— -Bouillon 30.

Rindfleisch-Klößchen 67.
— -Pudding 69. 80.
— mit Makkaroni 69.
— -Soufflé mit weißer oder brauner Sauce 68.
Rinderbraten 61.
—, gebeizt 58.
— auf andere Art 58.
Rinderzunge 64.
Roborat-Nährkakes 241.
Roastbeef, gebraten 59.
—, gerollt 59.
— à la Française 60.
— à la Piémontaise 60.
— à la Napolitaine 60.
— à la Nicarde 60.
— à la Nivernaise 60.
— à la Wellington 63.
Rotzunge, gebacken 106.
Römische Pasteten 124.
Römischer Punsch 230.
Rotweinpunsch 244.
Rumpsteak 66.
Rührei 156.
— anderer Art 157.
— mit Braten 157.
— -Püree 157.
— mit Fleischhaschee 158.
— mit Käse 157.
— mit Kräutern 157.
— mit Tomaten 157.
— mit Spargel 157.
— mit Spinat 157.
— mit Schinken 158.
— mit Zunge 158.
— mit Hirn oder Kalbsmilch 158.
— mit Fisch, gekocht oder geräuchert 158.
— mit Kaviar 158.
— mit Geflügelleber 158.

Sagokaltschale 51.
Salatsuppe 27.
Salzkartoffeln 149.
Sandtorte 237.
Sanogreß 247.
Sandwichs, pikante 117.
Sardellen-Butter 119.
— reinigen 116.
— -Stangen 116.
Sardinen anzurichten 119.
Sauerampfersuppe 27.
Sauerkrautpüree 145.
Sauermilch von roher Milch I, II 187.

Sachregister.

Sauermilch von gekochter Milch 188.
— und Buttermilchgelee 189.
— -Gelee 196.
Saure Molken 190.
Sauerrahmsoufflé 221.
Seezunge, geb. 105.
Sekt-Bowle 245.
Sellerie-Gemüse von Knollen 144.
— -Gemüse andere Art 145.
— -Püree 145.
— -Salat 147.
Senfbutter 119.
Setzeier 115.
Schaum-Brei 187.
— -Klöße 40.
Schaumomelette 150.
Schellfisch, geb. oder gekocht 106.
Schildkrötensuppe, echte 23.
Schinken-Butter 120.
— -Croutons 90.
— -Klöße 88.
— -Pastete 125.
—, geräucherter, gekochter 89.
— in Brotteig 89.
—, gebraten mit Ei 89.
Schleimsuppe aus fertigen Mehlen 17.
Schnee-Eier mit Vanillesauce 210.
— -Eier mit Schokoladensauce 210.
— -Huhn 95.
— -Klöße 37.
Schnitzel von Filet auf dem Rost 79.
Schokolade 243.
— -Brei 189.
— -Cremeeis 202, 227.
— -Gelee 193.
— -Kakao-Kaffee-Sulz 197.
— -Auflauf 226.
— -Flammeri 215.
— -Pudding 224.
— -Schaum 212.
— -Soufflé 220, 221.
— -Suppe 45.
Schokoladencremetorte 236.
Schwabenbrot 233.
Schwamm-Auflauf 166.
— -Klößchen 166.
— -Klöße I, II 40.
— -Pudding 166, 223.
— -Soufflé 219.
Schwarzwurzel 141.
— -Püree 141, 142.
Schweinefleisch, gebraten 87.
—, gedämpft 87.

Schweinefleisch, geschmort 87.
—, gebeizt 87.
— -Klößchen 88.
— -Pudding 88.
Schweinsfilet, gespickt 88.
—, gebeizt 88.
— im Netz 89.
— in Rahmsauce 88.
— mit Tomaten 88.
Schweins-Füße, -Ohren usw. zu kochen 89.
— -Kotelett 88.
— -Kotelett, paniert 88.
— -Ragout 89.
— -Zunge 88.
Schwenkkartoffeln à la Maître d'Hôtel 149.
Schwed. Knackebrod 242.
Simonsbrot 242.
Soufflépudding 226.
Sorbett von Kirschwasser 232.
— von Erdbeeren 232.
— von Maraskino 232.
Spaghetti, Makkaroni, Hörnli usw. 165.
Spanisches Lauchgemüse 140.
Spargel I, II 141.
— au gratin 141.
— -Gemüse 141.
— -Omelette 155.
— -Salat 147.
Spätzli 166.
Spießbraten von Roastbeef 60.
Spiegeleier I, II 154.
Spinat 143.
Spinat-Auflauf 144.
— Laubfrösche 144.
— -Omelette 155.
— -Pudding 143.
— -Suppe mit Eierstich 35.
Spritzkuchen 238.
St. Galler Möckli 233.
Stachys 137.
— au gratin 137.
— -Püree 137.
—, gebacken 137.
Steinbutt, geb. 106.
Suppen mit Zerealien 35.
Sulzen von Nußarten 200.
Süßer Blätterteig 181.
Süße Suppe als Eierschaumgetränk 45

Tapioka 35.
— -Auflauf 176.

Tapioka à l'anglaise 176.
— oder Sago-Brei mit Milch 186.
— oder Sago-Brei mit Fruchtsaft 186.
— I, II, III 186.
— oder Sagoflammeri 214.
— au gratin 177.
— -Pudding 176, 224.
— -Soufflé 220.
— -Suppe 44.
Tassenbouillon 245.
Taube, gefüllt 95.
Teig für Käsetörtchen usw. 181.
Teigwaren, Einlagen 35.
Tee 242.
— -Creme 206.
— -Eis 228.
— -Gelee von Schwarztee 192.
— -Gelee 193.
— -Plätzchen 233.
— -Sulz 197.
Timbal von Schinken 125.
Tobinambur I, II 143.
— au gratin 143.
— -Purée 143.
Tomaten-Auflauf 142.
—, gedämpft 142.
—, gefüllt 142.
— -Omelette 156.
— -Püree 142.
— -Salat 148.
— -Salat mit Spargelsalat gemischt 148.
— -Sauce 130.
— -Suppe, fein 20.
Tournedos à la Prinzeß 65.
Traubengelee 194.
Traubenpudding 225.
Trüffelbutter 120.

Übrig gebliebenes Fleisch 55.
Ungarischer Braten 61.

Vanille-Creme 201.
— -Creme anderer Art 202.

Vanille-Eis I, II 227.
— -Rahmeis 229.
— -Sauce I, II 131, 130.
— -Soufflé 220.
— -Sulz 200.
Vesuvpudding 226.
Vol au vent 123.
Vegetarische Suppe 24.

Waldmeister-Creme 207.
— -Rahmeis 229.
Wasserhuhn 95.
Wasserstrauben 167.
Wein-Creme 203.
— -Gelee 195.
— -Schaumsauce 132.
Weinsuppe 46, 47.
Weiße Fleischgallerte von Rindfleisch 108.
Weizenmehlauflauf 165.
Weck-Auflauf 168.
— -Klöße 168.
— -Pudding 167, 223.
— -Soufflé 219.
Wellbutter 126.
Wild 96.
— -Haschee 99.
— -Steak 98.
— -Fleischklößchen 99.
— -Fleischpudding 99..
— -Fleischsoufflé 99.
Wiener Kartoffelplätzchen 152.

Zander, geb. oder gebraten 103.
—, gefüllt 103.
Zitronen-Creme 202.
— -Eis 228.
— -Orangensoufflé 222.
— -Limonade 245.
— -Schaumsauce 132.
Zwieback-Kakao 243.
— für Diabetiker 241.
— für Magenkranke 242.
— sans sucre 242.
— malté 242.

Verlag von Julius Springer in Berlin.

Diätetik innerer Erkrankungen.
Zum praktischen Gebrauch für Ärzte und Studierende.

Von

Prof. Dr. Theodor Brugsch,
Privatdozent an der Universität Berlin.

1911.   Preis M. 4,80; in Leinwand gebunden M. 5,60.

Aus den Urteilen der Fachpresse:

Zentralblatt für innere Medizin 1911, Nr. 27: Im Gegensatz zu den meisten der zahlreichen in jüngster Zeit erschienenen Bücher über Krankenernährung, welche sich in erster Linie mit der Technik der Diätetik beschäftigen, legt das B.sche Werk das Hauptgewicht darauf, dem Leser die physiologische Basis zu bieten, auf der er seine Ernährungsprinzipien aufbauen kann.

Dabei ist die technische Seite jedoch durchaus nicht vernachlässigt. Im Gegenteil. Der rein kulinarische Teil des Buches umfaßt nicht weniger als 36 Seiten und enthält eine lange Reihe von brauchbaren rationellen Rezepten; auch finden sich bei den einzelnen Krankheiten ausführliche, bis ins einzelne gehende Diätzettel. Aber was das Buch so besonders schätzbar macht, das sind die physiologisch-pathologischen Abhandlungen über diejenigen Krankheitsformen, welche in erster Linie das Objekt der diätetischen Kunst bilden. Es dürfte in der Tat schwer halten, in unserer Literatur eine bei gleich beschränktem Umfange gleich instruktive und lichtvolle Darstellung der Pathologie der Gicht, der Glykosurie oder der Steindiathesen zu finden. So kann über einen Gegenstand nur schreiben, wer auf seinem Gebiete ein Meister ist. Die therapeutischen Grundsätze leiten sich aus diesen kleinen Abhandlungen gewissermaßen von selbst ab.

Die Stoffwechselstörungen nehmen naturgemäß den breitesten Raum ein. Daneben sind spezielle Kapitel gewidmet den Herz-, Gefäß- und Nierenerkrankungen — bei letzteren wird die Eiweißfrucht auf das rechte Maß reduziert —, ferner den fieberhaften Krankheiten und denen des Verdauungstraktus.

Wo immer man das Buch befragen mag, da gibt es klare Antwort und bestimmten Rat, aber was mehr ist: es ladet zum Studium ein und dürfte wie kaum ein anderes berufen sein, die wissenschaftliche Diätetik auch dem Praktiker zugänglich zu machen, dem die Zeit fehlt, sich durch dicke Bände durchzuarbeiten, die des wirklich Wissenswerten auch nicht mehr bieten.

Zentralblatt für Gynäkologie 1911, Nr. 11: In diesem Büchlein, das den Arzt praktisch in die Ziele und Aufgaben der Diätetik einführen soll, bringt der Verf. zunächst eine Darlegung der Physiologie der Ernährungslehre. Die Größe der Gesamtzusetzung der Nahrung, die Mischungsverhältnisse der einzelnen Nahrungsstoffe untereinander, die Berechnung der Kost, der Nahrungsbedarf beim Wachstum und in der Rekonvaleszenz, die Verdaulichkeit und Ausnutzung der Nahrung usw. werden eingehend erörtert. Bei Besprechung der Diätetik in den einzelnen Erkrankungen (z. B. Diabetes, Fettleibigkeit, Nierenerkrankungen, Herz- und Gefäßkrankheiten, fieberhaften Krankheiten usw.) ist den einzelnen Kapiteln jedesmal eine kurze wissenschaftliche Erörterung über den physiologischen und pathologischen Stoffwechsel- oder Verdauungsmechanismus vorausgeschickt, um den Leser über den Standpunkt des Verf. zu orientieren, so daß dieser die in Betracht kommenden diätetischen Prinzipien verstehen und sich selbst diätetische Anschauungen erwerben kann. — Einen besonderen Wert verleiht B.s Buch der Abschnitt über die diätetische Küche, der nicht ein diätetisches Kochbuch ersetzen will, sondern nur einen gewissen praktisch-diätetischen Berater für die Küche abgeben soll, damit bei solchen Verordnungen der Arzt dem Kranken nicht ratlos gegenübersteht. Auch der Gynäkologe und Geburtshelfer wird das B.sche Buch mit großem Nutzen gebrauchen können, kommen für ihn doch die Behandlung der chronischen Obstipation, die künstliche Ernährung in der Rekonvaleszenz nach schweren Unterleibsoperationen, Überernährungskuren, die Diätetik bei Nieren- und Gefäßerkrankungen usw. fast täglich in Betracht. Nicht zuletzt verdient der Anhang über die modernen Nährpräparate besondere Beachtung.

Prager medizinische Wochenschrift 1911, Nr. 29: ... Die Durchführung der einzelnen Abschnitte der Diätetik ist eine ausgezeichnete und den reichen Erfahrungen des Verfassers auf dem Gebiete des Stoffwechsels entsprechende. In einem besonderen Abschnitt — diätetische Küche — wird der Arzt in den praktischen Betrieb einer diätetischen Küche eingeführt und findet daselbst eine große Reihe erprobter Kochvorschriften für gesamten Nahrungsmittel. Die Reichhaltigkeit und die gediegene Bearbeitung des Buches werden demselben eine weitgehende Beachtung und Verbreitung sichern.

Verlag von Julius Springer in Berlin.

Die Karlsbader Kur im Hause. Ihre Indikationen und ihre Technik. Von Dr. **Oscar Simon**, Arzt in Karlsbad. 1912.
Preis M. 2,40; in Leinwand gebunden M. 3,—.

Kochlehrbuch und praktisches Kochbuch für Ärzte, Hygieniker, Hausfrauen, Kochschulen. Von Professor Dr. **Chr. Jürgensen** in Kopenhagen. Mit 31 Figuren auf Tafeln. 1910.
Preis M. 8,—; in Leinwand gebunden M. 9,—.

Nährwerttafel. Gehalt der Nahrungsmittel an ausnutzbaren Nährstoffen, ihr Kalorienwert und Nährgeldwert sowie der Nährstoffbedarf des Menschen, graphisch dargestellt von Geh. Reg.-Rat Dr. **J. König**, o. Professor an der Kgl. Universität und Vorsteher der landw. Versuchsstation in Münster i. W. Eine Tafel in Farbendruck nebst erläuterndem Text in Umschlag. Zehnte, neu umgearbeitete Auflage. Text 12 S. 8°. 1910. Preis M. 1,60.

Chemie der menschlichen Nahrungs- und Genußmittel. Vierte, vollständig umgearbeitete Auflage. In drei Bänden. Herausgegeben von Geh. Reg.-Rat Professor Dr. **J. König**, Münster i. W.

I. Band: **Chemische Zusammensetzung der menschlichen Nahrungs- und Genußmittel.** Bearbeitet von Professor Dr. **A. Bömer**, Münster i. W. Mit Textabbildungen. 1903.
In Halbleder gebunden Preis M. 36,—.

II. Band: **Die menschlichen Nahrungs- und Genußmittel,** ihre Herstellung, Zusammensetzung und Beschaffenheit, nebst einem Abriß über die Ernährungslehre. Von Professor Dr. **J. König**, Münster i. W. Mit Textabbildungen. 1904.
In Halbleder gebunden Preis M. 32,—.

III. Band: **Untersuchung von Nahrungs-, Genußmitteln und Gebrauchsgegenständen.** In Gemeinschaft mit Fachmännern bearbeitet von Professor Dr. **J. König**, Münster i. W.
1. Teil: Allgemeine Untersuchungsverfahren. Mit 405 Textabbildungen. 1910. In Halbleder geb. Preis M. 26,—.
Der 2. Teil, der die Untersuchung und Beurteilung der einzelnen Nahrungsmittel usw. behandelt, ist in Vorbereitung und soll tunlichst bald folgen.

Die Bedeutung der Getreidemehle für die Ernährung. Von Dr. **Max Klotz**, Arzt am Kinderheim Lewenberg und Spezialarzt für Kinderkrankheiten in Schwerin. Mit 3 Abbildungen. 1912.
Preis M. 4,80.

Physiologie und Pathologie des Mineralstoffwechsels nebst Tabellen über die Mineralstoffzusammensetzung der menschlichen Nahrungs- und Genußmittel sowie der Mineralbrunnen und -bäder. Von Dr. **Albert Albu**, Privatdozent für innere Medizin an der Universität zu Berlin, und Dr. **Carl Neuberg**, Privatdozent und chem. Assistent am Pathologischen Institut der Universität Berlin. 1906.
In Leinwand gebunden Preis M. 7,—.

Zu beziehen durch jede Buchhandlung.

Verlag von Julius Springer in Berlin.

Die Praxis der Hydrotherapie und verwandter Heilmethoden. Ein Lehrbuch für Ärzte und Studierende. Von Dr. A. Laqueur, leitendem Arzt der hydrotherapeutischen Anstalt und des medikomechanischen Instituts am städtischen Rudolf-Virchow-Krankenhause zu Berlin. Mit 57 in den Text gedruckten Figuren. 1910.
Preis M. 8,—, in Leinwand gebunden M. 9,—.

Die Lungensaugmaske in Theorie und Praxis. Physikalische Behandlung von Lungenkrankheiten, Blutarmut, Keuchhusten, Asthma, Kreislaufstörungen und Schlaflosigkeit. Zusammenfassende Ergebnisse aus Literatur und Praxis. Von Stabsarzt Dr. E. Kuhn. Mit 24 Abbildungen im Text. 1911. Preis M. 1,—.

Atmungsgymnastik und Atmungstherapie. Von Dr. med. et jur. Franz Kirchberg, leitender Arzt des Berliner Ambulatoriums für Massage. Mit 78 Abbildungen im Text und auf 4 Tafeln. 1913.
Preis M. 6,60; in Leinwand gebunden M. 7,40.

Venedig und Lido als Klimakurort und Seebad vom Standpunkt des Arztes. Von Dr. med. Johannes Werner, deutschem Arzt in Venedig-Lido. Mit 1 dreifarbigen Übersichtskarte. 1912. Preis M. 1,60.

Gardone-Riviera am Gardasee als Winterkurort. Von Dr. K. Koeniger. Sechste, von Dr. U. Koeniger durchgesehene Auflage. Mit einer Karte. 1913. Preis M. 1,60.

Die mechanische Behandlung der Nervenkrankheiten (Massage, Gymnastik, Übungstherapie, Sport). Von Dr. Toby Cohn, Nervenarzt in Berlin. Mit 55 Abbildungen im Text. 1913.
Preis M. 6,—; in Leinwand gebunden M. 6,80.

Die Röntgentherapie in der Dermatologie. Von Dr. Frank Schultz, Privatdozent, Oberarzt der Abteilung für Lichtbehandlung an der Königlichen Universitätspoliklinik für Hautkrankheiten zu Berlin. Mit 130 Textfiguren. 1910.
Preis M. 6,—; in Leinwand gebunden M. 7,—.

Die Röntgentherapie in der Gynäkologie. Von Privatdozent Dr. med. F. Kirstein, Assistenzarzt der Universitäts-Frauenklinik zu Marburg a. L. 1913.
Preis M. 4,—; in Leinwand gebunden M. 4,60.

Die Diathermie. Von Dr. Josef Kowarschik, Vorstand des Institutes für physikalische Therapie am Kaiser-Jubiläum-Spital der Stadt Wien. Mit 32 Textfiguren. 1913.
Preis M. 4,80; in Leinwand gebunden M. 5,40.

Die Diathermie. Lehrbuch für Ärzte und Studierende. Von Dr. Franz Nagelschmidt, Berlin. Mit zahlreichen Textfiguren.
Erscheint im Juli 1913.

Die Lichtbehandlung des Haarausfalles. Von Dr. Franz Nagelschmidt, Berlin. Mit Abbildungen.
Preis M. 3,20; in Leinwand gebunden M. 3,80.

Zu beziehen durch jede Buchhandlung.

Verlag von Julius Springer in Berlin.

Handbuch der inneren Medizin.
Bearbeitet von L. Bach†-Marburg, J. Baer-Straßburg, G. von Bergmann-Altona, R. Bing-Basel, M. Cloetta-Zürich, H. Curschmann-Mainz, W. Falta-Wien, E. St. Faust-Würzburg, W. A. Freund-Berlin, A. Gigon-Basel, H. Gutzmann-Berlin, C. Hegler-Hamburg, K. Heilbronner-Utrecht, E. Hübener-Berlin, G. Jochmann-Berlin, K. Kißling-Hamburg, O. Kohnstamm-Königstein, W. Kotzenberg-Hamburg, P. Krause-Bonn, B. Krönig-Freiburg, F. Külbs-Berlin, F. Lommel Jena, E. Meyer-Berlin, E. Meyer-Königsberg, L. Mohr-Halle, P. Morawitz-Freiburg, Ed. Müller-Marburg, O. Pankow-Düsseldorf, F. Rolly-Leipzig, O. Rostoski-Dresden, M. Rothmann-Berlin, C. Schilling-Berlin, H. Schlimpert-Freiburg, H. Schottmüller-Hamburg, R. Staehelin-Basel, E. Steinitz-Dresden, J. Straßburger-Breslau, F. Suter-Basel, F. Umber-Berlin, R. von den Velden-Düsseldorf, O. Veraguth-Zürich, H. Vogt-Straßburg, F. Volhard-Mannheim, K. Wittmaack-Jena, H. Zangger-Zürich, F. Zschokke-Basel. Herausgegeben von Prof. Dr. **L. Mohr**, Direktor der Medizin. Poliklinik zu Halle a. S., und Prof. Dr. **R. Staehelin**, Direktor der Medizin. Klinik zu Basel.

I. Band: **Infektionskrankheiten.** Mit 288 zum Teil farbigen Textabbildungen und 3 Tafeln in Farbendruck. 1911.
Preis M. 26,—; in Halbleder gebunden M. 28,50.

IV. Band: **Harnwege und Sexualstörungen — Blut — Bewegungsorgane — Drüsen mit innerer Sekretion, Stoffwechsel- und Konstitutionskrankheiten — Erkrankungen aus äußeren physikalischen Ursachen.** Mit 70 zum Teil farbigen Textabbildungen und 2 Tafeln in Farbendruck. 1912.
Preis M. 22,—; in Halbleder gebunden M. 24,50.

V. Band: **Erkrankungen des Nervensystems.** Mit 315 zum Teil farbigen Textabbildungen. 1912.
Preis M. 28,—; in Halbleder gebunden M. 30,50.
Preis des vollständigen Werkes in 6 Bänden etwa M. 150,—.
Die weiteren Bände sollen bis Herbst 1913 erscheinen.

Diagnose und Therapie der inneren Krankheiten.
Ein Handbuch für die tägliche Praxis von Dr. **Georg Kühnemann,** Oberstabsarzt a. D., prakt. Arzt in Zehlendorf. 1911.
In Leinwand gebunden Preis M. 6,—.

Praktische Neurologie für Ärzte.
Von Prof. Dr. **M. Lewandowsky** in Berlin. Mit 20 Textfiguren. 1912.
Preis M. 6,80; in Leinwand gebunden M. 7,60.

Taschenbuch zur Untersuchung nervöser und psychischer Krankheiten.
Eine Anleitung für Mediziner und Juristen, insbesondere für beamtete Ärzte. Von Dr. **W. Cimbal,** Nervenarzt und Oberarzt der städtischen Heil- und Pflegeanstalten zu Altona, staatsärztlich approbiert. Zweite, vermehrte Auflage. Mit 17 Textabbildungen. 1913.
In Leinwand gebunden Preis M. 4,40.

Der Kopfschmerz.
Seine verschiedenen Formen, ihr Wesen, ihre Erkennung und Behandlung. Eine theoretische und praktische Anleitung für Ärzte und Studierende. Von Dr. **Siegmund Auerbach,** Vorstand der Poliklinik für Nervenkranke zu Frankfurt a. M. 1912.
Preis M. 3,60; in Leinwand gebunden M. 4,20.

MIX
Papier aus verantwortungsvollen Quellen
Paper from responsible sources
FSC® C105338

If you have any concerns about our products,
you can contact us on
ProductSafety@springernature.com
In case Publisher is established outside the EU,
the EU authorized representative is:
**Springer Nature Customer Service Center GmbH
Europaplatz 3, 69115 Heidelberg, Germany**

Printed by Libri Plureos GmbH
in Hamburg, Germany